Research on the Interface Performance of CFRP Strengthened Steel Structures

粘贴CFRP加固钢结构界面性能研究

李 游 李兆超 郑 辉 编著

化学工业出版社

·北京·

内容简介

本书系统探讨了纳米材料改性环氧胶黏剂在CFRP（碳纤维增强复合材料）加固钢结构中的应用及其界面性能优化机制。本书基于当前钢结构桥梁疲劳损伤修复的迫切需求，针对传统胶黏剂在高温、湿热及疲劳荷载下性能不足的问题，开展了从材料改性、微观机理到界面性能的系统研究。

全书共分七章，依次阐述了研究背景与现状、纳米材料改性胶黏剂的力学性能与微观结构、分子动力学模拟、胶黏剂关键组分对CFRP板/钢板界面性能的影响、固化剂混掺对高温下界面性能的改善、温度对界面性能的影响规律，以及湿热与疲劳耐久性研究。通过大量试验与理论分析，揭示了纳米SiO_2、碳纳米管等功能化纳米材料对胶黏剂韧性、耐热性与界面黏结性能的增强机制，提出了适用于不同服役环境的胶黏剂优化配比与固化工艺。本书不仅为CFRP加固钢结构提供了高性能胶黏剂的研制方法与理论基础，也为工程实践中界面性能的评估与预测提供了实用模型与技术指南，具有重要的理论研究价值与工程应用前景。

本书可供从事桥梁与建筑加固设计的技术人员和研究人员、工程施工人员、建设管理人员参考，也可作为高等院校土木工程专业研究生和高年级本科生的教学参考用书。

图书在版编目（CIP）数据

粘贴CFRP加固钢结构界面性能研究 / 李游，李兆超，郑辉编著. -- 北京 : 化学工业出版社，2026. 1.

ISBN 978-7-122-49746-8

Ⅰ. TU391

中国国家版本馆CIP数据核字第2026S07D62号

责任编辑：连思佳　李旺鹏　　　装帧设计：张　辉
责任校对：宋　玮

出版发行：化学工业出版社
（北京市东城区青年湖南街13号　邮政编码100011）
印　　装：北京印刷集团有限责任公司
710mm×1000mm　1/16　印张11　字数200千字
2026年1月北京第1版第1次印刷

购书咨询：010-64518888　　　售后服务：010-64518899
网　　址：http://www.cip.com.cn
凡购买本书，如有缺损质量问题，本社销售中心负责调换。

定　　价：98.00元

前言

钢结构因其高强度、轻质、施工便捷等优点，在桥梁、建筑等土木工程领域得到广泛应用。然而，在长期服役过程中，钢结构常面临疲劳、腐蚀、荷载超限等问题，导致结构性能退化甚至失效。特别是钢桥面板、正交异性板等关键构件，在车辆荷载与环境因素耦合作用下易出现疲劳裂纹，严重影响结构安全与使用寿命。

传统的加固方法如焊接、铆接或粘贴钢板，虽有一定效果，但存在施工复杂、自重增加、易引起应力集中等问题。近年来，CFRP（碳纤维增强复合材料）加固技术因其高强轻质、耐腐蚀、施工便捷等优势，逐渐成为钢结构修复与加固的重要方向。然而，CFRP 与钢结构之间的黏结界面是加固体系中的薄弱环节，其性能直接决定了加固效果与耐久性。

目前市场上常用的环氧胶黏剂普遍存在韧性差、耐热性不足、湿热环境下性能退化等问题。尤其是在夏季高温环境下，钢桥面温度可达60℃以上，多数胶黏剂的玻璃化转变温度（T_g）低于 50℃，导致界面黏结性能显著下降。此外，纳米材料改性胶黏剂在提升力学性能方面展现出潜力，但其在 CFRP 板/钢板界面中的多尺度行为、温度与湿热耦合作用下的耐久性等关键问题尚未系统研究。

为此，本书围绕“纳米材料改性胶黏剂-CFRP 板/钢板界面性能-环境耐久性”这一主线，开展了从材料设计、微观机理到宏观性能的系统研究。通过引入氧化石墨烯、功能化碳纳米管、纳米 SiO_2 等纳米材料，显著提升了胶黏剂的拉伸强度、断裂韧性和剪切性能；结合分子动力学模拟，揭示了纳米材料在环氧树脂中的分散机制、自由体积变化与链段运动行为；通过大量双搭接接头试验，系统分析了固化剂种类、纳米材料掺量、环境温度等因素对界面黏结-滑移本构、有效黏结长度、破坏模式的影响规律。

本书首次提出了基于纳米 SiO_2 与混掺固化剂的胶黏剂优化配比，并建立了考虑温度影响的界面承载力与黏结-滑移本构预测模型。研究结果表明，所研制胶黏剂在 70℃高温下仍保持优良的界面性能，其玻璃化转变温度可达 85.8℃，远高于常用商品胶黏剂，为 CFRP 加固钢结构在高温、湿热等恶劣环境下的工程应用提供了理论与技术支撑。

本书的研究成果不仅丰富了 CFRP 加固钢结构的界面力学理论，也为高性能结构胶黏剂的开发与标准化设计提供了重要参考。希望本书能为从事结构加固、复合材料、胶接技术等领域的研究人员、工程师和研究生提供有益的借鉴与启发。

由于作者水平有限，书中难免存在不足之处，恳请广大读者批评指正。

编著者

2025 年 11 月

目录

第1章 绪论

1.1 研究背景与意义

钢结构因其强度高、材质较轻、良好的塑性和韧性及可长久循环利用等优点，被广泛应用到土木工程的各个领域。目前，不管是国外还是国内，都存在着大量的钢结构建筑及钢结构设备。如钢结构高层建筑、钢结构桥梁、钢结构吊车等。最近几年，我国钢结构产量一直位居世界第一位，在国民经济中占据重要的地位。钢桥修造较多，而且历史较长。

中国有 1 万多座铁路钢桥，其中 160 多座的服役期已超过 100 年；欧洲共建有约 22 万座桥梁，其中 22%是钢桥，这之中 28%的钢桥的服役期已超过 100 年，近 70%的服役期已超过 50 年；美国目前约有 61.4 万座桥梁，其中约 24.5 万座已超设计寿命服役，即 50 年；截至 2008 年，日本公路桥的总长约为 9500 公里，其中钢桥约占 38.3%。然而，钢结构常年处于恶劣环境下工作，如高低温变化、高压、腐蚀及交变荷载等。在既有钢结构服役期间，钢结构除了承受恶劣环境影响外，还要承受外部突变荷载及其他人为因素影响，这导致其不可避免地会出现不同程度的损伤、缺陷，甚至失效[1]。在美国，每年有 20 多万座公路钢桥的卡车通过次数超过 1.5×10^6 次，车辆荷载的反复作用导致 40%的钢桥具有结构缺陷或功能过时的情况，修复钢桥的成本每年超过 1800 亿美元。钢结构桥梁因疲劳、损伤、腐蚀等因素而失效也偶有发生。从 1938 年到 1940 年，欧洲有 40 座焊接钢桥倒塌；1967 年 12 月，建于 1928 年的美国西弗吉尼亚州的 Point Pleasant 大桥突然断裂；2007 年 8 月，建于 1967 年的美国明尼苏达州跨越密西西比河的公路钢桥突然倒塌[2]。

我国多座正交异性桥面板钢箱梁出现了严重的疲劳裂纹。钢结构疲劳一旦形成可见裂纹，如不及时处治，将迅速发展，进而影响桥梁的刚度、承载力、耐久性和舒适性，直至结构破坏。如果出现损伤或缺陷就替换新的，不仅施工时间长且复杂，而且势必会中断其运行，将会造成巨大的资源和人财浪费。因此，寻求一种合适的修复损伤或缺陷的方法显得尤为重要。传统的钢梁疲劳修复方法包括钝化缺口的尖端，以及焊接、铆接和螺栓连接以将其他钢板固定在钢梁上。但是，上述技术的施工过程较复杂，安装和维护成本高，并且还会增加结构自重。由于在原始结构中进行了打孔或焊接，会导致应力集中问题，且附加钢板边缘的电化学腐蚀也是一个潜在问题。因此，国内外迫切需要新的结构材料和技术来解决大量现有钢桥的加固问题。

近年来，胶黏 CFRP（碳纤维增强复合材料）加固技术逐渐用于钢结构的加固和修复，并在实际工程中得到了应用。该技术通过胶黏 CFRP，减小钢结构疲劳裂纹尖端的应力强度因子，并且提高钢结构的刚度，降低钢结构承受的疲劳应力幅，从而可延长钢结构的疲劳寿命[3-5]。采用 CFRP 材料有助于实现传统材料难以实现的个性化、定制化和多样化特质，可以快速满足市场需求。粘贴 CFRP 修复法与加钢板修复法相比，增加的重量大大减少，操作方便，且不会带来新的损伤。粘贴 CFRP 对钢结构进行加固，原结构承担的部分荷载通过黏结层传递给 CFRP，钢与胶层、胶层与 CFRP 之间的界面是 CFRP 加固钢结构的薄弱部位[6-8]。如果能有效解决 CFRP 与钢板之间脱粘等问题，CFRP 修复方法必将应用广阔。因此，研制高性能的胶黏剂、分析黏结界面的应力状态对于探明加固构件的荷载传递规律及其破坏机理极其重要。

此外，由于 CFRP 板和钢的热膨胀系数存在明显差异（钢的热膨胀系数约为 CFRP 板纤维方向的 10 倍），并且钢的热导率高（大约是 CFRP 板的 30 倍），因为季节变化或日照而产生的温度变化或温差会在 CFRP 板和钢结构的界面处产生更高的界面剪切应力，从而容易造成疲劳损伤，减少结构的寿命。胶黏剂是高分子材料，对环境温度非常敏感。在不同温度下，力学性能将发生显著变化，导致 CFRP 加固钢结构的承载力和刚度发生变化。目前，市场上常用的胶黏剂，其热稳定性、韧性、长期化学稳定性不是特别理想，50℃左右即出现力学性能下降现象，且普遍存在韧性差的问题，但钢箱梁内夏季温度高达 60℃左右，且加固疲劳病害对胶黏剂韧性要求高，耐热性和高韧性难以两者兼顾，需通过配方设计才能使其满足使用要求，这成为该加固体系在工程应用中的关键问题。土木工程长期暴露在自然环境中，湿热、腐蚀、疲劳荷载等外界因素对黏结界面耐久性的影响有待探明。因此，研制力学性能佳、热稳定性强、耐久性好的钢结构加固用胶黏剂，研究外界环境对粘贴 CFRP 加固钢结构的界面性能的影响具有重要的科学与工程应用价值。

1.2　国内外研究现状分析

1.2.1　钢桥疲劳与加固研究方面

正交异性板的疲劳裂纹问题是困扰工程技术人员的一大难题[9-14]。疲劳裂纹主要起源于局部应力集中的部位，例如焊缝和几何不连续部位。每个部位的疲劳破坏模式与疲劳性能都存在明显区别。顶板、纵肋和横隔板三者的受力特性相互耦合影响，纵肋和横隔板交叉部位和纵肋与顶板焊缝部位的疲劳开裂分别占61%和 30%左右，是正交异性桥面板最为重要的疲劳易损部位[15-17]。相关研究[18] 表明钢箱梁横隔板弧形缺口处的疲劳应力（轮载应力）均为压应力，且南京长江二桥、虎门大桥、佛山平胜大桥等多座正交异性桥面板桥梁在该处出现了有规律的疲劳裂纹[19]。

德国的 Haseltal 和 Sinntal 两座桥和英国的 Severn 桥等正交异性桥面板钢箱梁桥的纵肋和横隔板的连接方式应用效果与大量研究［Wolchuk（1990）[20]、钱冬生（1996）[21] 等］表明：纵肋贯穿横梁的形式对抗疲劳更有利，工程界现已普遍采用这一形式。相关文献研究表明：纵肋对接焊缝处最大应力幅（如28.6MPa）远小于疲劳试验所得容许应力幅（如 89.31MPa），该处裂纹主要是没有充分焊透以及桥梁大幅超载所致[22,23]。由于焊接质量的提高和确保焊接质量下疲劳强度的较大富余，这一病害已可基本避免。相关文献对桥面板与纵肋连接处受力研究与应用表明：轮载对桥面板以及纵肋壁产生很大的平面外弯曲应力；在焊透率为 75%时，桥面板的应力比纵肋壁应力要大得多；部分焊透(80%）焊缝疲劳强度高于完全焊透的焊缝；桥面板厚度增加将大大降低桥面板的应力幅，增加纵肋壁厚度则影响很小[24-33]。对重庆两江大桥不同开孔形式(苹果形、钥匙形和圆形）的双轴疲劳试验表明：苹果形开孔比钥匙形开孔的桥面板、加劲肋、横隔板应力小得较多，其疲劳性能相对钥匙形、圆形的开孔形式更优[34]。

以上研究可以表明正交异性桥面板钢箱梁的构造细节疲劳性能已有较大提高，但按此建造的实际工程在设计基准期内仍不时出现疲劳开裂，对于各部分尺寸合理配置的系统研究仍显不足。

冯亚成和王春生（2011）[30]、张允士等（2013）[29] 总结了纵肋与桥面板连接处的疲劳裂纹的修复方法，这些方法相对简单和成熟。在正交异性板钢箱梁疲劳裂纹处治方法中，裂纹焊合法，切割后重新焊接、打磨或重熔，裂纹或 U 肋填充等方法一般适用于钢板表面裂纹的处治或者是钢结构焊接时焊接质量不满足要求等病害；在正交异性板钢箱梁母材疲劳裂纹的处治中，焊接、螺栓或铆接修复和粘钢技术采用较多。在采用这些措施前，对母材的疲劳裂纹往往首先采用止裂孔技术，Choi 和 Kim（2008）[35] 采用足尺静力及疲劳试验对止裂孔修复裂纹的有效性进行了研究。焊接和增加螺栓等处置技术会形成新的应力集中点，而粘钢处置既增加结构自重也易导致钢制盖板的锈蚀等问题。

20 世纪 70 年代，美国首先将 FRP 用于黏结修复飞机的损伤构件，20 世纪 80 年代以来，FRP 修补技术逐渐在土木工程中得到了关注，一些学者对 FRP 加固构件进行了理论分析与试验研究[36-38]。Bassetti 等[39] 试验研究了预应力 CFRP 板提高铆接钢结构疲劳寿命的方法；A. M. Albat 和 D. P. Romilly[40]、Trent C. Miller 和 Mlichael J. Chajes[41] 对双面加固进行了研究，提出了界面应力的线弹性分析方法，给出了相应计算公式，并获得了试验验证；特拉华大学对 CFRP 板加固损伤钢梁进行了疲劳试验研究。国内对 FRP 加固钢结构技术的研究相对较晚，蒋金龙和赵名泮[42] 使用 8 节点等参单元分析了 FRP 加固的带裂纹钢板，研究了修复后黏结层的剪切应力分布；伍希志等[43] 针对 CFRP 加固开裂钢板的两种主要破坏情形，以黏结层和开裂钢板为研究对象，结合理论推导，数值分析和试验，研究了 CFRP 加固裂纹钢板的界面剥离机理及疲劳性能；王海涛等[44] 认为，在使用 CFRP 加固钢结构时应重点关注两个问题：首先是 CFRP 与钢界面的黏结性能，其次是对钢结构的疲劳性能的改善效果以及加固设计方法。

现有研究表明，从修复材料的使用来看，采用 CFRP 板与 CFRP 布都可明显降低损伤钢板的裂纹扩展速率，提升其疲劳寿命[45,46]。Jiao[47] 等人对 21 根 Ⅰ 型梁进行了四点弯曲疲劳试验，对比了不同环氧胶黏剂、不同加固方式（焊接、粘贴碳纤维布及碳纤维板加固）修复含裂纹钢梁的疲劳性能。结果表明采用碳纤维布加固的钢梁的疲劳寿命为焊接加固的 3 倍，而采用碳纤维板加固钢梁的疲劳寿命提升了 6 倍。采用碳纤维板加固的破坏模式为胶层与碳纤维板的界面剥离，而碳纤维布加固的破坏模式为布间层离。

综上分析可知，止裂孔技术虽然在一定程度上能减缓疲劳裂纹的发展，但没有从根本上解决问题；加钢板处置母材疲劳裂纹是常用方法，但加钢板和弧形缺口的形状确定是基于横隔板疲劳机理的传统认知。碳纤维修复法与加钢板修复法相比，增加的重量大大减少，操作方便，且不会带来新的损伤。

本书作者所在课题组对多座背景工程桥梁的钢箱梁构造细节尺寸、运营荷载、相关病害等信息进行汇集，认为钢桥面系常见疲劳病害可分为 7 类[1,48-51]（图 1.1）：①顶板与纵肋焊缝位置开裂；②纵肋接头位置焊缝开裂；③弧形缺口处横隔板母材开裂；④U 肋与横隔板连接焊缝处开裂；⑤横隔板/纵向 U 肋/面板的连接过焊孔处面板开裂；⑥腹板垂直加劲肋与面板连接焊缝开裂；⑦U 肋间桥面板与横隔板焊缝开裂。其中占比较大的主要为横隔板弧形缺口处母材、U 肋与横隔板连接焊缝处及顶板与纵肋焊缝位置开裂。

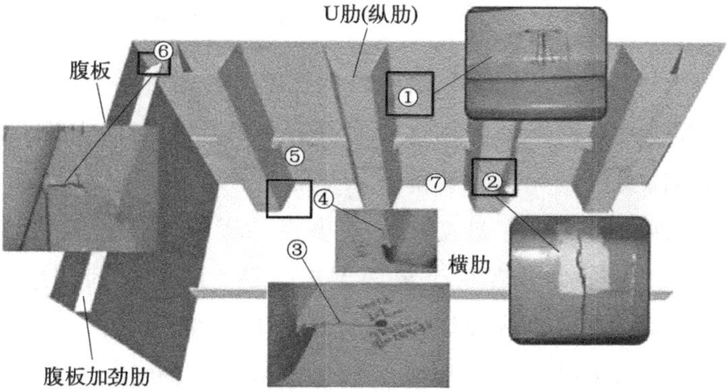

图 1.1　钢箱梁常见疲劳裂纹分类

①顶板与纵肋焊缝位置开裂；②纵肋接头位置焊缝开裂；③弧形缺口处横隔板母材开裂；④U 肋与横隔板连接焊缝处开裂；⑤横隔板/纵向 U 肋/面板的连接过焊孔处面板开裂；⑥腹板垂直加劲肋与面板连接焊缝开裂；⑦U 肋间桥面板与横隔板焊缝开裂

针对普遍存在的钢桥面系疲劳开裂问题，本书提出了新型的 CFRP 加固技术，包括横隔板母材处裂纹采用 CFRP 板进行加固［图 1.2(a)］。U 肋与横隔板连接焊缝处采用多层 CFRP 布加固［图 1.2(b)］，可满足对曲面附近裂纹的有效覆盖。

目前，我国《公路桥梁加固设计规范》（JTG/T J22—2018）和《公路桥梁加固施工技术规范》（JTG/T J23—2008）虽然均提及了钢桥的 CFRP 加固方法，但未给出 CFRP 加固的具体细节[52,53]，如加固采用单面 CFRP 还是双面 CFRP，

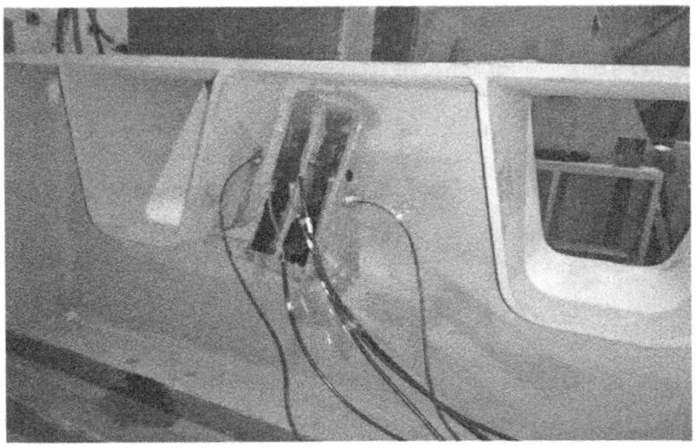

(a) 横隔板母材处裂纹加固

(b) 横隔板与U肋围焊处U肋裂纹加固

图 1.2　钢箱梁疲劳裂纹 CFRP 加固技术

与钢材之间采用什么胶层及加固胶层的耐温性能等。虽然国外的规范在这方面给出了一些意见和建议，但国外的钢材和 CFRP 材料性能与国内均有一定的差别。因而，我国迫切需要研究突破疲劳传统认知的 CFRP 加固技术。

CFRP 加固钢结构的研究最初主要集中在加固效果的提升方面，但试验发现，与 FRP 加固混凝土结构相似，界面剥离也是 CFRP 加固钢结构的主要破坏方式之一，并且有许多可能的破坏模式，如 FRP 拉断、FRP 层离、FRP 与胶黏剂界面破坏、胶层内聚破坏、钢与胶黏剂界面破坏、钢板屈服及混合破坏等[54]（图 1.3）。由此可知，CFRP 加固钢结构的界面黏结性能研究是需重点关注的方向。

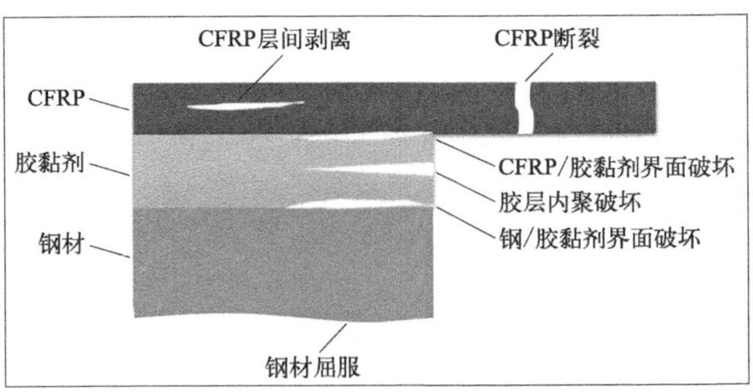

图 1.3　胶黏 CFRP 板/钢板搭接接头破坏模式

1.2.2　环氧胶黏剂性能研究方面

1.2.2.1　环氧胶黏剂的发展

在许多合成胶黏剂中，环氧胶黏剂是一种具有良好的黏附力且应用广泛的胶黏剂。它被称为“万能胶”和“大力胶”。环氧胶黏剂的专利于 1938 年公开。1946 年，Ciba-Geigy 公司推出了 Araidite 品牌系列。1950 年，它用于结构黏结，并首先应用于航空领域。20 世纪 60 年代，开发了第一代环氧胶黏剂。20 世纪 70 年代初期，使用弹性体作为增韧剂开发了第二代环氧胶黏剂，其性能得到了极大的提高。20 世纪 80 年代初期，第三代环氧胶黏剂是用新技术制成的，它不仅具有很高的黏结强度，而且具有更好的耐冲击性和耐久性。20 世纪 90 年代初期，从分子微观结构进行分析，实现了分子网络内的增韧，环氧胶黏剂具有更高的强度，更好的韧性、耐热性和耐久性，基本可以满足高科技发展的需要[55-60]。由此可知，胶黏剂的发展经历了多次改性和优化，从而出现了多种商品胶黏剂。但每种胶黏剂都具有不同的性能，航空航天领域的高性能胶黏剂基本都需高温固化，而桥梁工程的施工条件难以满足其施工条件，因此适用于钢桥疲劳加固的胶黏剂亟待研制。

1.2.2.2　纳米材料增强环氧胶黏剂

对胶黏剂进行配方设计时，采用纳米材料进行增强改性是近年来的一个研究热点，该研究是一个同时涉及化学合成、物理性能及工程应用的多学科交叉问题。纳米材料具有许多特殊的性能，加入胶黏剂中，可以增加胶黏剂的内聚强度、调节黏度或工艺性、提高耐热性、调整热膨胀系数或收缩性、增大间隙的可填充性[61-64]。纳米材料和环氧树脂结合良好，可以在应力的作用下吸收形变能，促使基体的脆-韧转变，从而具有增强增韧的效果，大大提高胶黏剂的黏结强度、耐久性及施工工艺性等[65-72]。因此，将纳米材料加入胶黏剂中以改善其黏结性能正在成为该领域的重要发展方向[73-75]。

Bao 等[76] 采用三聚六氯化环磷腈及缩水甘油等对氧化石墨烯进行处理，再与环氧树脂结合，其环氧纳米复合材料拉伸强度提高了 38%。Cui Lijun 等[77] 采用三辊机水浴机法将原始碳纳米管（MWCNTs）、羧基化碳纳米管（MWCNTs-COOH）和氨基化碳纳米管（MWCNTs-NH2）分散到环氧树脂中。结果表明，与纯环氧树脂相比，采用原始的 MWCNTs、MWCNTs-COOH 和 MWCNTs-NH2 与环氧树脂制备的复合材料的拉伸强度分别提高了 24.27%、35.33%

和 57.61%，相应的 MWCNTs 的质量分数为 0.2%、0.6% 和 1.0%。Yang 等[78] 提出将一维碳纳米管与二维石墨烯相结合成三维结构。长而曲的碳纳米管可以穿插在两片石墨烯中，有效阻止了团聚的发生，从而增大了石墨烯/碳纳米管与聚合物基体的连接面积。张竞等[79] 将羟基化多壁碳纳米管和氧化石墨烯混合制得 GO-MWCNTs/EP 复合材料，研究了不同总质量分数及两者混合比例对复合材料力学性能的影响。结果表明，当总质量分数为 0.5%时，其综合力学性能最好。相比于纯环氧树脂，其拉伸强度提高了 48.4%，断裂伸长率增加了 97.9%。石墨烯/碳纳米管的协同作用使得复合材料的力学性能和耐热性能有了较大的提高。上述研究大多采用超声振荡法或高速剪切法将纳米材料分散在环氧树脂中，而超声振荡法的分散性有限[80]，高速剪切法对纳米材料的形貌改变大，可能会破坏纳米材料的表面功能化基团[81]。

Zhou 等[82] 研究表明添加 10%（质量分数）和 20%（质量分数）的纳米 SiO_2 使钢-钢搭接试件的剪切强度提升了 20%，纳米 SiO_2 增强胶黏剂较纯胶黏剂具有更好的耐久性。其采用的胶黏剂固化工艺条件为 120℃下固化 16～22h。Hsieh 等[83] 研究表明 SiO_2 纳米粒子可显著提升环氧胶黏剂的韧性。增韧机制为 SiO_2 纳米粒子周围的应力集中引发的局部剪切带和 SiO_2 纳米粒子的剥离导致的环氧胶黏剂的塑性空隙的出现。其采用的胶黏剂固化工艺为 90℃下固化 1h，再在 160℃下固化 2h。Razavia 等[84] 研究表明胶黏剂中多壁碳纳米管和纳米 SiO_2 的存在使搭接接头的破坏模式由界面破坏转变为胶层内聚破坏。将两种纳米颗粒混合添加到胶黏剂中时，胶黏剂的剪切强度和断裂伸长率分别最高提升了 28% 和 36%。Akpinar 等[85] 使用 CFRP 复合材料作为被黏物，将纳米材料［1%（质量分数）石墨烯-COOH、碳纳米管-COOH、富勒烯 C60］添加到多种胶黏剂（刚性、韧性和柔性）中，使接头的剪切破坏荷载提升了 34%～60%。Saraç 等人[86] 研究了在环氧胶黏剂中添加纳米颗粒对单搭接接头的破坏载荷和疲劳强度的影响。当纳米 Al_2O_3、纳米 TiO_2、纳米 SiO_2 的含量为 4%（质量分数）、4%（质量分数）、6%（质量分数）时，对应搭接接头的剪切破坏载荷分别提升了 97%、86%、91%。未采用纳米材料增强的搭接接头的失效模式是界面破坏，纳米材料增强的搭接接头的失效模式是界面破坏和胶层内聚破坏的混合形式。纳米 Al_2O_3 和纳米 SiO_2 的添加使接头的疲劳寿命分别提升了 22.3% 和 11.3%。而纳米 TiO_2 的添加使接头的疲劳寿命降低了 22%。

相关研究表明[87-93]，添加的纳米颗粒和树脂基体之间的界面也是影响纳米材料增强胶黏剂的力学性能的重要因素。Guo[94] 等研究表明，添加 3vol.%表面未经功能化处理的纳米 Al_2O_3 导致纳米材料胶黏剂的黏结强度下降了 24%，而对纳米颗粒进行表面处理后，胶黏剂的黏结强度得到显著提高。Heoa 等人[95]研究了纳米 SiO_2 表面功能化对胶黏剂剪切强度的影响，功能化纳米 SiO_2 表面的环氧基或胺基可以与环氧树脂及固化剂发生化学反应。采用环氧基团功能化和胺基团功能化的纳米 SiO_2 胶黏剂的剪切强度较没功能化的纳米 SiO_2 胶黏剂分别提升了 79%和 49%。随着功能化基团长度的增加，胶黏剂的剪切强度增加。上述分析可知，纳米材料表面进行功能化处理后，往往可有效改善其与树脂基体的结合能力及在基体中的分散性。

目前，不同种类及掺量的纳米材料对胶接接头力学性能的增强效果不一，且多为高温固化，固化工艺烦琐，不便于工程应用，且大多只研究了纳米材料的添加对搭接试件的剪切强度的提升，而基于室温固化工艺下，纳米材料对结构胶黏剂基本力学指标和胶接 CFRP 板/钢板界面的应变、剪应力分布规律及黏结-滑移本构的影响尚未见相关报道，只有明确了纳米材料对这些关键指标的影响规律，才能得到其最佳掺量。上述采用多种纳米材料对胶黏剂进行了改性，而哪一种更适用于胶黏 CFRP 加固钢结构仍有待研究。

1.2.2.3 环氧胶黏剂的耐久性

胶黏剂属于聚合物材料，外界温度的改变会导致其应力-应变性能发生变化，从而影响其黏结力学性能[96]。玻璃化转变温度（T_g）是胶黏剂性能随温度变化的重要参数。在不同的温度环境中，胶黏剂的物理、化学特性会发生改变，随着温度的升高，胶黏剂的失效强度会降低。Anderson 等[97] 揭示了两种环氧胶黏剂在 195～250℃的热环境中的耐久性，发现由于环氧树脂中的化学键的断裂，它们的质量和黏结强度随老化温度和时间的增加而降低。张欢等[98] 使用红外光谱、X 射线光电子能谱和扫描电子显微镜分析了 90℃下环氧胶黏剂的老化机理，发现胶黏剂在高温环境中具有后固化和氧化作用，结果表明该试验中使用的环氧胶黏剂材料具有较好的耐老化性能。从温度对胶黏剂性能的影响研究中可以看出，胶黏剂的应力-应变和温度相关。当受到外力作用时，因为胶黏剂的黏弹性属性，应力-应变关系显示出时间相关性[99,100]，这将对胶黏剂的长期耐久性提出较大挑战。

另外，水分是影响胶黏剂耐久性能的一个主要因素[101-104]。胡海涛等[105]研究了海水腐蚀环境对胶黏剂基本力学性能的影响。将 50 个试件（包括两种胶黏剂）放在海水腐蚀环境试验箱中老化，并且每隔一定时间取出部分试件做拉伸试验，得到两种胶黏剂的强度、弹性模量和伸长率随时间的变化规律，在此基础上经过拟合得到胶黏剂的强度模型与计算公式。试验结果表明，海水腐蚀环境对胶黏剂的影响比较大。高岩磊等[106]对环氧/铝胶接接头在5%的NaCl水溶液（包括35℃和55℃两种温度）中的老化行为进行了研究，并与其在蒸馏水中的老化行为进行了对比。研究表明，温度升高会加速环氧胶黏剂搭接试件在NaCl水溶液中的老化；环氧胶黏剂搭接试件在NaCl水溶液中的老化速度比在蒸馏水中快，其原因是NaCl水溶液加速了环氧胶黏剂的水解。蔡光汀等[107]研究发现，在室温环境条件下结构胶的黏结强度具有较长期的稳定性，而在长期浸水或冻融条件下，结构胶的黏结强度发生了一定程度的劣化。Yang等[108]研究发现在水/碱/盐环境下，随浸泡温度的升高，环氧胶黏剂的拉伸强度下降程度会加剧，原因也是树脂的水解作用。并且，浸泡后期树脂的水解作用加速了环氧胶黏剂的拉伸强度在碱环境中的下降速率。李晓艳[109]研究了FRP材料所用三种环氧树脂基体在湿热环境下的耐久性能，研究结果表明，在湿热环境下，胶黏剂的抗拉强度降低明显，弹性模量变化较小，玻璃化转变温度有所下降。

综上可知，结构加固用胶黏剂在服役过程的老化行为，往往是温度和湿度共同作用影响的结果，温度的升高会加速水分子的扩散。在温湿耦合作用下，胶黏剂会因为吸水而导致增塑和膨胀，胶黏剂与加固材料的热膨胀系数差异会产生热应力，但膨胀又会降低热应力，对加固结构来说是多种因素共同的作用。但水浴温度的高低对纳米材料胶黏剂力学性能的影响程度尚不明确，水浴温度与胶黏剂的玻璃化转变温度之间是否存在关系也有待探索。另外，纳米材料的加入能否改善胶黏剂的耐湿热性能也值得进一步研究。

1.2.3 胶黏 CFRP 加固钢结构界面性能研究方面

1.2.3.1 胶黏剂对 CFRP 加固钢结构界面性能的影响

黏结界面层是CFRP加固钢结构的薄弱部位，CFRP若能充分黏合到钢结构上，可有效地提高钢结构的力学性能与疲劳寿命。众所周知，成功实施FRP复合材料增强钢结构的主要挑战是两种材料之间的黏结性能，因此胶黏剂对CFRP板/钢板界面性能的影响非常显著。国内外对此进行了一些研究，但尚处于初步探索阶段[110-113]，未完全达成共识。

Yu等[114]采用四种常用的商品胶黏剂（Sika30、Sika330、Araldite2015和Araldite420）进行了室温下CFRP板/钢板搭接试件拉伸剪切试验，结果表明

Sika30 及 Araldite2015 破坏模式为胶层内聚破坏，而 Sika330 及 Araldite420 为 CFRP 板层离破坏，其中非线性胶黏剂 Araldite2015 的弹性模量较小，但其对应的搭接试件的界面黏结-滑移曲线为梯形，具有较大的界面断裂能及承载能力。李传习等[111] 采用不同 CFRP 材料及不同商品胶黏剂进行了 CFRP 板/钢板单搭接试件的拉伸剪切试验，结果表明，采用不同的 CFRP 材料及不同的胶黏剂，搭接试件的抗剪承载力及破坏模式差异较大，其中 Araldite420 胶黏剂黏结的搭接试件破坏模式为 CFRP 浅层剥离，Sika30 胶黏剂黏结的搭接试件为胶层内聚破坏，Lica131、Sika330 胶黏剂黏结的搭接试件为钢板或 CFRP 板与胶层的界面破坏，而使用 SF 碳板的搭接试件的破坏模式为 CFRP 板深层层离。Araldite420 胶黏剂黏结的搭接试件的抗剪承载力最大，为其他搭接试件的 1.7～2.9 倍。Lica131、Araldite420、Sika330 胶黏剂黏结的搭接试件的黏结-滑移曲线无明显下降段，而采用 Sika30 胶黏剂与 SF 碳板的搭接试件有明显缓坡下降段，破坏前有征兆。王海涛等[115] 研究了两种不同胶黏剂（Araldite2015 与 Sika30）对 CFRP 板/钢板界面性能的影响，结果表明 Araldite2015 胶黏剂对应的搭接试件的极限承载力为 Sika30 胶黏剂对应的搭接试件的 2.2 倍以上；Sika30 胶黏剂对应的搭接试件的黏结-滑移曲线可简化为双线性，而 Araldite2015 胶黏剂对应的搭接试件的黏结-滑移曲线可简化为三线性，Araldite2015 胶黏剂对应的搭接试件的界面剪应力峰值比 Sika30 胶黏剂对应的搭接试件的小，但其界面相对滑移要大，说明 Araldite2015 胶黏剂黏结强度低，但其变形能力大。综上可知，弹性模量较大的脆性胶黏剂（Sika30、Araldite2015 等）黏结的 CFRP 板/钢板搭接接头破坏模式多为界面破坏或胶层内聚破坏，且承载能力较小；弹性模量较小的非线性胶黏剂（Sika330、Araldite420 等）黏结的 CFRP 板/钢板搭接接头破坏模式多为 CFRP 板层离破坏，具有较大承载能力。但上述文献均未提到胶黏剂的玻璃化转变温度，本书作者所在团队测试了上述几种常用胶黏剂的玻璃化转变温度，发现其值均低于 50℃[121]，且非线性胶黏剂比线性胶黏剂更低，无法满足桥梁工程加固对耐热性能的要求。

Korayem 等[116] 发现基于碳纳米管增强胶黏剂的搭接试件的破坏模式为胶层与钢界面破坏。认为 CFRP 和胶层、胶层和钢界面发生破坏可能是没有对钢、CFRP 表面进行合适的处理。但是，仅研究了碳纳米管掺量对搭接试件界面破坏模式及承载力的影响，并未揭示其对界面应力分布及黏结-滑移关系的影响规律。

He 等[117] 通过单搭接试件研究了三种不同胶黏剂（分别称为 T_1、T_c 和 T_s）黏结的 CFRP 板/钢板的界面性能，这三种胶黏剂由哈尔滨工业大学开发。

其中，T_1 和 T_s 是相对较脆的胶黏剂，T_1 的拉伸强度为 50MPa，拉伸模量为 3.13GPa，T_s 的拉伸强度为 27.3MPa，拉伸模量为 11.3GPa，拉伸应力-应变曲线都呈线性，断裂伸长率均很小；T_c 是相对较柔的胶黏剂，拉伸强度为 25.69MPa，拉伸模量为 1.5GPa，拉伸应力-应变曲线呈非线性，具有较大断裂伸长率。从搭接试件的荷载-位移曲线可看出 CFRP 层离破坏也被认为是延性破坏过程，出现胶层内聚破坏及出现 CFRP 层离破坏的线性胶黏剂（T_1 和 T_s）对应的搭接试件的黏结-滑移曲线为三角形，而出现 CFRP 板层离破坏的非线性胶黏剂（T_c）对应的搭接试件的黏结-滑移曲线为梯形，说明搭接试件的黏结-滑移本构受胶黏剂的性能影响明显，而与界面破坏模式无关。分析可知，线性胶黏剂 T_1 和 T_s 虽然具有较高的拉伸强度，但变形能力差；而非线性胶黏剂具有较大的变形能力，但拉伸强度较低。是否可以通过对胶黏剂改性，使其既能满足高强度又有较好的变形能力，以及这种采用改性后的胶黏剂黏结的 CFRP 板/钢板界面黏结性能如何？有待进一步探索。

胶黏剂性能是影响 CFRP 加固钢结构界面黏结力学行为的关键变量，胶黏剂性能对界面黏结强度、界面刚度、黏结-滑移行为等均有较大影响。目前，相关文献多基于商品胶黏剂开展研究，但商品化胶黏剂价格高昂，普遍存在韧性差、与基材黏附力不强的缺点，导致加固试件破坏突然。因此，亟待研制出一种更适用于 CFRP 加固钢结构的胶黏剂。对胶黏剂进行配方设计，明确关键组分对其自身力学性能及 CFRP 板/钢板界面性能的影响规律，探寻满足 CFRP 加固钢桥要求的胶黏剂配比，或许可从本质上解决该问题。目前，关于纳米材料环氧胶黏剂的 CFRP 加固钢结构性能方面的研究还非常少。

1.2.3.2 环境温度对 CFRP 加固钢结构界面性能的影响

土木工程结构在服役期内长期暴露在自然环境中，会受到环境温度变化、冻融以及湿热循环等因素影响[118-121]。目前，国内外学者对 CFRP 加固钢结构的界面性能的温度影响进行了一些研究[122-126]。

Chandrathilaka 等[127,128] 研究了固化工艺及环境温度对 CFRP 布/钢搭接试件的界面性能的影响，得到了不同固化工艺下，CFRP 布/钢搭接试件的玻璃化转变温度（T_g），发现搭接接头的 T_g 与胶黏剂自身的 T_g 相差 16%，当搭接试件所处的环境温度超过玻璃化转变温度 25℃时，搭接试件的极限承载力下降了 70%。Brewis[129] 与 Nguyen[130] 分别研究了基于 American Cyanamid FM 1000 环氧-聚酰胺薄膜胶黏剂和 Araldite420 胶黏剂胶黏的 CFRP 板/钢板接头，发现随着环境温度的升高，胶黏剂的黏结强度明显下降。相反，Yao 等[131] 使用 Sika330 及 Sahin 等[132] 使用 Spabond345 胶黏剂，均发现当温度低于 T_g 时，CFRP 板/钢板的搭接接头的黏结强度均呈现出随温度升高而增加的趋势，然后随着温度的进一步升高而显著降低。Chataigner 等[133] 研究表明，制造商开发的 UREPOX Extra 2C/2B 胶黏剂室温条件下固化度仅为 93%，T_g 为 53℃，经 80℃2h 的后固化，胶黏剂的固化度为 99%，T_g 为 72.5℃，后固化可以显著提升胶黏剂的固化程度及 T_g。

Li 等[134] 使用 Dai 等[135] 提出的原始模型，得到了在 10～90℃温度范围内用于 CFRP 板/钢板界面黏结-滑移本构的指数函数模型，但是指数函数模型更适合 FRP 复合材料与混凝土（而非钢）之间的界面行为。对于 CFRP 板/钢板的黏结接头，双线性[136-138] 或三线性[139-141] 黏结滑移关系更加适用。例如，Fernando 等[139] 提出了三线性梯形模型来拟合 CFRP 板/钢板界面的黏结-滑移关系，采用的胶黏剂具有非线性行为。然而，这项工作仅考虑了机械载荷，而温度对黏结-滑移关系的影响未包括在该研究中。Nguyen 等[142] 进行了不同环境温度下 CFRP 布/钢双剪试件试验研究，发现温度低于玻璃化转变温度 T_g 时失效模式为 CFRP 布的层离，随温度升高变为胶层内聚破坏，且有效黏结长度增大，在 T_g 附近有效黏结长度为室温条件的两倍，但界面刚度下降 20%，超过胶黏剂玻璃化转变温度 20℃时刚度下降 80%，极限承载能力的退化与刚度相似。Yao 等[143] 研究表明在一定温度范围内，搭接接头的极限承载力和界面断裂能随温度升高而增大，但当温度超过玻璃化转变温度（63.1℃）时，接头的极限承载力与界面断裂能急剧下降。Al-Shawaf 等[144] 使用商业黏合剂 Araldite 420、Sikadur-30 和 Mbrace Saturant 进行了不同环境温度下的 CFRP 板/钢板界面黏结性能试验。采用 Araldite 420 和 Sikadur-30 胶黏的试件在 20℃和 40℃温度下的破坏模式均为 CFRP 层离。但是，当温度高于胶黏剂的 T_g 时，失效模式变为 CFRP 从钢基材上剥离，且采用不同的胶黏剂都有这种现象。本书认为搭接界面的承载能力与胶黏剂的微观结构特征相关，采用 Araldite420 胶黏剂的搭接接头具有最高的承载能力，而采用 MBrace Saturant 胶黏剂的搭接接头承载能力最低。

Liu 等[145] 用扫描电镜（SEM）从 CFRP 板和钢黏结界面获得的图像表明，用于浸渍碳纤维的树脂中形成了孔隙。这些孔隙促进了黏结界面的破坏，并且温度从 20℃升高到 40℃或 50℃增加了孔的尺寸，从而降低了界面的强度。还发现温度升高增加了有效黏结长度，这与 Nguyen 等[142] 进行的研究一致。Korayem

等[146] 对采用碳纳米管增强胶黏剂的 CFRP 板/钢板搭接试件在不同温度下的承载力进行了研究，并与没添加碳纳米管胶黏剂的 CFRP 板/钢板搭接试件的承载力进行了比较，发现碳纳米管的添加，可以提高胶黏剂的玻璃化转变温度及搭接试件在高温下的承载力，但并未对搭接界面的应力分布及黏结-滑移关系进行研究。Zhou 等[147] 在 22℃、39℃、44℃和 79℃的温度下进行了 CFRP/钢的界面承载力试验，发现形状为双线性三角形的黏结-滑移本构的初始刚度以及最大界面剪应力随温度的升高而降低。当温度在 22～44℃（低于 T_g）时，CFRP/钢接头的界面断裂能和承载能力会随着温度的升高而增加，而在 79℃（高于 T_g）时降低。从该研究中获得的结果可以认识到，为了更好地表征温度对 CFRP 与钢制接头局部黏结-滑移关系的影响，应该进行更多的研究。

朱德举等[148] 研究了在疲劳荷载下环境温度对 CFRP/钢板单搭接试件力学性能的影响，研究表明在一定的范围（−25～50℃）内，随着温度的升高，接头的黏结强度及界面断裂能随之增大。然而，一旦温度超过环氧树脂胶的玻璃化转变温度，搭接界面的黏结强度和断裂能均急剧下降，不同温度下的破坏模式也有所不同。Agarwal A 等[149] 对采用两种胶黏剂（Sikadur330 和 Sikadur30）共 48 个 CFRP/钢单搭接接头进行不同次数冻融循环后，在室温条件下进行拉伸试验。黏结强度随冻融循环次数的增加而递减，在经历 40 次循环后其黏结强度分别下降 28%和 18%。Zhang 等[150] 研究了 GFRP/钢双搭接试件在−35～60℃下的界面行为，发现当温度低于胶黏剂玻璃化转变温度时，搭接试件的极限承载力与刚度不随温度变化；一旦温度超过玻璃化转变温度，界搭接面的极限承载力与刚度均有较大的降低，这与朱德举等人得出的结论一致。Liu 等[151] 得出了环境温度（20℃、40℃及 50℃）对高弹性模量 CFRP 布/钢界面性能的影响规律。发现三种环境温度下搭接试件的破坏模式都是 CFRP 断裂，且试件的极限承载力也是随温度的升高而下降。

胶黏剂的力学性能及搭接接头的界面黏结性能受环境温度的影响很大，温度一旦超过胶黏剂的玻璃化转变温度，界面承载能力便急剧下降。市场上常用的胶黏剂的耐温性能普遍偏差，50℃左右即出现力学性能下降现象，且存在韧性不足的问题。但钢箱梁内夏季温度高达 60℃左右（桥面铺装表面温度更高），且加固疲劳病害对胶黏剂韧性要求高，需通过配比设计才能使其满足要求。在胶黏剂配比设计中，固化剂的选型至关重要，其对胶黏剂的固化工艺、力学性能及耐温性能等具有显著影响。采用不同的固化剂，胶黏剂的 T_g 差别很大，耐热性能较好的胶黏剂室温下一般呈脆性。耐热性能与韧性是两个相互矛盾的指标，单一的一种固化剂很难同时满足韧性与耐热性的双重要求，如何确保胶黏剂在满足耐热性能的同时具有较好的力学性能值得进一步探索。因此，采用两种或多种固化剂进行混掺，寻找合理的混掺比，探索其对高温环境下 CFRP/钢界面黏结性能的提升具有重要价值。

另外，基于纳米材料改性胶黏剂的 CFRP/钢搭接试件在不同服役温度下的界面性能还未见系统研究，环境温度对界面剪应力分布的影响规律如何？对界面黏结-滑移本构曲线形状及各关键参数影响程度多大？基于不同温度下搭接试件的试验数据是否可以得到黏结-滑移本构预测模型？同时，胶黏剂的耐热性能与 CFRP/钢界面的耐热性能之间的关系也有待明确。这就迫切需要通过试验研究及理论分析得出相关结论，弥补对不同温度环境下 CFRP 加固钢结构的力学性能研究的缺失。

1.2.3.3　CFRP 加固钢结构界面湿热与疲劳耐久性

相关研究表明[152]，CFRP 本身具有良好的耐疲劳、耐腐蚀等优点，Karbhari[153] 预测，在 10～15 年的时间里，其 FRP 模量变化可忽略不计，约为 10％。但胶黏界面作为 CFRP 加固钢结构的薄弱层，则必须考虑恶劣环境及疲劳荷载对其界面黏结性能的影响。

Heshmati M 等[154] 的研究表明，潮湿环境下界面黏结的稳定性是决定胶接 FRP/钢接头长期耐久性的最重要因素。这主要是由于吸收的水分与覆盖在钢表面上的超薄氧化层形成的化学键比胶黏剂与钢界面的黏结力大。胡安妮[155] 研究了水环境、盐水环境、碱性环境、干湿交替循环以及冻融循环作用对 FRP 与混凝土黏结性能影响，同时在干湿交替对 FRP 与混凝土、钢结构黏结性能影响中考虑了荷载效应影响。在干湿交替循环的盐环境中进行耐久性试验，发现持载条件及干湿交替循环均会对 FRP 与钢界面的黏结性能产生不利影响。在较大荷载长期的作用下，FRP 和钢界面的黏结性能并不稳定，加固的试件在荷载与环境的共同作用下，可能出现脆性破坏。

Korta 等[156] 研究了 CFRP/铝合金的拉伸与剪切黏结接头在湿热循环下的耐久性，发现大部分接头经历老化后强度有所降低，而且温度是关键的影响因素，然而 CFRP/铝合金的黏结接头在老化后由于后固化原因强度有所上升。Agarwal 等[157] 研究发现单一的温度、载荷及水分对 CFRP/钢界面的耐久性影响不显著，湿热耦合及湿热与载荷共同作用下强度分别降低了约 15％和 47％。姚力等[158] 在 80℃/95％RH 环境下研究了胶黏剂与搭接接头的耐久能，发现湿热环境会降低加固界面的黏结强度，但在烘烤除湿后黏结强度又显著恢复。

Dawood M 等[159] 在 38℃和 5%氯化钠溶液环境中对高模量 CFRP/钢双搭接接头进行了 6 个月的耐久性试验。发现试样的界面强度降低了 60%。Heshmati 等[160] 研究了盐溶液对 FRP 与钢双搭接接头力学性能的影响。将试件浸在 20℃和 45℃的盐溶液中，试验与有限元模拟结果表明，FRP 黏结材料的渗透性和黏结界面的水分分布对接头的完整性和强度有一定的影响。Yang Y 等[161] 研究了盐雾环境下 CFRP/钢胶接结构的老化，结果表明，钢板局部腐蚀引起了应力集中，搭接的界面变得较弱，就会导致脆性断裂或加速累积损伤。

Wu[162] 等对 5 个静力试件和 12 个荷载比在 0.2～0.6 之间的疲劳试件进行试验研究，发现疲劳寿命和荷载比存在线性对数关系。此外，通过对一定次数疲劳加载后没有破坏的试件进行了静力加载，发现经过疲劳加载后 CFRP/钢双搭接试件的破坏模式及剩余黏结强度不会改变。研究表明，采用 CFRP 板与 CFRP 布均可显著降低钢材的裂纹扩展速率，提高其疲劳寿命[163,164]。郑云等[163] 试验研究表明，含中心裂纹钢板采用 CFRP 板加固后其疲劳寿命为未加固的 2.6～6.8 倍。并进一步研究发现采用双面加固方式的疲劳寿命达到未加固试件的 5.5 倍，而单面加固仅为 2.6 倍。Colombi 等[165] 的研究表明，采用非预应力 CFRP 板加固钢板的疲劳寿命提高了 3 倍，而预应力 CFRP 板加固的疲劳寿命提升了 5～16 倍。

综上可知，经过湿热老化后，搭接界面的承载能力均发生了不同程度的下降，基于纳米材料改性胶黏剂的搭接界面的耐久性如何有待揭示。另外，由上述结论可知采用 CFRP 加固后钢结构的疲劳寿命都得到了较大幅度提升，但在疲劳荷载作用下，加固界面会出现一定程度的损伤，黏结界面一旦剥离破坏，将会失去加固效果。因此，必须明确不同疲劳荷载幅下搭接界面的损伤演化规律（包括应力应变分布情况的变化、滑移量的改变、黏结刚度的退化规律等）。

1.3 本章小结

第一，目前大部分研究限于分析单一纳米材料对胶黏剂宏观性能的提升程度，不同维度纳米材料及其表面功能化对胶黏剂的微观改性机理有待探索。现有室温固化胶黏剂用于加固时存在剪切强度不足、耐热性差及韧性不够等缺点，室温固化高性能（高剪切强度、高耐热性及高韧性）纳米材料胶黏剂亟待研制。

第二，基于纳米材料改性胶黏剂的CFRP加固钢结构界面性能方面的研究尚不深入，多集中在宏观力学层面，缺乏多尺度下的支撑与验证，从微观角度揭示加固界面黏结机理是关键问题。黏结界面的耐热性与韧性是两个相互矛盾的指标，如何确保黏结界面满足耐热性的同时具有足够的韧性有待进一步探索。

第三，在荷载与恶劣环境作用下，加固界面易出现损伤剥离现象，温度、湿度是影响加固结构疲劳寿命的关键因素，需明确荷载及恶劣环境影响下加固界面脱胶与钢板裂纹扩展的耦合关系，纳米材料胶黏剂粘贴CFRP加固钢结构高温、高湿环境下的疲劳性能提升机理与寿命有待研究。

第2章 纳米材料改性胶黏剂的力学性能与微观结构

2.1 引言

目前，常用的环氧树脂胶黏剂大部分由 A、B 组分组成，A 组分主要有环氧树脂基体、增韧剂、偶联剂、触变剂、填料等，B 组分主要有固化剂、促进剂、消泡剂等。因为黏结强度高，在航天航空、化工、汽车、机械、土建、电气等领域已有较广泛应用。环氧胶黏剂之所以能取得广泛的应用是各个成分复配的结果。当主料确定时，固化剂对胶黏剂性能起决定性的作用[166]。已有的固化剂种类很多，从固化温度分类，包括室温固化剂和加热固化剂[167]。胺类固化剂是比较常用的室温固化剂，主要包括脂肪胺、脂环胺、芳香胺、聚酰胺及其改性胺等[168]，常见固化剂的分类见图 2.1。在胶黏剂配比设计中，固化剂的选型与用量至关重要，其对胶黏剂的固化工艺、力学性能及耐温性能等具有显著影响。脂肪胺、脂环胺和芳香胺三种属于常见的初级胺类[169]。这三种胺类固化剂因为化学结构不同也具有不同的物理和化学性质，但初级胺直接用作固化剂时韧性不足，耐候性一般[170-172]。为了避免这些缺点并扩大它们的应用领域，近年来各国学者陆续提出了很多胺类的改性方法，出现了众多性能各异的固化剂。因此，探索固化剂的选型及掺量，对制备性能良好的 CFRP 加固钢结构专用胶黏剂具有重要意义。

环氧树脂具有许多优异的性能，但其普遍存在的弱点是韧性较差、固化物脆

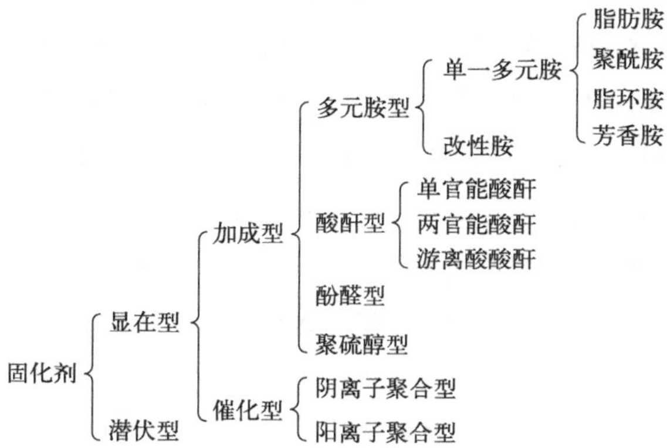

图 2.1　固化剂的分类

性大、不耐冲击和疲劳及容易开裂。作为结构黏结用的胶黏剂，必须对环氧树脂进行改性增韧[173]。用于环氧树脂的增韧技术有多种，常见的有弹性体增韧技术，如丁腈橡胶与环氧树脂形成接枝嵌段聚合物的增韧技术[174]，聚氨酯改性环氧树脂形成互穿聚合物网络结构的增韧技术[175]。纳米材料具有许多特殊的性能，加入胶黏剂中，能大幅提升胶黏剂的黏结强度、耐久性及施工工艺性等。将纳米材料加入胶黏剂改善其黏结性能正在成为该领域的重要发展方向。

因此，本章基于自主研制的环氧胶黏剂配比，采用超声波细胞粉碎分散技术，制备了纳米材料增强环氧树脂胶黏剂。首先，进行了基于不同固化剂的室温固化环氧胶黏剂胶体的拉伸试验，确定了固化剂的选型；然后，研究了添加不同掺量的氧化石墨烯、功能化碳纳米管和功能化纳米 SiO_2 对室温固化环氧胶黏剂胶体力学性能（拉伸、剪切、弯曲、动态热力学等）的影响。利用扫描电子显微镜观察了纳米材料增强环氧胶黏剂胶体的拉伸断面形貌，分析了纳米材料对环氧胶黏剂胶体的增强增韧机理，并与常用商品胶黏剂进行了比较。考察这些指标的目的在于制备出性能优良的结构胶黏剂，为后文 CFRP 加固钢结构的界面黏结性能研究提供参考。

2.2　试验概况

2.2.1　试验材料

试验采用的环氧树脂胶黏剂配方成分包括：环氧树脂（双酚 A 型环氧树脂

E51)、纳米材料添加剂（氧化石墨烯 TNGO-10、羟基化多壁碳纳米管 TNMH1、羧基化多壁碳纳米管 TNMC1、树枝状大分子功能化纳米 SiO_2）、偶联剂（硅烷偶联剂 KH-560）、触变剂（气相二氧化硅 HB-139）、固化剂（缩胺 105、聚醚胺 D230、改进芳香胺 BD11、改进酚醛胺 GR07）、促进剂（DMP-30）、消泡剂（环氧树脂专用消泡剂 D240）等。胶黏剂的关键组分及比例见表 2.1。本章主要研究固化剂及纳米材料的种类与掺量对胶黏剂力学性能的影响，固化剂种类与掺量见表 2.2［采用的胶黏剂配比在表 2.1 的基础上，在树脂基体中均掺有 0.5%（质量分数）的功能化纳米 SiO_2］，纳米材料的种类与掺量见表 2.3（采用的固化剂均为缩胺 105），其他各组分的掺量均不变。图 2.2 为氧化石墨烯结构图，图 2.3 为多壁碳纳米管示意图，图 2.4 为表面功能化纳米 SiO_2 粒子示意图。氧化石墨烯 TNGO-10 的表面含有大量含氧基团，层数为 1～2 层，直径 8～15μm；羟基化多壁碳纳米管 TNMH1 及羧基化多壁碳纳米管 TNMC1 的外径为 5～15nm，长度为 10～30μm；功能化纳米 SiO_2 粒子的直径为 100～800nm，其表面采用树枝状大分子进行功能化处理，能与环氧双酚 A 反应，有效提升纳米粒子与树脂基体的界面结合能力。纳米材料的微观结构见图 2.5。

表 2.1 胶黏剂组分

组分	环氧树脂 E51	偶联剂 KH-560	触变剂 HB-139	固化剂	促进剂 DMP-30	消泡剂 D240
重量/g	120	3	0.7	35	3	0.5

表 2.2 固化剂种类与掺量

编号	固化剂种类及掺量
GY1	改进芳香胺 BD11(35g)
GY2	改进酚醛胺 GR07(35g)
GY31	缩胺 105(35g)
GY32	缩胺 105(23.33g)＋聚醚胺 D230(11.67g)
GY33	缩胺 105(17.5g)＋聚醚胺 D230(17.5g)
GY34	缩胺 105(11.67g)＋聚醚胺 D230(23.33g)
GY35	聚醚胺 D230(35 份)

表 2.3　纳米材料在树脂基体中的种类与掺量　　单位：%

氧化石墨烯 TNGO-10	羟基化碳纳米管 TNMH1	羧基化碳纳米管 TNMC1	TNGO-10 和 TNMC1 混掺（比例 1∶1）	功能化纳米 SiO_2
0	0	0	0	0
0.05	0.1	0.1	0.05	0.25
0.1	0.2	0.2	0.1	0.50
0.2	0.4	0.4	0.2	0.75
0.4	0.6	0.6	0.3	1.0
0.6	0.8	0.8	0.4	1.5

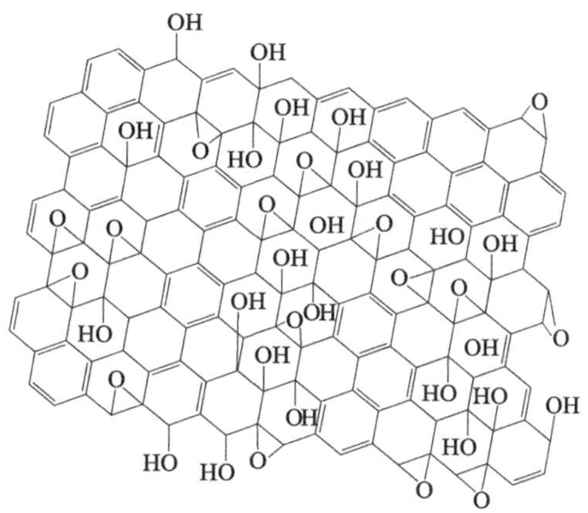

图 2.2　氧化石墨烯

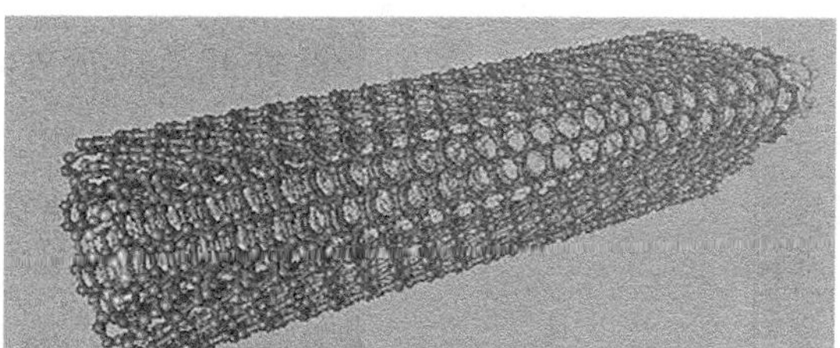

图 2.3　多壁碳纳米管

首先，将纳米材料置于干燥箱中真空干燥 8～12h，保证水分完全去除，将干燥好的纳米材料按比例加入到 60g 环氧树脂中，人工搅拌 5min 后，放入超声波细胞粉碎仪中超声分散 2h，超声功率为 900W，即可制备好纳米材料预分散液；第二步，再称取 60g 环氧树脂加热至 60℃，溶解环氧树脂中可能的结晶并降低树脂黏度；第三步，将纳米材料预分散液加入到该环氧树脂中，并加热至

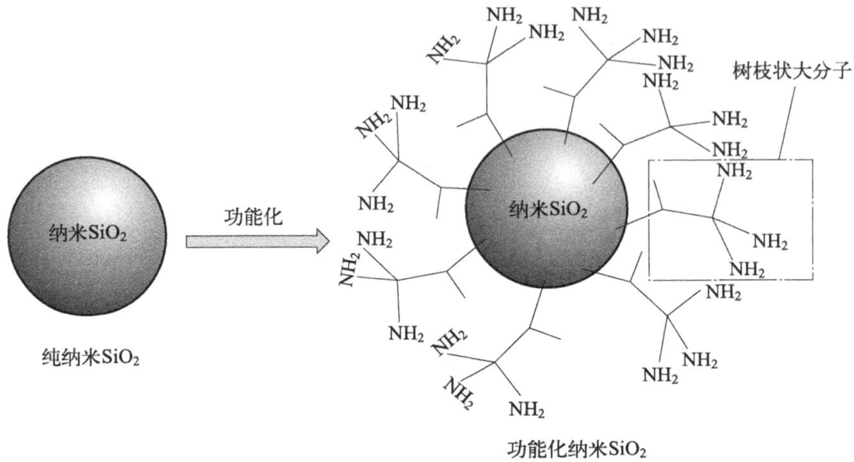

(a) 纳米SiO_2表面功能化

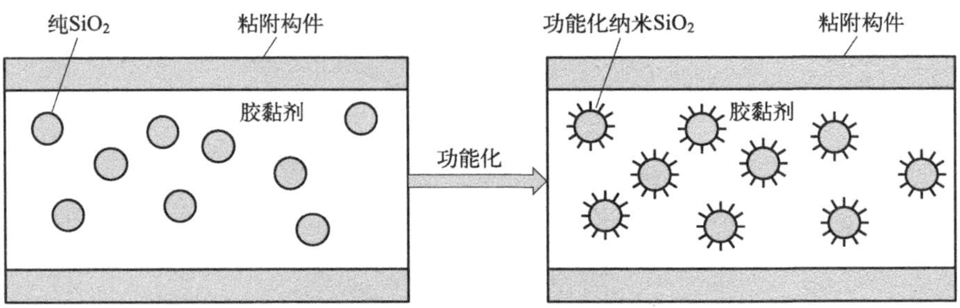

(b) 胶黏剂中加入纯纳米SiO_2及功能化纳米SiO_2示意图

图 2.4　表面功能化纳米 SiO_2

80℃，在该温度下机械搅拌 30min，使纳米颗粒有效分散在环氧树脂中；第四步，将混合物降温至 50℃，加入偶联剂，机械搅拌 15min；第五步，加入触变剂，保持混合物温度为 50℃不变，机械搅拌 15min，自然降至室温，即制备了 A 组分。另按比例称取固化剂，加入促进剂、消泡剂等，40℃下机械搅拌 15min，即制备了 B 组分。然后，将 A、B 组分混合，在室温下机械搅拌 10min，即制备了环氧树脂胶黏剂。

2.2.2　试件设计与制作

胶黏剂拉伸、弯曲力学性能测试按照相关标准要求制作，拉伸试件见图 2.6。剪切试样按国际标准《胶黏剂拉伸剪切强度的测定（刚性材料对刚性材料）》(ISO 4587—2003) 制作，试件尺寸如图 2.7 所示，采用的刚性材料为合金钢。弯曲试样尺寸如图 2.8 所示，长、宽、厚分别为 120mm、10mm、5mm。制作的胶黏剂试件均采用室温固化 7d 后进行测试。

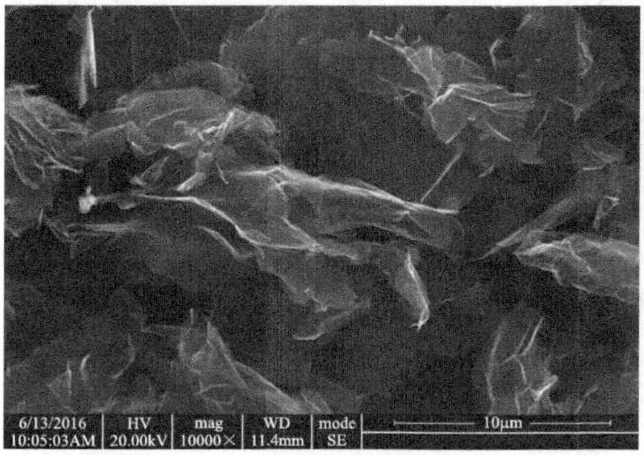

(a) 氧化石墨烯

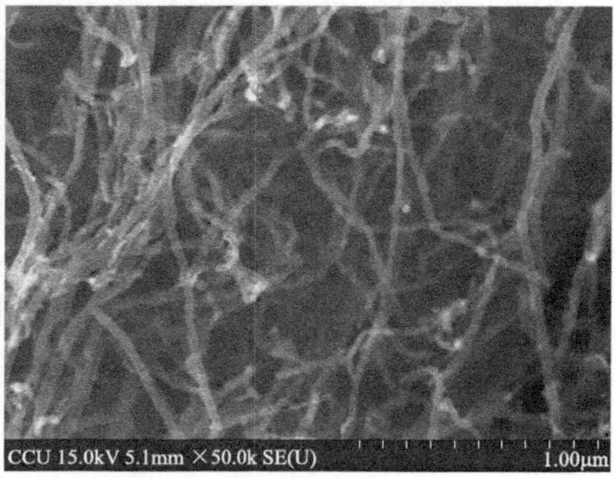

(b) 多壁碳纳米管

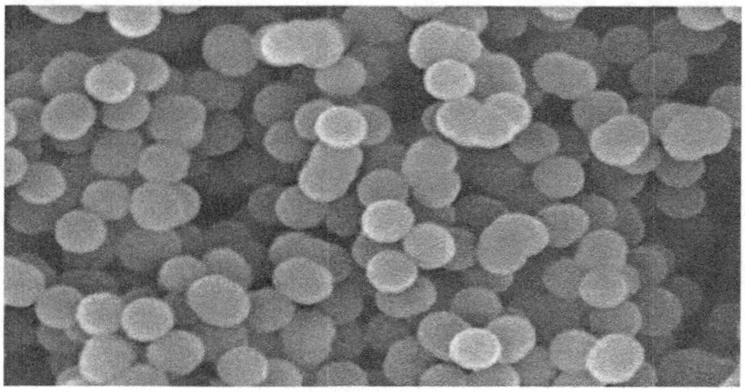

(c) 纳米SiO_2

图 2.5　纳米材料的微观结构图

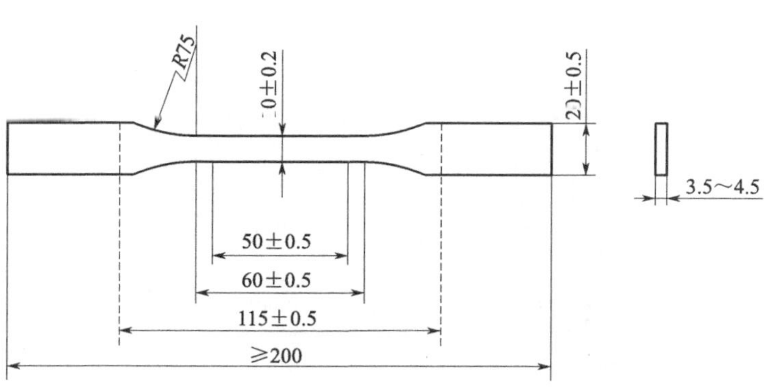

(a) 胶体拉伸试件尺寸

图 2.6

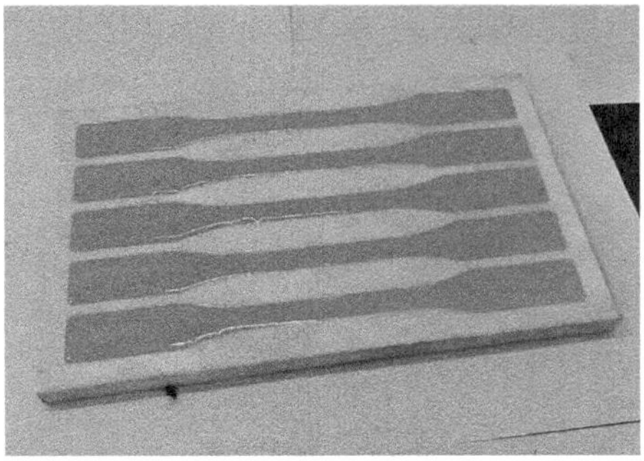

(b) 胶黏剂入模

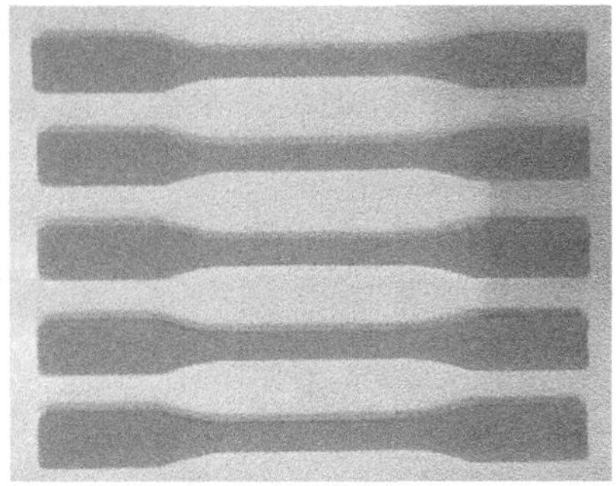

(c) 固化成形

图 2.6 胶黏剂拉伸试件

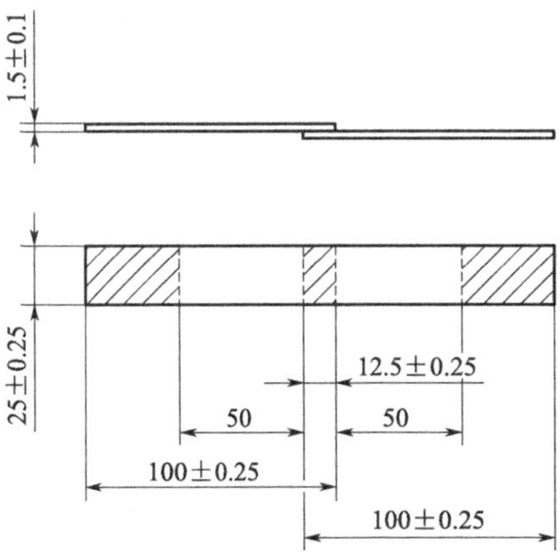

(a) 剪切试件尺寸

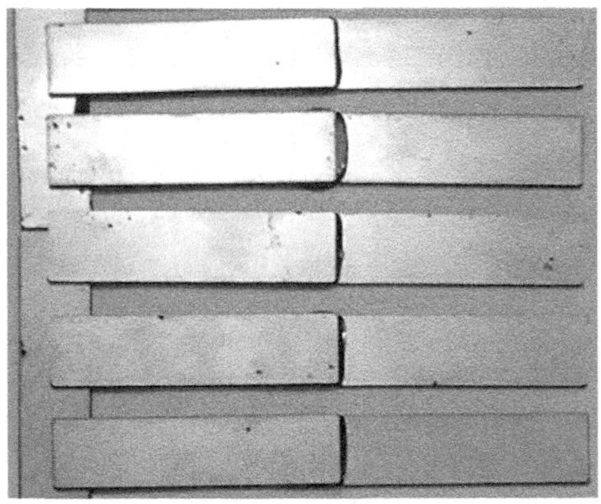

(b) 剪切试件照片

图 2.7 胶黏剂剪切试件

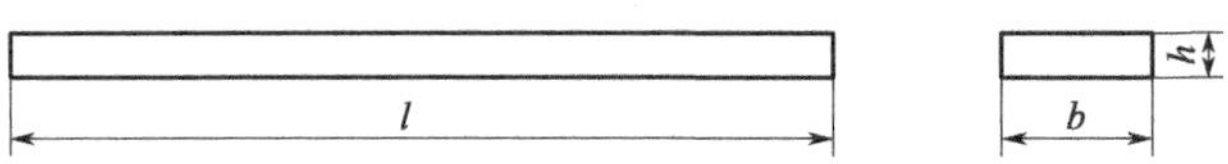

(a) 弯曲试件尺寸

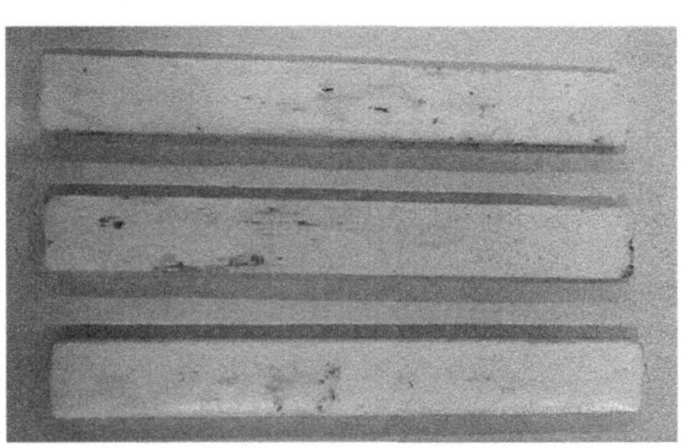

(b) 弯曲试件照片

图 2.8 胶黏剂弯曲试件

2.2.3 试验方法

2.2.3.1 拉伸试验

采用 50kN 电子万能试验机测试环氧树脂胶黏剂的准静态拉伸性能，拉伸速率为 2mm/min，加载装置见图 2.9。在安装试件时，试件的中心轴线需与上、下夹具的中心线保持一致，并安装引伸计。

2.2.3.2 剪切试验

采用 50kN 的电子万能试验机测试环氧树脂胶黏剂的准静态剪切性能，拉伸速率为 8.5MPa/min，加载装置见图 2.10。

图 2.9　胶黏剂试件拉伸试验

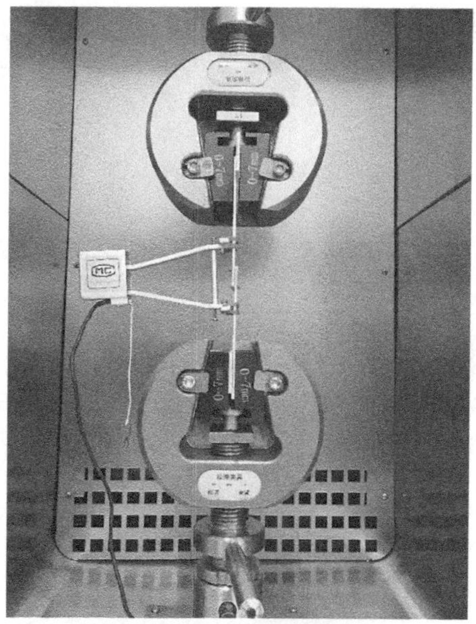

图 2.10　胶黏剂试件剪切试验

2.2.3.3 弯曲试验

采用 50kN 的电子万能试验机测试环氧树脂胶黏剂的弯曲性能，加载速率为 2mm/min，加载装置见图 2.11。

2.2.3.4 动态热力学试验

胶黏剂属于黏弹性材料，可采用动态热机械分析仪（DMA）测试其储能模量、损耗模量及损耗因子随温度的变化情况，采用美国 TA 公司的 DMAQ850

动态热力学分析仪进行测试。采用多频应变模式，测试频率为 1Hz，温度范围为 20～120℃，升温速率设为 2℃/min。采用双悬臂夹具，试件及夹具如图 2.12 所示。

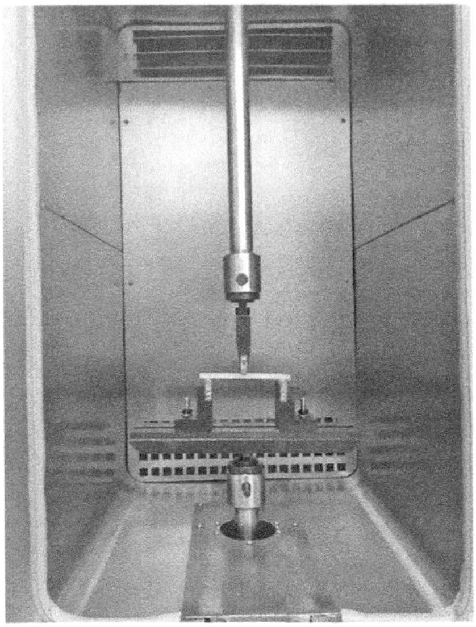

图 2.11 胶黏剂试件弯曲试验

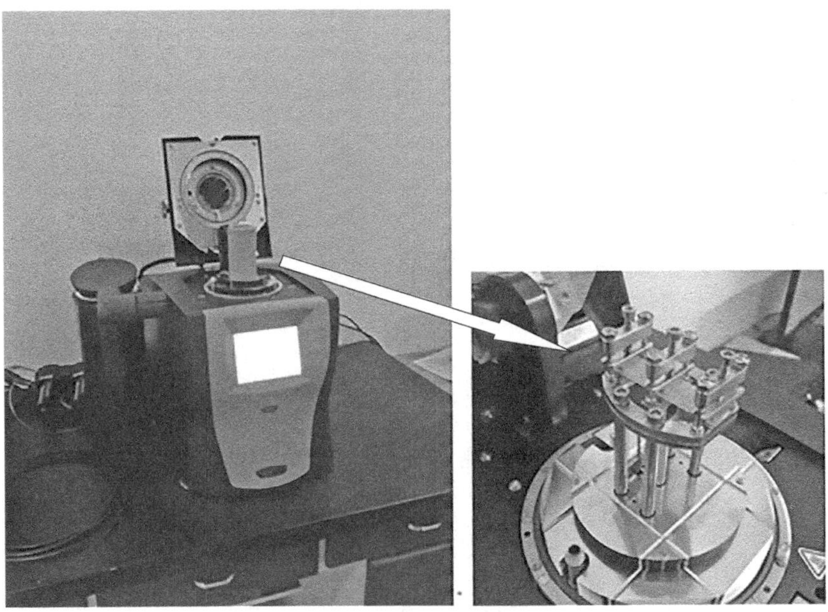

图 2.12 胶黏剂动态热力学试验

2.3 试验结果与分析

2.3.1 固化剂对胶黏剂力学性能影响

图 2.13 给出了表 2.2 所列固化剂及其掺量的胶黏剂应力-应变曲线。由图 2.13 可知，采用改进芳香胺 BD11 时，胶黏剂拉伸应力-应变曲线斜率较小（弹模较小），拉伸强度较低，但极限应变较大，属低强度胶黏剂。采用改进酚醛胺 GR07、缩胺 105 或聚醚胺 D230 固化剂时，胶黏剂的应力-应变曲线斜率较大（弹模较大），拉伸强度明显提升（大于 40MPa，极限应变为 2%～2.3%），属高强度胶黏剂。采用缩胺 105 与聚醚胺 D230 复配比例为 2∶1 时，胶黏剂的强度大幅降低（仅 22.9MPa），极限应变小于 1%；复配比例为 1∶2 时，胶黏剂的强度及韧性均大幅提升（拉伸强度为 52.91MPa，极限应变为 2.50%），属高强度胶黏剂。

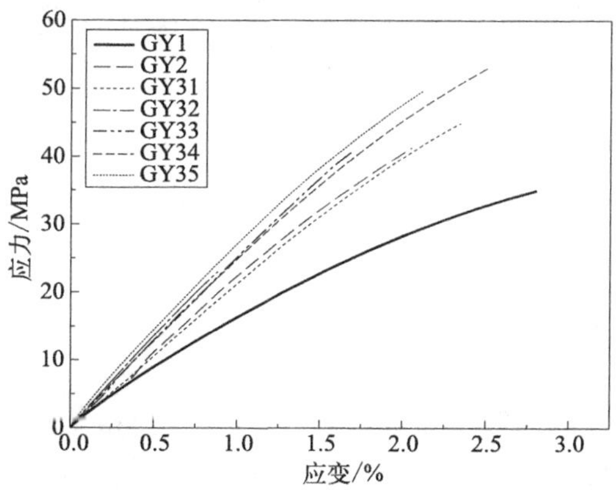

图 2.13　不同固化剂下的胶黏剂拉伸应力-应变曲线

图 2.14 给出了不同固化剂下的胶黏剂基本力学性能指标。由图 2.14 可知，采用单一的固化剂时，基于改进芳香胺 BD11 固化剂的胶黏剂 GY1 的拉伸强度最低；为 34.82MPa，基于聚醚胺 D230 固化剂的胶黏剂 GY35 的拉伸强度最高，为 49.69MPa；基于缩胺 105 固化剂的胶黏剂 GY31 的拉伸强度次之，为 45.28MPa。采用缩胺 105 与聚醚胺 D230 两种固化剂按比例 1∶2 复配时，胶黏

剂 GY34 的拉伸强度为 52.91MPa，较 GY35 进一步提升了 6.48%；但采用缩胺 105 与聚醚胺 D230 两种固化剂按比例 2∶1 复配时，胶黏剂 GY32 的拉伸强度显著降低，仅为 22.90MPa。胶黏剂 GY35 的弹性模量最大，为 3705.94MPa；GY1 和 GY31 的弹性模量相对较小，分别为 2603.05MPa 和 2380.02MPa。胶黏剂 GY1 的断裂伸长率最大，为 2.80%；GY32 的断裂伸长率最小，为 0.88%。胶黏剂 GY34 的应变能最大，为 0.07296N·mm。应变能即应力-应变曲线所包围的面积，可反映材料的韧性。

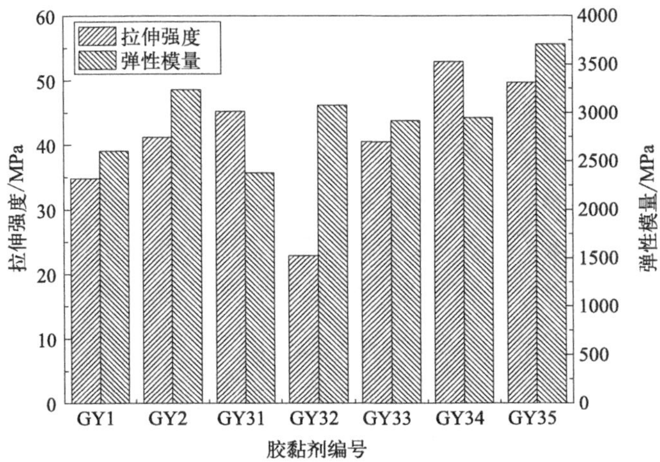

(a) 拉伸强度与弹性模量

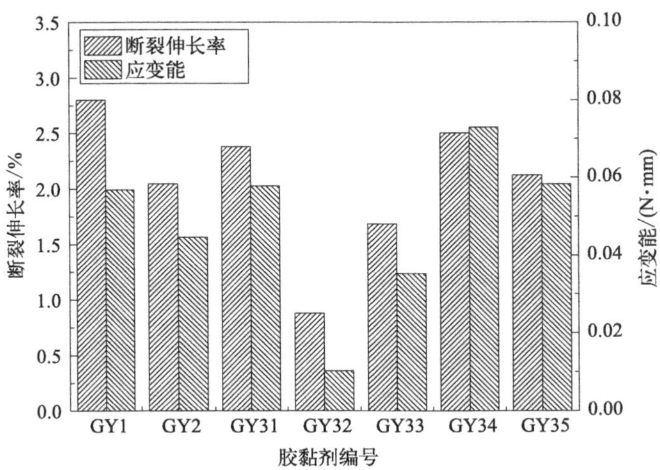

(b) 断裂伸长率与应变能

图 2.14 不同固化剂下的胶黏剂基本力学指标

2.3.2 纳米材料对胶黏剂力学性能影响

2.3.2.1 拉伸性能

（1）氧化石墨烯

图 2.15 所示为 TNGO-10 不同掺量下 TNGO/EP 胶黏剂胶体的拉伸强度变化曲线。由图可知，掺入微量的 TNGO-10 就能使得 TNGO/EP 胶黏剂胶体的拉伸强度得到明显的提升，说明微量的 TNGO-10 在 EP 中分散良好，TNGO-10 与环氧树脂基体形成强的共价键，能够承担一定的载荷。TNGO-10 为 0.1%（质量分数）时，拉伸强度达到最大值 57.15MPa，相较于纯环氧胶黏剂提升了 42.64%；TNGO-10 继续增加，其拉伸强度随之降低。当 TNGO-10 大于 0.6%（质量分数）时，其拉伸强度较纯环氧胶黏剂低，应该是过量 TNGO-10 的加入，使 TNGO-10 在树脂中难以有效分散，易出现团聚现象，从而导致应力集中，致使胶黏剂胶体性能下降。

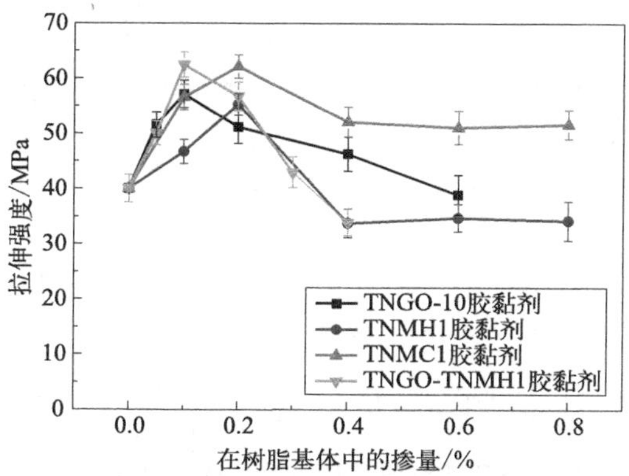

图 2.15　胶黏剂拉伸强度随纳米材料掺量的变化趋势

图 2.16 所示为 TNGO-10 不同掺量下 TNGO/EP 胶黏剂胶体的断裂伸长率变化曲线。从图 2.16 可知，TNGO/EP 胶黏剂胶体的断裂伸长率的变化趋势与其拉伸强度的变化趋势类似，均为先增加后减小。在 TNGO-10 为 0.05%（质量分数）时，断裂伸长率有一个较大的增幅，其断裂伸长率达到最大值 1.93%，较纯环氧胶黏剂提高了 38.85%。TNGO-10 继续增加，其断裂伸长率逐渐下降。

图 2.17 所示为 TNGO-10 不同掺量下 TNGO/EP 胶黏剂胶体的弹性模量变化曲线。从图 2.17 可知，随着 TNGO-10 的增加，其拉伸模量逐渐上升，当 TNGO-10 为 0.1%（质量分数）时达到最大，较纯环氧胶黏剂提升了 31.50%。

但当 TNGO-10 继续增加到 0.6%（质量分数）时，其拉伸模量急剧下降，因为 TNGO-10 过量加入，易在树脂中出现团聚现象，复合材料的自由体积浓度和数量增加，从而使其力学性能降低。

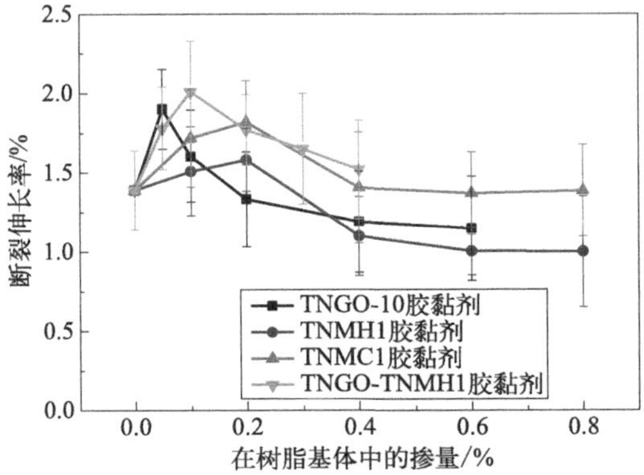

图 2.16 胶黏剂断裂伸长率随纳米材料掺量的变化趋势

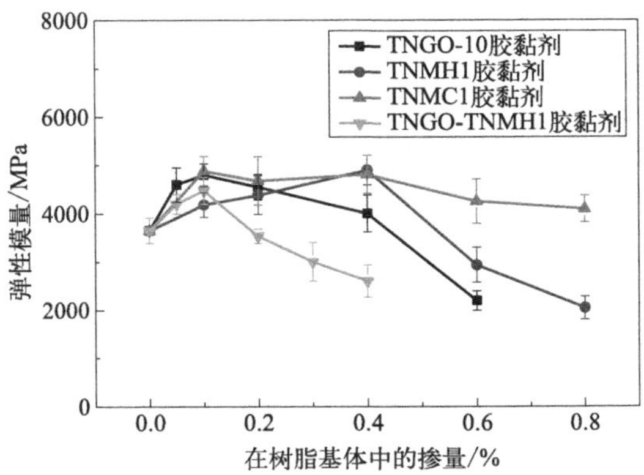

图 2.17 胶黏剂拉伸模量随纳米材料掺量的变化趋势

（2）功能化碳纳米管

图 2.15 所示为 TNMH1 和 TNMC1 不同掺量下 TNMH1/EP 和 TNMC1/EP 胶黏剂胶体的拉伸强度变化曲线。由图可知，两种碳纳米管对胶黏剂的拉伸强度均有明显增强，且随着碳纳米管含量的增加，胶黏剂胶体的拉伸强度都是先增加后下降。当碳纳米管为 0.2%（质量分数）时，两者的拉伸强度都达到最大值。TNMC1/EP、TNMH1/EP 分别较纯环氧胶黏剂提升了 55.32%、38.08%。随着碳纳米管继续增加，两者拉伸强度均明显下降。不同的是，TNMC1/EP 的强度仍高于纯 EP，提高幅度为 25%～30%。而 TNMH1/EP 的强度却低于纯环氧

胶黏剂。

由图 2.16 可知，随纳米材料掺量的增加，TNMH1/EP 和 TNMC1/EP 胶黏剂的断裂伸长率均先上升后下降。总体来看，两者的断裂伸长率的变化趋势与其拉伸强度的变化趋势相一致。在掺量为 0.2%时均达到最大值，断裂伸长率分别为 1.58%和 1.82%，较纯环氧胶黏剂提升了 13.93%和 30.94%。总体来看，两者的断裂伸长率的变化趋势与其拉伸强度的变化趋势相一致。在质量分数达到 0.4%时，两者的断裂伸长率均急剧下降，且 TNMH1/EP 的断裂伸长率要低于纯环氧胶黏剂。当质量分数＞0.4%时，两者的断裂伸长率持续下降，但下降速度较慢。

由图 2.17 可以看出，因碳纳米管具有较高的弹性模量，加入适量的碳纳米管能增加胶黏剂的拉伸模量。当掺量为 0.4%（质量分数）时，其增强效果最佳，TNMH1/EP 和 TNMC1/EP 拉伸模量分别较纯 EP 分别提高了 34.16%和 31.73%。分开来看，随着碳纳米管的增加，TNMC1/EP 的拉伸模量变化不大，而 TNMH1/EP 的拉伸模量出现较大的波动。但总体来看，碳纳米管质量分数超过一定值时，在树脂中容易出现分布不均的情况，从而导致纳米材料团聚处的应力集中，致使胶黏剂胶体性能下降。

（3）功能化纳米管和氧化石墨烯协同作用

图 2.15～图 2.17 所示为 TNMH1 和 TNGO-10 按 1∶1 混掺时，掺量对 TNGO-TNMH1/EP 胶黏剂胶体拉伸性能的影响。总体上看，随着 TNMH1 和 TNGO-10 掺量的增加，胶黏剂胶体的拉伸强度、断裂伸长率和弹性模量均呈现出先上升再下降的趋势。当 TNMH1 和 TNGO-10 总掺量为 0.1%（质量分数）（TNMH1∶TNGO-10＝1∶1）时，TNGO-TNMH1/EP 的拉伸性能达到最佳，其拉伸强度、断裂伸长率和弹性模量较纯环氧胶黏剂分别提高了 56.41%、43.67%和 22.74%。与 TNMH1/EP（较纯环氧胶黏剂提高 42.64%、19.93%、34.16%）和 TNGO/EP（较纯环氧胶黏剂提高 42.64%、38.85%、31.50%）相比，TNGO-TNMH1/EP 只需要更少的掺量就能达到相同甚至更好的拉伸性能。分析其原因，一方面微量的纳米材料加入，能够均匀地分散在树脂基体中；另一方面，石墨烯的比表面积大，能够阻碍碳纳米管的集聚，充分发挥两者的协同作用。

（4）功能化纳米 SiO_2

由图 2.18(a)、(b) 可知，随着纳米 SiO_2 掺量的增加，胶黏剂拉伸强度先升高后降低。掺量为 0.75%（质量分数）时，具有最大拉伸强度 48.19MPa，与掺量为 0%（质量分数）相比提升了 20.59%；弹性模量逐渐降低，断裂伸长率逐渐增加，掺量为 1.5%（质量分数）时，断裂伸长率高达 5.15%，曲线出现屈服点，表现出明显的延性。随纳米 SiO_2 掺量的增加，应变能先增大后减小，当掺量为 0%（质量分数）时，应变能仅为 0.02976N·mm，掺量为 1.0%（质量分数）时应变能达最大，其值为 0.11669N·mm，提升了 292.10%。

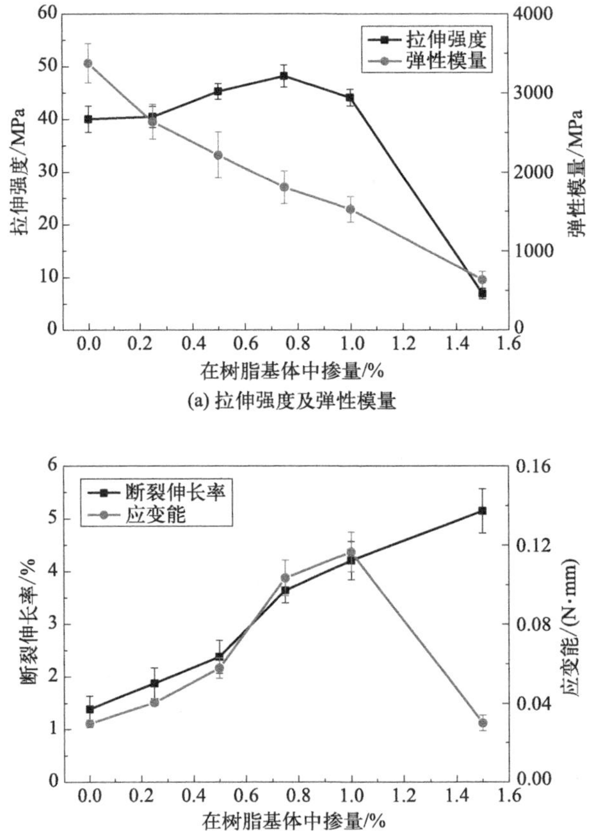

(a) 拉伸强度及弹性模量

(b) 断裂伸长率及应变能

图 2.18 胶黏剂基本力学性能随纳米 SiO_2 掺量的变化趋势

图 2.19 给出了不同纳米 SiO_2 掺量的胶黏剂的拉伸及剪切应力-应变曲线。由图 2.19 可知，随纳米 SiO_2 掺量的增加，胶黏剂拉伸应力-应变曲线发生明显变化，掺量为 0 时，从开始加载到断裂的整个过程，应力-应变关系基本为直线，表明该胶黏剂呈脆性；掺量为 0.75%（质量分数）与 1%（质量分数）时，在保持较大拉伸强度的同时，延性大幅度提升，应力-应变曲线由线性转变为非线性，

具有良好的韧性；当掺量为 1.5%（质量分数）份时，胶黏剂较难固化，且拉伸强度大幅度降低，具有很大弹性。

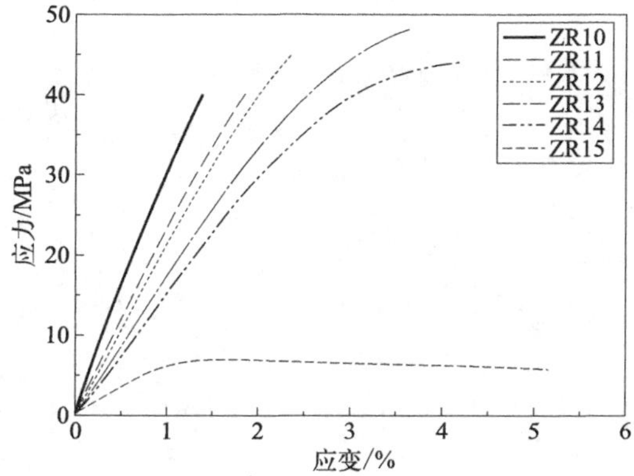

图 2.19　胶黏剂试样拉伸应力-应变曲线

2.3.2.2　拉伸断面微观结构

拉伸试件断面 SEM 图像如图 2.20 所示。从图 2.20(a) 中我们可以看出，纯环氧胶黏剂断面比较光滑，几乎没有明显的凸起和裂纹产生。而图 2.20(b) ～图 2.20(e) 分别是加入 0.1%（质量分数）TNGO-10、0.2%（质量分数）TNMH1、0.2%（质量分数）TNMC1 和 0.1%（质量分数）TNGO-TNMH1 的拉伸试件断面 SEM 图，从图中可以明显看出，其断裂表面的粗糙度较纯环氧胶黏剂要粗糙很多，有明显的褶皱，分布较为均匀。这说明裂纹在扩展时，受到纳米材料阻碍，致使其产生二级裂纹，朝其他方向发展。另外，纳米材料附近的基体会产生明显的塑性变形，从而较纯环氧胶黏剂能吸收更多的能量。从图中还可以看到，其表面还出现明显的附着物，从形状上推测，这些附着物可能是碳纳米管。说明 0.2%（质量分数）的碳纳米管能有效分散在环氧树脂中，并能够与树脂良好地结合。图 2.20(e) 中，可以看到大小不一的碳纳米管，原因可能是石墨烯包裹碳纳米管，两者发挥协同作用，也可能是功能化的碳纳米管表面基团与环氧树脂反应，碳纳米管在拔出时，上面附着环氧树脂。裂纹在萌发和发展时遇到碳纳米管，需要绕过或者剪断碳纳米管进行扩展，这将消耗裂纹扩展能量，进而抑制裂纹的扩展。其断裂形式也从纯环氧胶黏剂的脆性断裂转变为韧性断裂，从而达到增强树脂的目的。

图 2.21、图 2.22 是 0.8%（质量分数）碳纳米管的胶黏剂拉伸试件断面 SEM 图。图中可以看到，断面有明显的裂缝以及气泡和缺陷，且裂纹走向单一。

浇筑试件时，高含量的碳纳米管复合材料的黏稠度明显较低含量的黏稠度要高，碳纳米管在树脂中分散不均匀，容易出现团聚。图中裂纹产生于应力集中处，其附近由于碳纳米管分布不均，裂纹朝褶皱少的地方扩散。

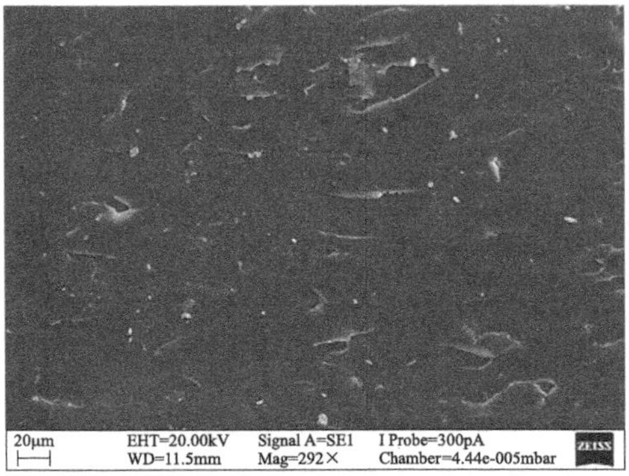

(a) 纯EP的胶体拉伸断面

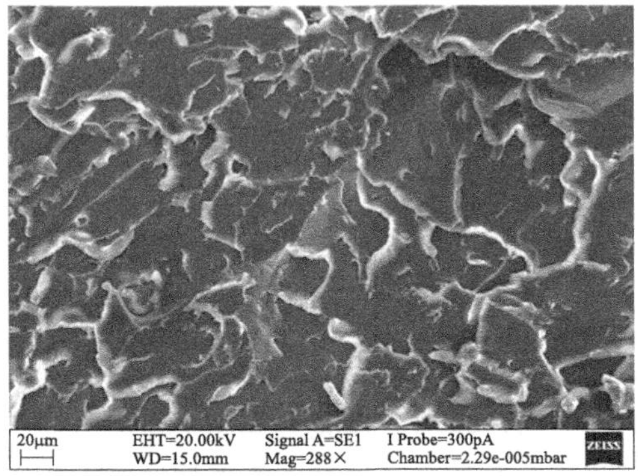

(b) 0.1%(质量分数)TNGO-10的胶体拉伸断面

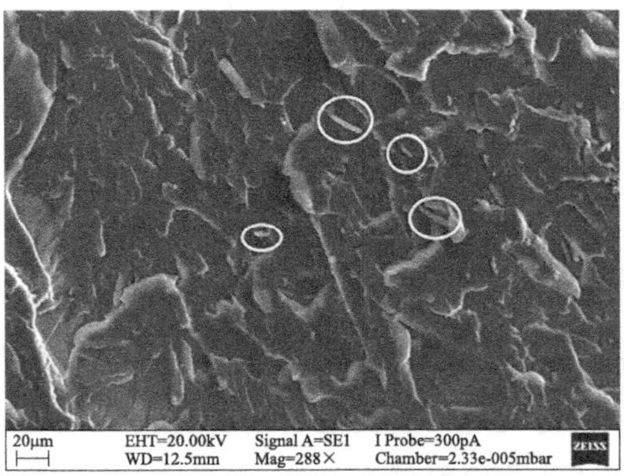

(c) 0.2%(质量分数)TNMH1的胶体拉伸断面

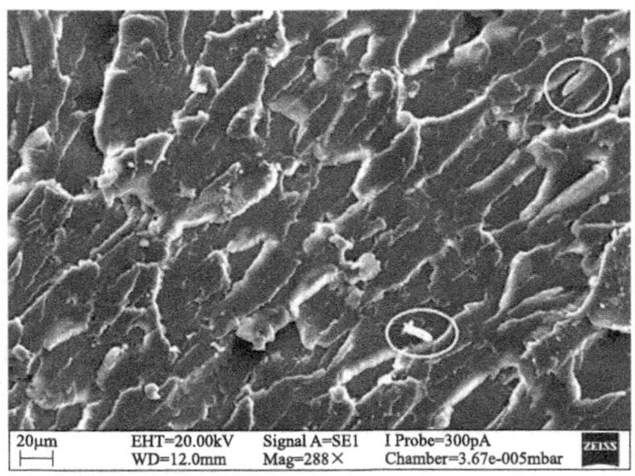

(d) 0.2%(质量分数)TNMC1的胶体拉伸断面

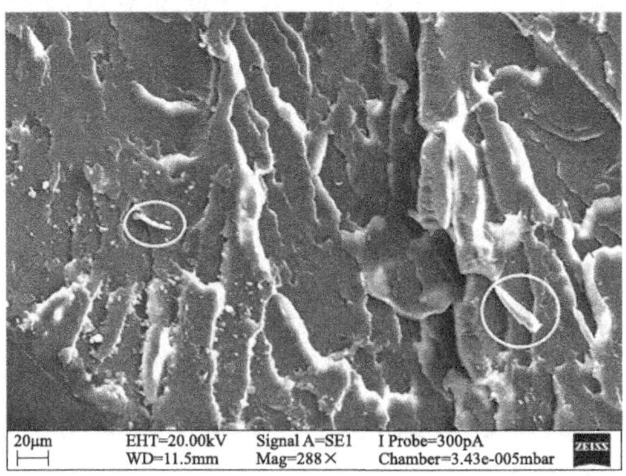

(e) 0.1%(质量分数)TNGO-10和TNMH1的胶体拉伸断面

图 2.20 胶黏剂胶体拉伸试件断面 SEM 图

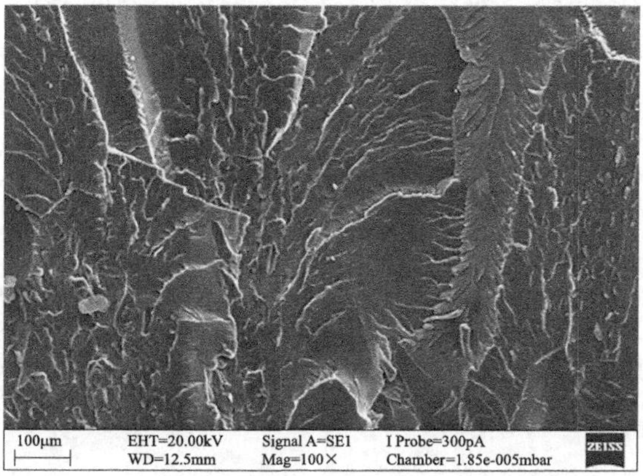

图 2.21　0.8%（质量分数）TNMC1 的胶体拉伸试件断面

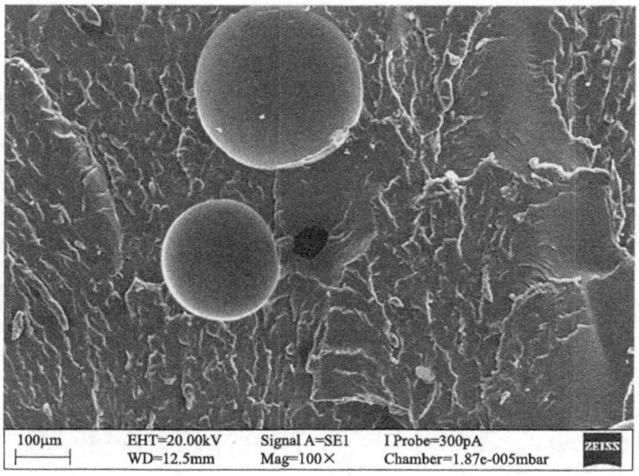

图 2.22　0.8%（质量分数）TNMH1 的胶体拉伸试件断面

图 2.23 为纳米 SiO_2 胶黏剂拉伸断面的 SEM 扫描照片，图 2.23(a) 是纳米 SiO_2 掺量为 0 的扫描照片，断口表面非常光滑，裂纹走向单一，表明断面为脆性破坏。由纳米 SiO_2 掺量为 0～1.0%（质量分数）的扫描照片可知，随纳米 SiO_2 掺量的增加，拉伸断面上由纳米 SiO_2 剥离和拔出留下的小孔洞越来越密集，拉伸断面粗糙度显著增加，具有更明显的塑性变形，且纳米 SiO_2 在胶黏剂中分布均匀，没有纳米颗粒团聚现象，与树脂基体相容性很好。添加纳米 SiO_2 粒子的胶黏剂在荷载作用下，在纳米 SiO_2 处产生应力集中，粒子周围胶黏剂发生屈服形变，引起的局部塑形剪切带，吸收大量能量，从而起到增韧的效果。同时，基体上的裂纹在载荷作用下持续增长，遇到附近的刚性颗粒，会阻碍裂纹的扩展。此时，如果要形成新的裂纹，则需要吸收更多的能量，也就是说，需要施

加更大的荷载才能使裂纹贯通。另外，SiO_2 纳米颗粒能够在裂纹尖端前方的三轴应力场中脱粘，从而使环氧胶黏剂中形成了密集的塑性空穴，使胶黏剂的韧性得到大幅度提高。

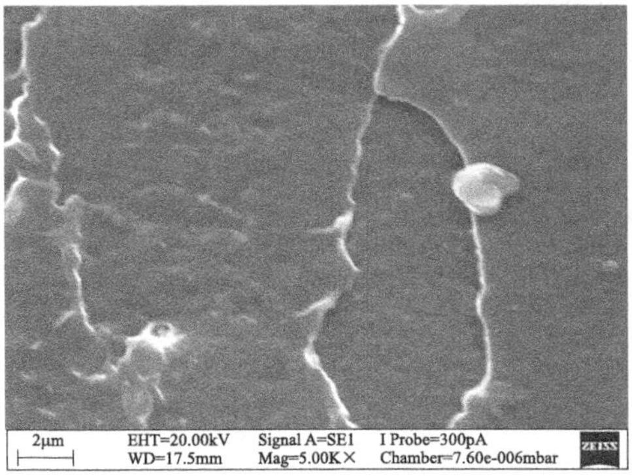

(a) 0%(质量分数)纳米SiO_2胶体拉伸试件断面

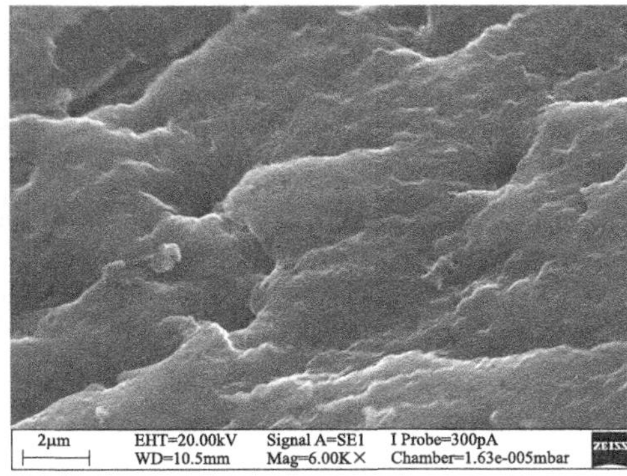

(b) 0.5%(质量分数)纳米SiO_2胶体拉伸试件断面

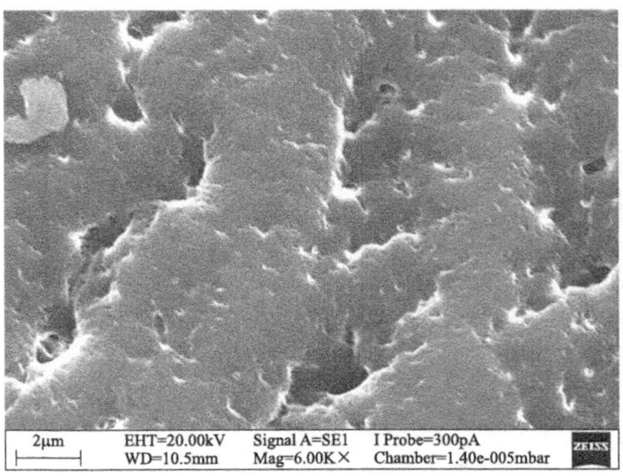

(c) 0.75%(质量分数)纳米SiO_2胶体拉伸试件断面

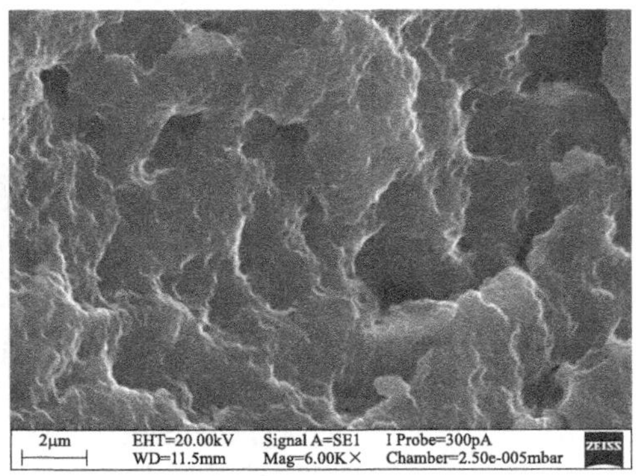

(d) 1.0%(质量分数)纳米SiO_2胶体拉伸试件断面

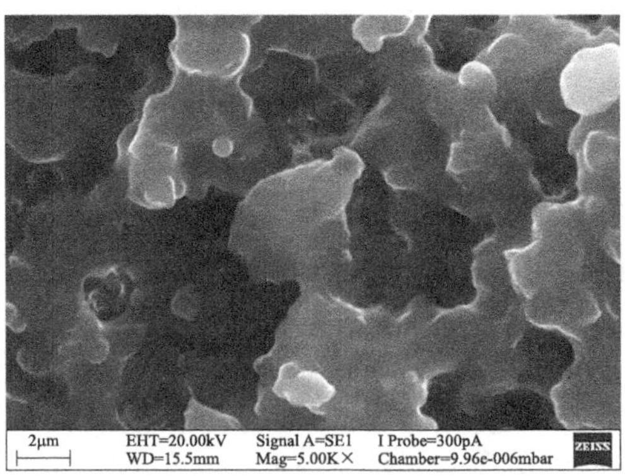

(e) 1.5%(质量分数)纳米SiO_2胶体拉伸试件断面

图 2.23 胶黏剂拉伸断面 SEM 图

2.3.2.3　剪切性能

图 2.24 是不同氧化石墨烯掺量的 GO/EP 胶黏剂的剪切强度变化趋势。从图中可以看出，随着 GO 掺量的增加，GO/EP 胶黏剂的剪切强度呈先上升再下降趋势。当 GO 的掺量为 0.4%（质量分数）时，其剪切强度最大值为 7.1MPa，仅较纯环氧胶黏剂提升了 7.3%。

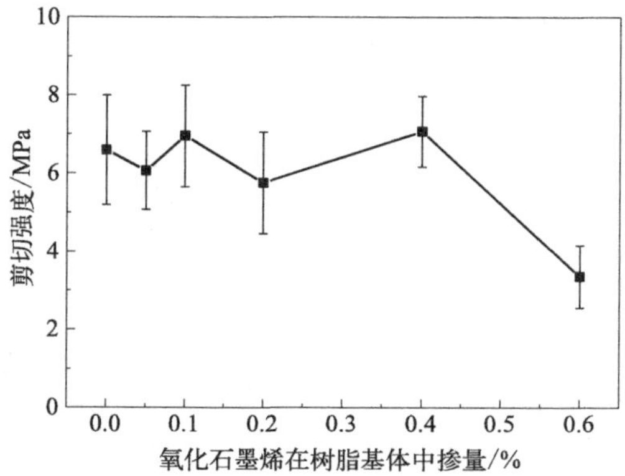

图 2.24　氧化石墨烯掺量对胶黏剂剪切强度的影响

图 2.25 为不同掺量 TNMC1/EP、TNMH1/EP 的胶黏剂的剪切强度。整体来看，随着碳纳米管掺量的增加，两者的剪切强度均呈先上升后下降趋势。当加入适量的碳纳米管时，TNMC1/EP、TNMH1/EP 的剪切强度较纯环氧胶黏剂分别提高了 18.64%、44.15%。说明加入适量的碳纳米管能提升胶黏剂的剪切性能。但总体来看，当碳纳米管的掺量较大时，难以在树脂基体中均匀分散，团聚处会产生应力集中形成断裂源，使胶黏剂力学性能降低。

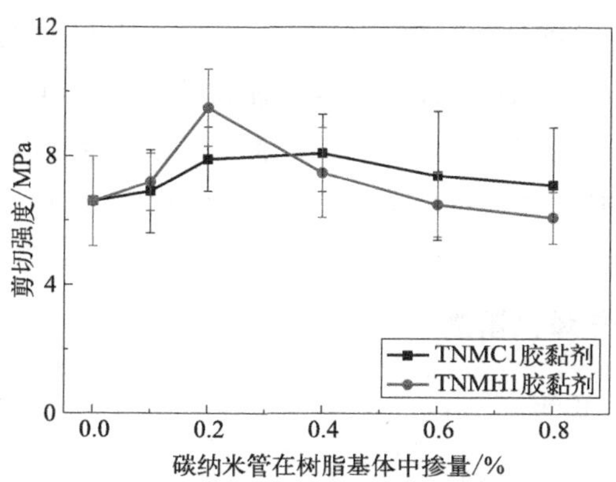

图 2.25　碳纳米管掺量对胶黏剂剪切强度的影响

由图 2.26 可知，随着纳米 SiO_2 掺量的增加，胶黏剂的剪切强度均呈先上升后下降趋势。掺量为 1.0%（质量分数）时，具有最大剪切强度 18.30MPa，与掺量为 0%（质量分数）相比提升了 133.12%；当纳米 SiO_2 掺量为 0%（质量分数）与 1.5%（质量分数）时，剪切应力-应变曲线非常相似，基本为线性；从 0%（质量分数）增加到 1%（质量分数）时，剪切应力-应变曲线由线性逐渐变为非线性；掺量为 1%（质量分数）时，非线性最明显。随荷载增加，非线性曲线的斜率逐渐增大，在拉断时具有最大斜率。

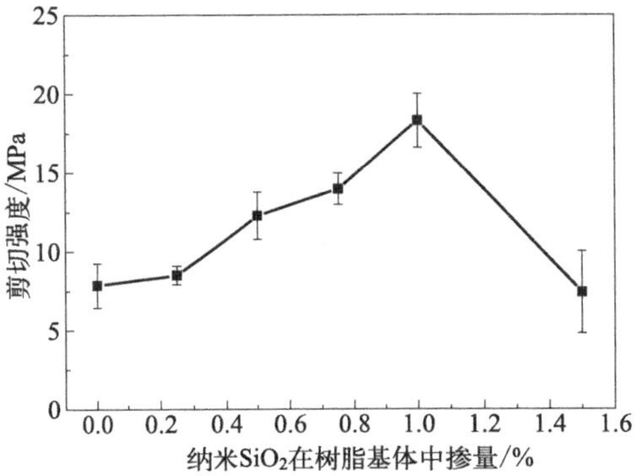

(a) 剪切强度

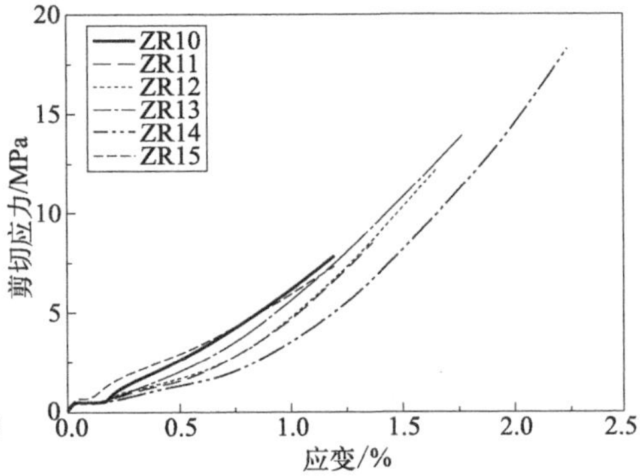

(b) 剪切应力-应变曲线

图 2.26 纳米 SiO_2 掺量对胶黏剂剪切性能的影响

2.3.2.4 弯曲性能

（1）荷载-挠度曲线

图 2.27 给出了不同纳米 SiO_2 增韧剂掺量的胶黏剂的弯曲荷载-挠度曲线。由图可知，随纳米 SiO_2 增韧剂掺量的增加，胶黏剂弯曲荷载-挠度曲线发生明显变化。掺量为 0%（质量分数）时，从开始加载到断裂的整个过程，荷载-挠度曲线基本为直线，表明该胶黏剂非常脆；掺量为 0.5%（质量分数）时，荷载-挠度曲线仍为直线，但极限承载力大幅增加，弯曲变性能力也大幅提升；掺量为 1.0%（质量分数）时，在保持较大承载能力的同时，延性大幅提升，荷载-挠度曲线在后期呈非线性。

（2）弯曲强度与弹性模量

弯曲强度计算公式为：$\sigma_t=\dfrac{3p \cdot L}{2b \cdot h^2}$。

式中，σ_t 为弯曲强度，MPa；p 为极限载荷，kN；L 为跨距，m；b 为试件宽度，m；h 为试样厚度，m。

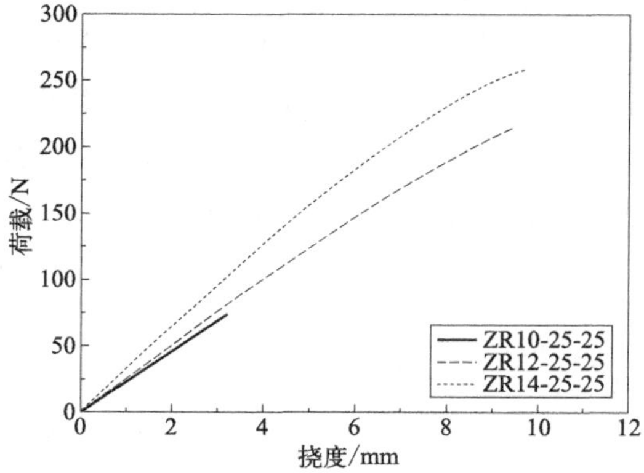

图 2.27　不同纳米 SiO_2 掺量的胶黏剂的弯曲荷载-挠度曲线

弯曲弹模计算公式为：$E_t=\dfrac{L^3 \cdot \Delta P}{4b \cdot h^3 \cdot \Delta S}$。

式中，E_t 为弯曲弹性模量，MPa；ΔP 为对应于载荷-挠度曲线上初始直线段的载荷增量值，kN；ΔS 为与载荷增量 ΔP 对应的跨中挠度，m。

计算结果见图 2.28。随纳米 SiO_2 掺量的增加，胶黏剂的弯曲强度及弹性模量逐渐增大，当加入 1.0%（质量分数）纳米 SiO_2 时，胶黏剂的弯曲强度与弹性模量较纯环氧胶黏剂分别提高了 170.70%、27.53%。

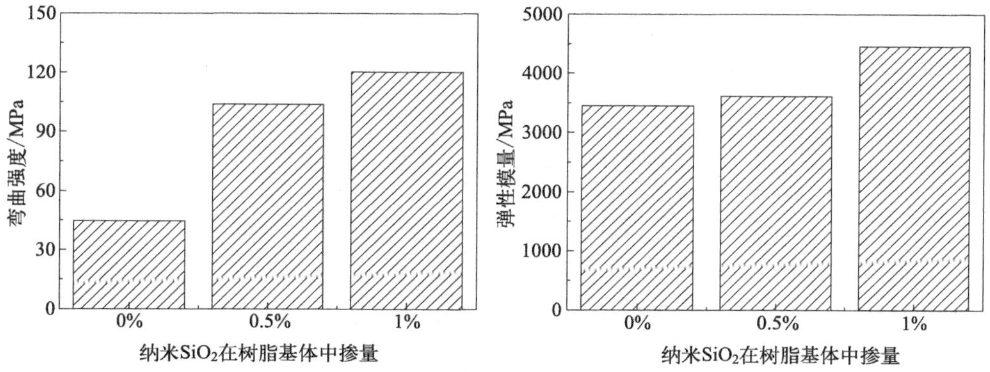

图 2.28　胶黏剂弯曲强度与弹性模量

2.3.2.5　动态热力学性能

图 2.29 给出了采用动态热机械分析仪（DMA）测试的不同掺量纳米 SiO_2 的胶黏剂的动态热力学性能，包括储能模量、损耗模量及损耗因子。根据切线法（即储能模量曲线上拐角切线的交点对应的温度）、损耗模量法（即损耗模量曲线

峰值对应的温度）及损耗因子法（即损耗因子曲线峰值对应的温度）三种方法得到的玻璃化转变温度 $T_{g,S}$，$T_{g,L}$，$T_{g,T}$，见表 2.4。随纳米 SiO_2 掺量的增加，胶黏剂的玻璃化转变温度有所增大，掺量为 1.0%（质量分数）时，玻璃化转变温度 $T_{g,S}$、$T_{g,L}$、$T_{g,T}$ 分别为 66.1℃、68.9℃、80.1℃，均大于常用商品胶黏剂的玻璃化转变温度，可满足桥梁加固对耐温性能的要求。

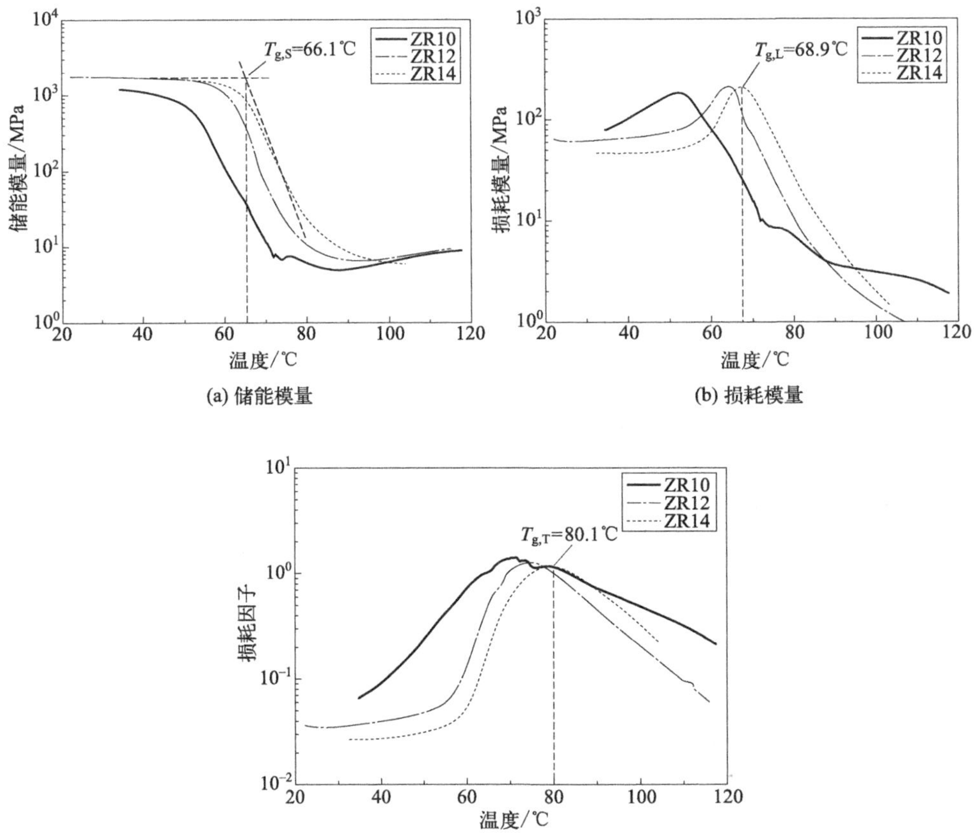

图 2.29 纳米 SiO_2 掺量对胶黏剂动态热力学性能影响

表 2.4 胶黏剂玻璃化转变温度

胶黏剂	切线法 $T_{g,S}$/℃	损耗模量法 $T_{g,L}$/℃	损耗因子法 $T_{g,T}$/℃
ZR10	52.5	52.2	71.4
ZR12	62.7	63.9	74.3
ZR14	66.1	68.9	80.1

续表

胶黏剂	切线法 $T_{g,S}$/℃	损耗模量法 $T_{g,L}$/℃	损耗因子法 $T_{g,T}$/℃
SiKa30[121]	32.8	33.7	47.8
Araldite420[121]	31.6	32.6	43.6
Araldite2014[121]	56.3	58.4	68.3
C1[121]	49.9	53.9	63.2

注：ZR10、ZR12、ZR14 分别为纳米 SiO_2 掺量 0%（质量分数）、0.5%（质量分数）、1.0%（质量分数）的胶黏剂。

2.3.2.6　研制胶黏剂与商品胶黏剂性能的比较

本书研制的纳米 SiO_2 胶黏剂的力学性能主要指标与常用商品胶黏剂[121] 的比较，见表 2.5。应力-应变曲线比较见图 2.30。由图 2.30 和表 2.5 可知，本书研制的纳米 SiO_2 增韧胶黏剂 ZR14 的拉伸强度、断裂伸长率、应变能均大于常用商品胶黏剂，弹性模量小于常用商品胶黏剂，拉伸强度为常用商品胶黏剂的 1.44～1.81 倍，断裂伸长率为常用商品胶黏剂的 1.03～7.80 倍，应变能为常用商品胶黏剂的 1.17～35.79 倍。

表 2.5　本书胶黏剂与商品胶黏剂的主要力学性能指标对比

名称	ZR12	ZR14	Sika330	Araldite420	Sika30	Lica131
拉伸强度/MPa	45.28	44.09	24.4	30.5	25.3	26.6
断裂伸长率/%	2.38	4.21	0.54	4.09	0.22	0.69
弹性模量/MPa	2217	1544	4870	2410	12130	3990
应变能/(N·mm)	0.05784	0.11669	0.00706	0.09965	0.00326	0.01021

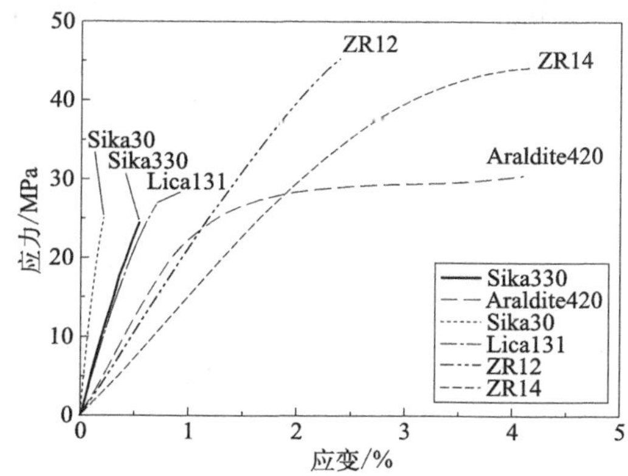

图 2.30　本书胶黏剂与商品胶黏剂应力-应变曲线

2.4 本章小结

第一，室温固化不同固化剂的纳米 SiO_2 [纳米 SiO_2 掺量为 0.5%（质量分数)] 环氧胶黏剂的拉伸强度从高到低依次为缩胺 105 与聚醚胺 D230 按质量比 1∶2 混合体、聚醚胺 D230、缩胺 105、改进酚醛胺 GR07、改进芳香胺 BD11、缩胺 105 与聚醚胺 D230 按质量比 2∶1 混合体。

第二，以缩胺 105 作为固化剂，掺入氧化石墨烯、两种不同功能化的碳纳米管及功能化纳米 SiO_2，胶黏剂的拉伸强度较纯环氧胶黏剂分别最高提升了 42.64%、55.32%、38.08%、20.59%，断裂伸长率分别最高提升了 38.85%、13.93%、30.94%、202.88%，剪切强度分别最高提升了 7.30%、18.64%、44.15%、133.12%。随纳米 SiO_2 掺量的增加，胶黏剂的应力-应变关系由线性转变为非线性，应变能最高提升了 292.10%。

第三，经 SEM 对胶黏剂胶体拉伸断面观察分析，氧化石墨烯、碳纳米管、纳米 SiO_2 的加入能增加其断面的粗糙度，并能够与树脂良好地结合。裂纹在萌发和发展时遇到纳米材料，需要绕过或者剪断纳米材料进行扩展，这将消耗裂纹扩展能量，进而抑制裂纹的扩展。并且，纳米 SiO_2 的添加使断面形成了密集的塑性空穴，产生了更多的微裂纹，使胶黏剂的韧性得到了更大幅度的提高。

第四，氧化石墨烯及碳纳米的添加主要提升了胶黏剂的拉伸强度，功能化纳米 SiO_2 的添加主要提升了胶黏剂的断裂韧性及剪切强度。后文将主要针对韧性较好的纳米 SiO_2 胶黏剂开展 CFRP 加固钢结构的界面黏结性能研究。

第3章 纳米材料改性胶黏剂的分子动力学研究

3.1 引言

纳米材料改性胶黏剂是通过纳米尺度及分子层面的合理构型，包括不同维度纳米材料杂化、表面功能化及分子网链的结构参数优化等，有望实现关键性能协同提升。纳米材料与聚合物链发生共价作用，纳米材料表面附着的官能团可与基体发生反应，不仅能增强其与基体的相互作用，还能改善分散性和胶黏剂的最终性能。SiO_2 是环氧树脂材料最普遍的填料，在复合材料中掺入纳米 SiO_2 可获得更优异的热性能与力学性能，在复合材料领域得到了广泛应用。因此，大量学者对 SiO_2/EP 纳米复合材料的性能进行了实验方面的研究。但关于纳米 SiO_2 的分子动力学模拟方面的研究还比较少，且大部分研究限于单一纳米材料对环氧树脂体系的影响，对多种纳米材料（不同维度）协同作用下材料性能的研究有待深入，表面功能化纳米材料对树脂体系的微观增强机理也有待探索。

因此，本章通过分子动力学方法分别建立了纯环氧树脂（EP）模型、羟基化纳米 SiO_2 模型（EP＋SiO_2/OH）、单壁碳纳米管/环氧树脂模型（EP＋SWNT）以及纳米 SiO_2 与碳纳米管协同增强环氧树脂模型（EP＋SWNT＋SiO_2/OH），对四种模型的自由体积分数（FFV）、均方位移（MSD）、内聚能密度（CED）、玻璃化转变温度（T_g）和力学性能进行了仿真计算，分析了不同交联度的分子网链、纳米 SiO_2 协同碳纳米管及羟基化纳米 SiO_2 的掺量对环氧树脂体系热性能和力学性能的影响，揭示了各体系的微观结构变化的内在机理，分析了纳米材料改性胶黏剂结构与性能之间的关系，为设计和制备更高性能的 CFRP 加固钢结构界面胶黏剂提供了理论指导。

3.2 分子动力学模拟

3.2.1 模型构建与优化

为揭示纳米材料对胶黏剂的微观改性机理，研究羟基化纳米 SiO_2 和碳纳米管协同作用对环氧树脂性能的影响，利用 Materials Studio 2020 软件建立了四种聚合物分子模型，即 EP、EP＋SWNT、EP＋SiO_2/OH、EP＋SWNT＋SiO_2/OH 复合模型。选择环氧树脂（E51）作为基体，缩胺 105 作为固化剂，其分子结构式如图 3.1 所示。碳纳米管采用 Build 中的 Single-Wall Nanotube 模块建立两端未封口的扶手型 SWNT 分子模型，直径为 1.356nm，链长为 1.968nm，键长 0.142nm。纳米 SiO_2 采用球形颗粒，半径为 1nm。

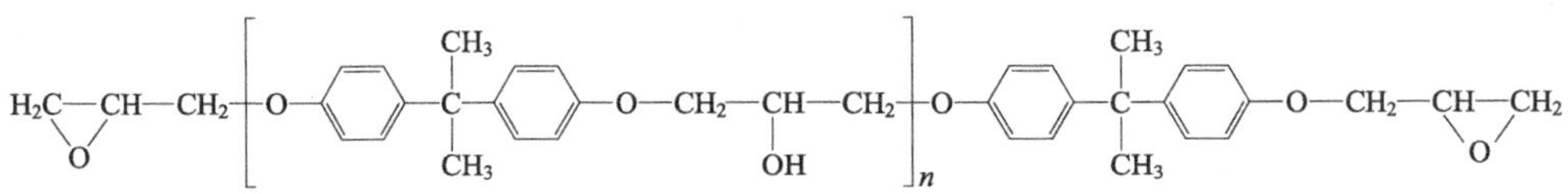

(a) 双酚A型环氧树脂

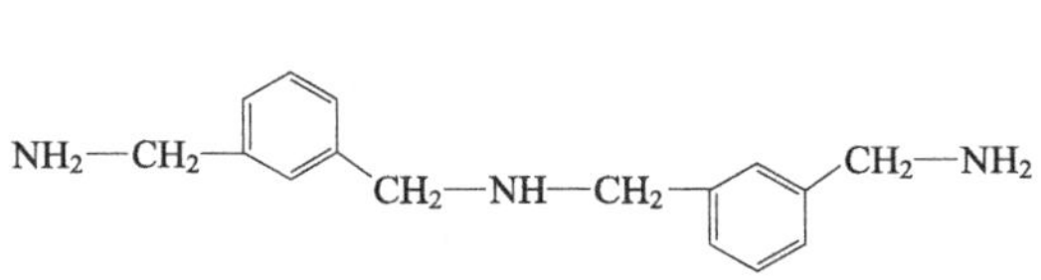

(b) 缩胺105固化剂

图 3.1 基体分子结构式

图 3.2 为不同基体材料的单体分子模型。具体建模步骤如下：首先，通过 Visualizer 模块建立聚合度为 0 的固化剂和 EP 基体的初始模型，如图 3.2(a)(b) 所示。在材料库中导入 SiO_2 晶体模型，再利用 Build 模块中的 Build Nanostructure 将半径设置为 10Å 得到 SiO_2 团簇，由于 SiO_2 团簇的键是无限扩展的，需要对其进行键饱和，增加可靠性，如图 3.2(c) 所示。本书将 SiO_2 表面进行氧化，按照文献的方法对 SiO_2 表面进行氢化处理，将位于 SiO_2 晶体表面的 Si

原子上的断裂键与—OH 结合，把位于表面的 O 原子上的断裂键与 H 原子结合，最终获得羟基化的 SiO_2 分子结构，如图 3.2(d)（e）所示。

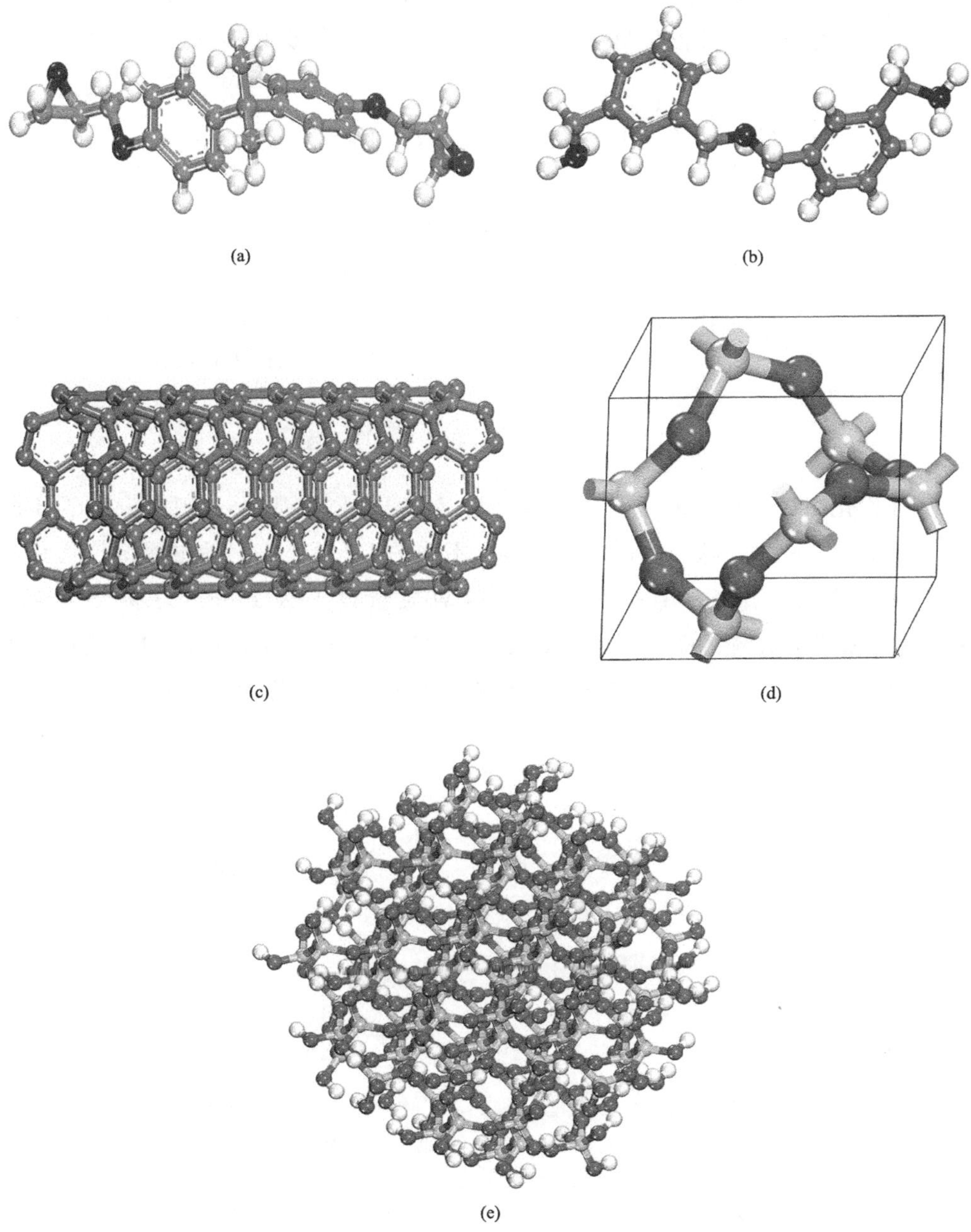

图 3.2　单体分子模型

环氧树脂体系交联机制是胺基团与环氧基团进行反应，E51 分子含两个环氧基团，缩胺 105 分子上有 3 个 N 原子，对应 5 个 H 反应原子，可与 5 个环氧基团反应。交联过程可分为三步，首先环氧基团开环与固化剂上的伯胺基反应生成仲胺，然后仲胺与开环后的环氧基团反应生成叔胺，最后前面生成的羟基与环氧基团发生醚化反应，并催化第一步环氧开环过程，具体交联步骤见图 3.3。

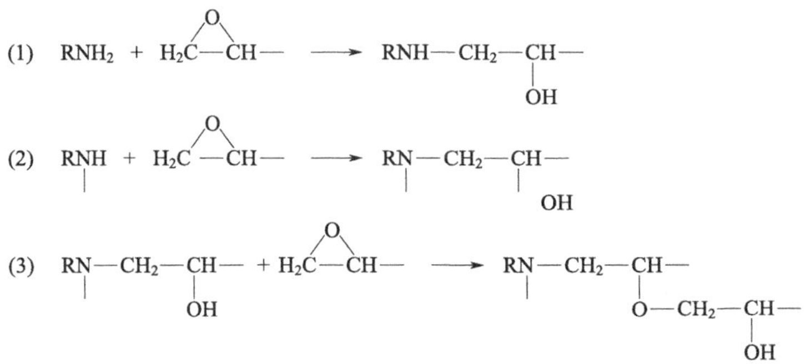

图 3.3 环氧树脂/胺体系交联过程

在优化完后，将两种分子交联，打开 EP 中的环氧基团，去除多余的 H 原子，建立 C—N 键。这样就形成了交联度不同的 EP 分子，然后继续结构优化步骤。优化算法采用 Smart 算法，优化计算质量设置为 Fine，力场类型选用 COMPASSⅡ，在理想条件下的交联度可达 100%。但在实际应用中一般达不到这一要求。本书将探讨不同交联度对材料性能的影响。优化模型如图 3.4(a)～(d) 所示。

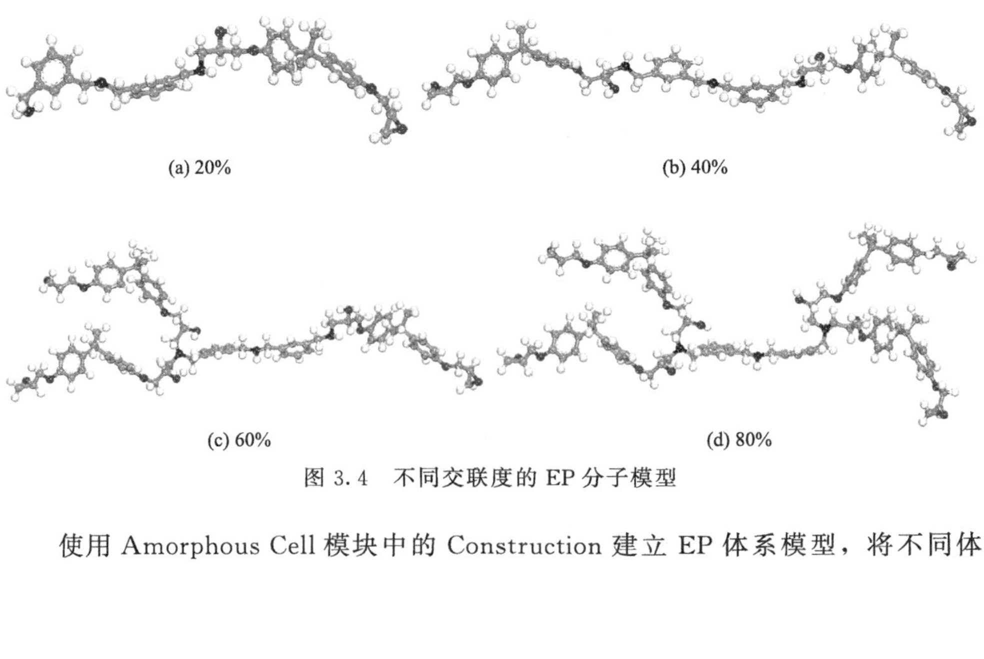

图 3.4 不同交联度的 EP 分子模型

使用 Amorphous Cell 模块中的 Construction 建立 EP 体系模型，将不同体

系分子模型放入周期性盒子内，温度设置为 298K，初始密度设置为 0.6g/cm^3，不同交联度的环氧树脂体系如图 3.5 所示。

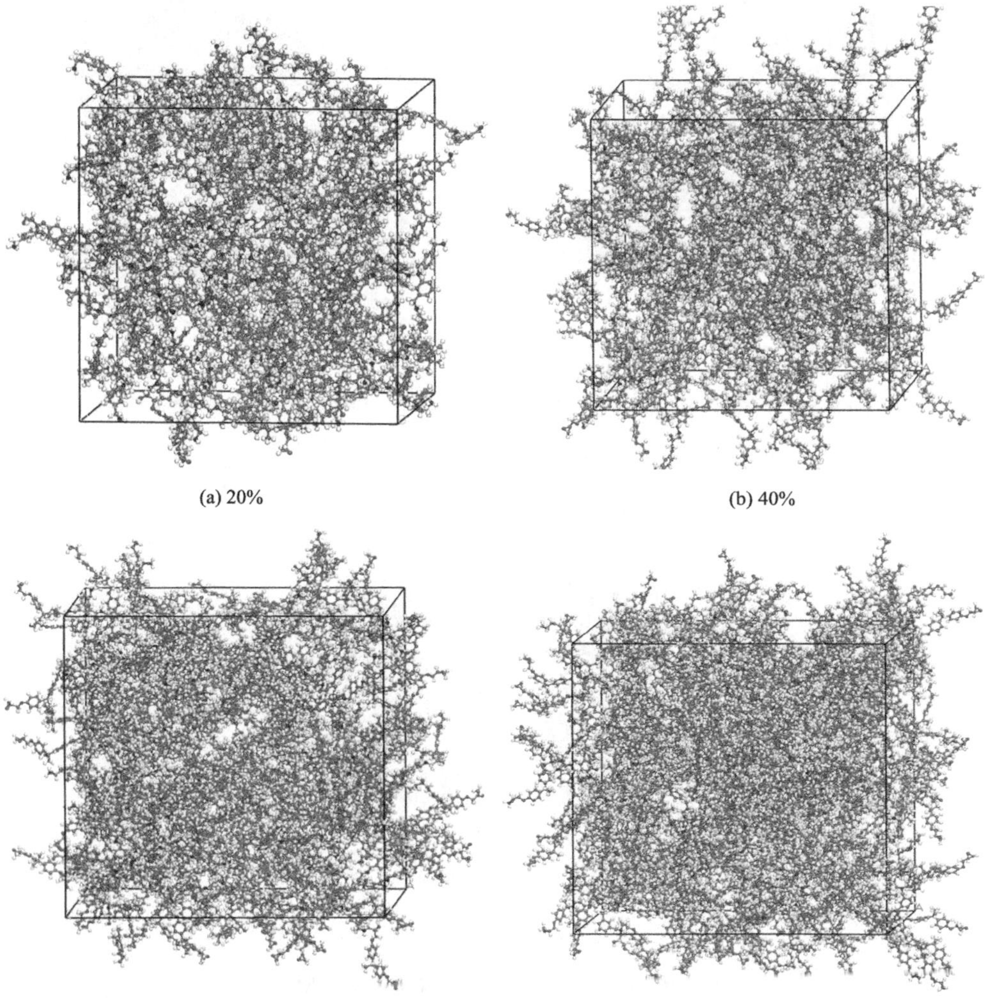

(a) 20%　(b) 40%

(c) 60%　(d) 80%

图 3.5　不同交联度的环氧树脂体系

采用交联度为 40%的环氧树脂交联分子为基体。将掺量为 0.5%的 SWNT 和不同掺量的羟基化纳米 SiO_2 分别掺入到纯环氧树脂中，建立不同掺量的羟基化纳米 SiO_2/交联环氧树脂模型（EP+SiO_2/OH）、单壁碳纳米管/交联环氧树脂模型（EP+SWNT）以及纳米 SiO_2 与碳纳米管协同/交联环氧树脂模型（EP+SWNT+SiO_2/OH），优化后的不同纳米材料增强环氧树脂体系模型见图 3.6。

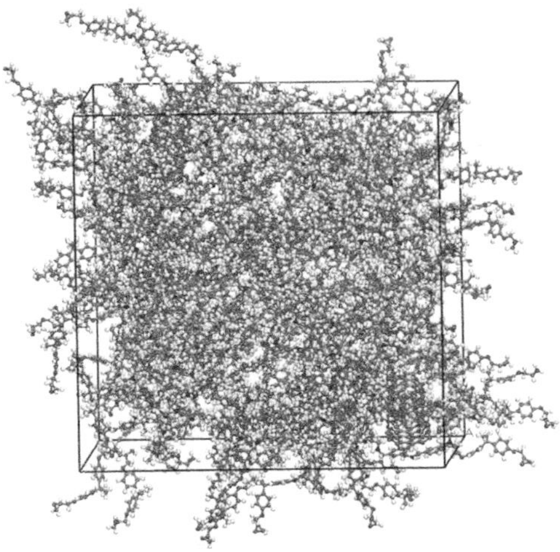

(a) EP+SWNT交联体系模型

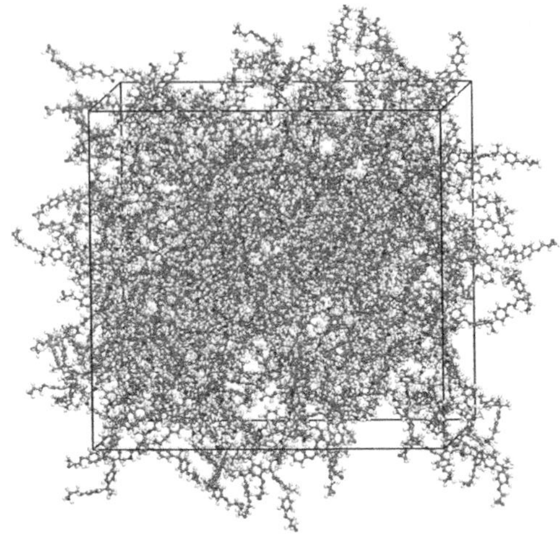

(b) EP+SiO_2/OH交联体系模型

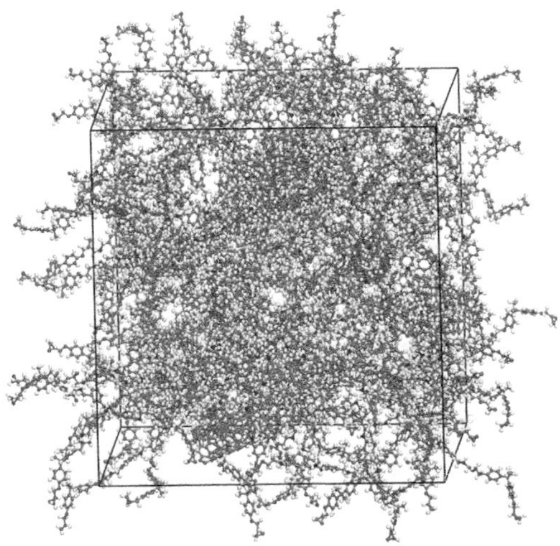

(c) EP+SWNT+SiO_2/OH交联体系模型

图 3.6　不同环氧树脂增强体系模型

在进行 MD 模拟前，各体系需要进行不合理结构的消除以及能量降低，而通过几何结构优化以后，体系的输出结果就会到达收敛。当同时满足温度在 ±15K 之内波动，能量、密度值在 5%以内波动时，体系就达到了平衡。

在进行力学性能和热学性能模拟前，必须进行动力学弛豫，以消除不合理结构，经过弛豫后的体系计算时会有更科学的模拟结果。退火完成后，即可进行下一步计算。所有体系在 300K 下经受了两次 NVT 动力学模拟，持续时间为 100ps，温度选用 Andersen 控制，压强由 Berendsen 控制。EP 交联体系必须进行退火步骤，而其他结构可不进行该步骤。退火完成后，采用 NVT 系综对能量最低的构象升温，当温度高于玻璃化转变温度时，采用 NPT 系综对其进行动力学平衡，模拟时长为 100ps。

（1）环氧树脂复合体系密度平衡

图 3.7 为各体系最后一次 NPT 模拟后的密度随时间的变化情况。图 3.7（a）显示，纯 EP 体系的密度随着交联度的增加而增加。图 3.7(b) 为不同掺入量的羟基化纳米 SiO_2 的密度随时间的变化，由图可知，增加纳米 SiO_2 的掺量，纳米 SiO_2 体系的密度略有增加。图 3.7(c) 显示了不同体系的密度随时间的变化，清楚地表明纳米 SiO_2 和碳纳米管的协同效应显著提高了体系的密度。

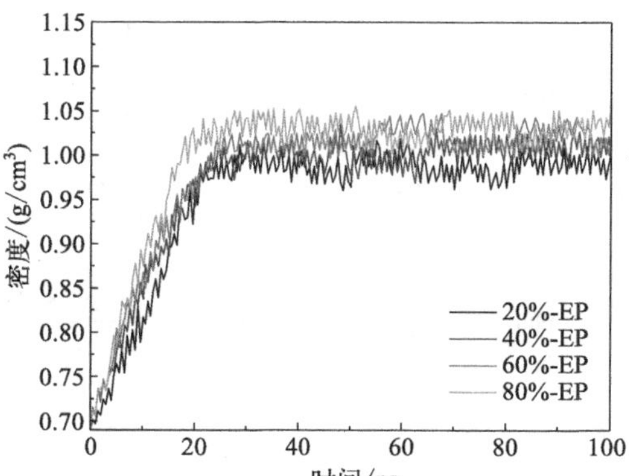

(a) EP不同交联度体系

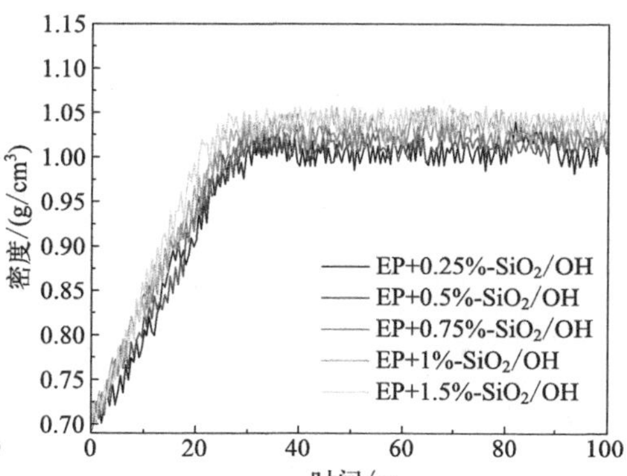

(b) 羟基化纳米SiO_2-EP体系

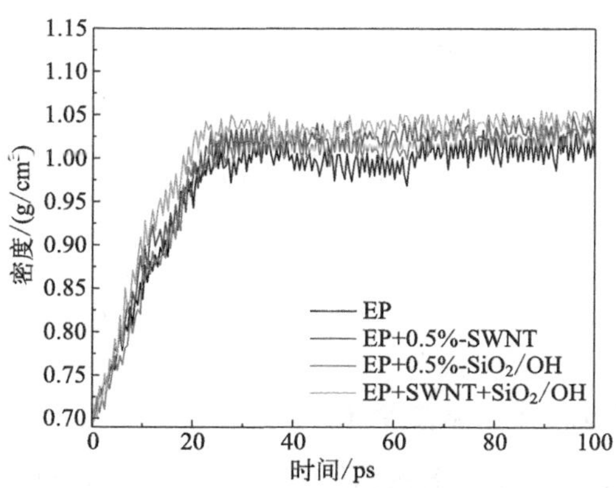

(c) 不同纳米材料增强EP体系

图 3.7　600K 时各 EP 体系的密度与时间关系

（2）环氧树脂复合体系能量平衡

图 3.8 给出了 600K 时各体系的能量随时间的变化趋势。可以看出，掺入纳米材料后的环氧树脂体系的非键相互作用能增大，体系的总能量也增大，说明 SWNT 与纳米 SiO_2/OH 的掺入使交联体系中的分子堆砌得更加紧密，所以分子间的非键作用力增强，故体系的非键能增大。且各个体系的能量波动范围在 5% 以内，符合收敛的标准，满足“总能量＝动能＋势能”的基本定律。

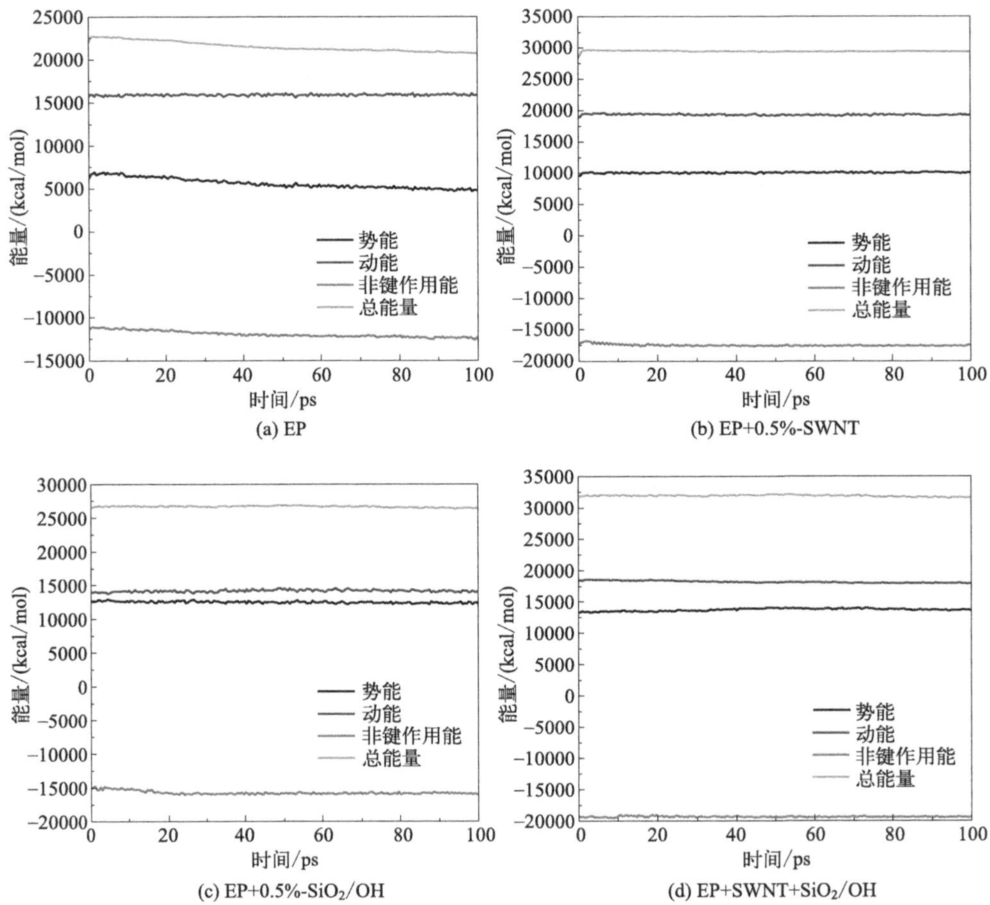

图 3.8　600K 时不同体系的能量随时间的变化趋势

（3）环氧树脂复合体系温度平衡

图 3.9 为不同环氧树脂体系在 NPT 系综弛豫后的温度平衡图。各体系温度在 600K±15K 上下波动。此时各体系的密度、能量、温度都达到了平衡，说明各体系在动力学弛豫过程中达到了松弛效果，即可进行下一步分析。

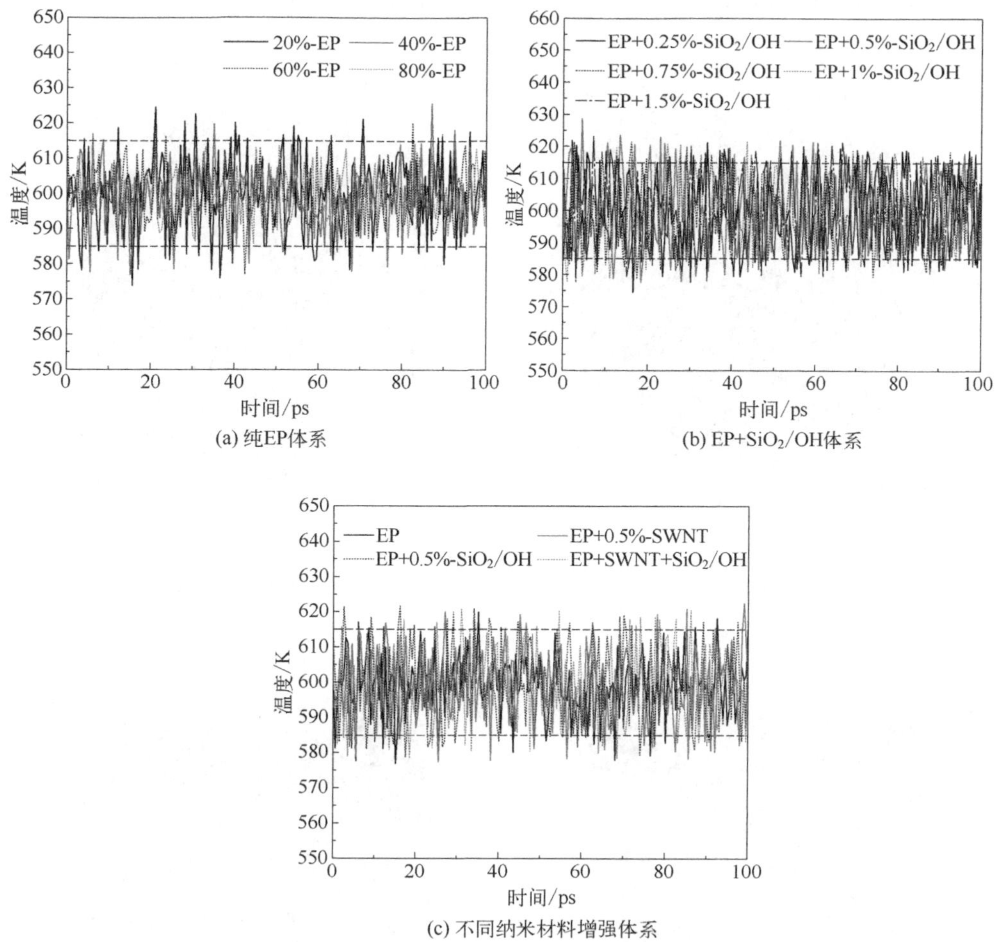

(a) 纯EP体系

(b) EP+SiO_2/OH体系

(c) 不同纳米材料增强体系

图 3.9　600K 时不同体系的温度与时间关系

3.2.2 自由体积分析

本书采用自由体积理论，即把物体所占的总体积分为两部分：自由体积 V_t 和实际所占体积 V_o。V_o 代表体系中分子占据的空间，而 V_t 代表体系中分子活动的空隙。部分自由体积（FFV）的定义是 V_t 与总体积的比值，计算公式为：

$$FFV=V_t/(V_t+V_o)\times 100\% \tag{3.1}$$

利用 MS 软件工具栏中的 Atom Volume & Surface 模块对四种不同交联体系构建 Connolly 曲面，进行自由体积计算分析，所有体系均从 600K 降温到 300K，每次降温 20K。图 3.10 为四种不同 EP 交联体系的自由体积，其中，灰色区域为自由体积的表面区域，蓝色区域为自由体积的内部。

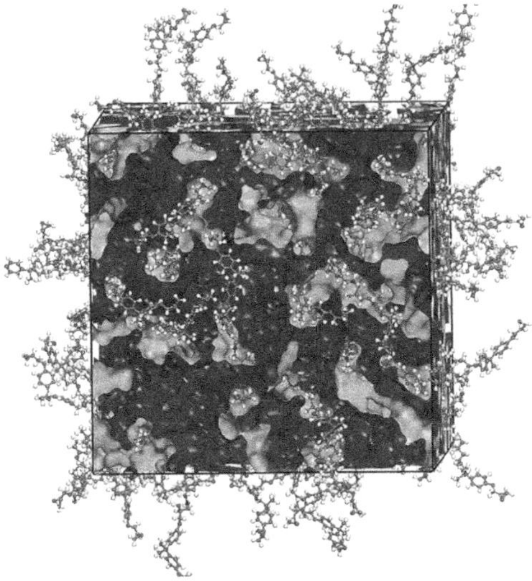

(a) 纯EP体系

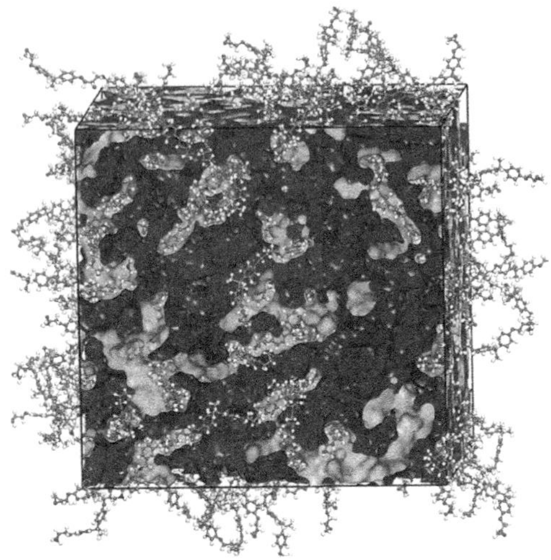

(b) EP+SiO_2/OH体系

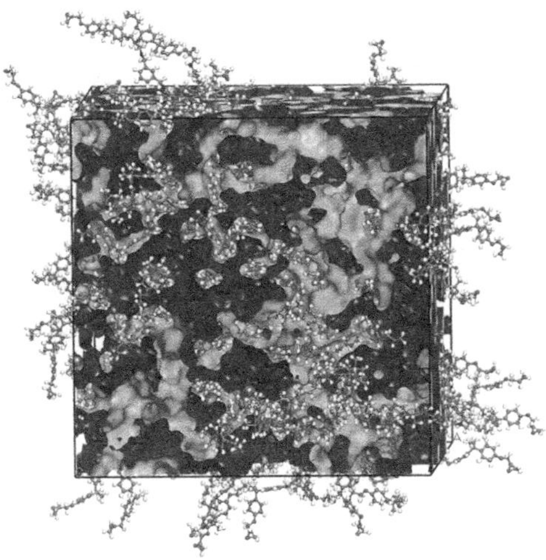

(c) EP+SWNT增强体系

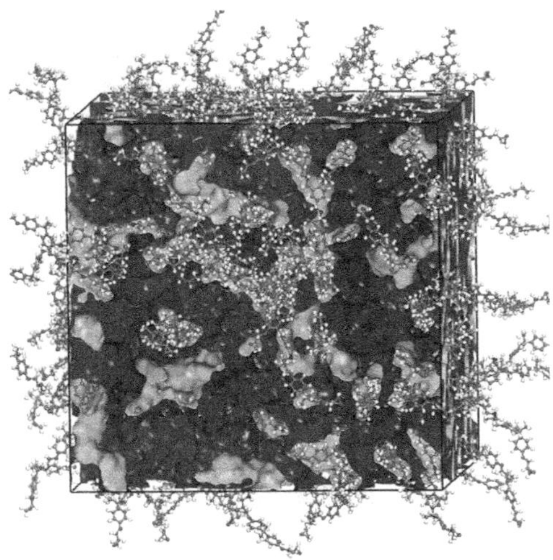

(d) EP+SWNT+SiO_2/OH体系

图 3.10　不同交联体系的 Connolly 曲面模型

图 3.11(a) 为环氧树脂不同交联度体系的 FFV。本书的 EP 交联体系是通过手动交联的，所以，不同交联度体系的体积与分子数有差异。交联度越高，分子数量越多，实际占据的体积越大，从而导致自由体积分数下降。这是因为交联度增加导致堆积密度增大，分子间的结合更紧密。

图 3.11(b) 显示，在掺入羟基化纳米 SiO_2 后，环氧树脂体系的自由体积分数显著减小，随着掺入量的增加，材料的内部体积增大，而自由体积减小。这是因为纳米颗粒的粒径较小，其表面存在大量未配对原子，从而增加了非晶区的电子密度和自由体积。但纳米粒子数量的增多要强于纳米空隙带来的影响。

图 3.11(c) 比较了不同环氧树脂体系的自由体积。可以发现，碳纳米管的加入大大降低了体系的自由体积分数。因为 EP 分子进入 SWNT 后会形成很强的分子间作用力，体系实际占有体积增大，FFV 和自由体积减小，从而改善了体系的性能。与纳米 SiO_2 体系相比，碳纳米管体系的自由体积更小。因为碳纳米管在环氧树脂体系中更稳定。分析表明，不同的纳米材料可以减少环氧树脂体系的自由体积，而纳米 SiO_2 与碳纳米管协同作用降低体系自由体积的效果更显著。

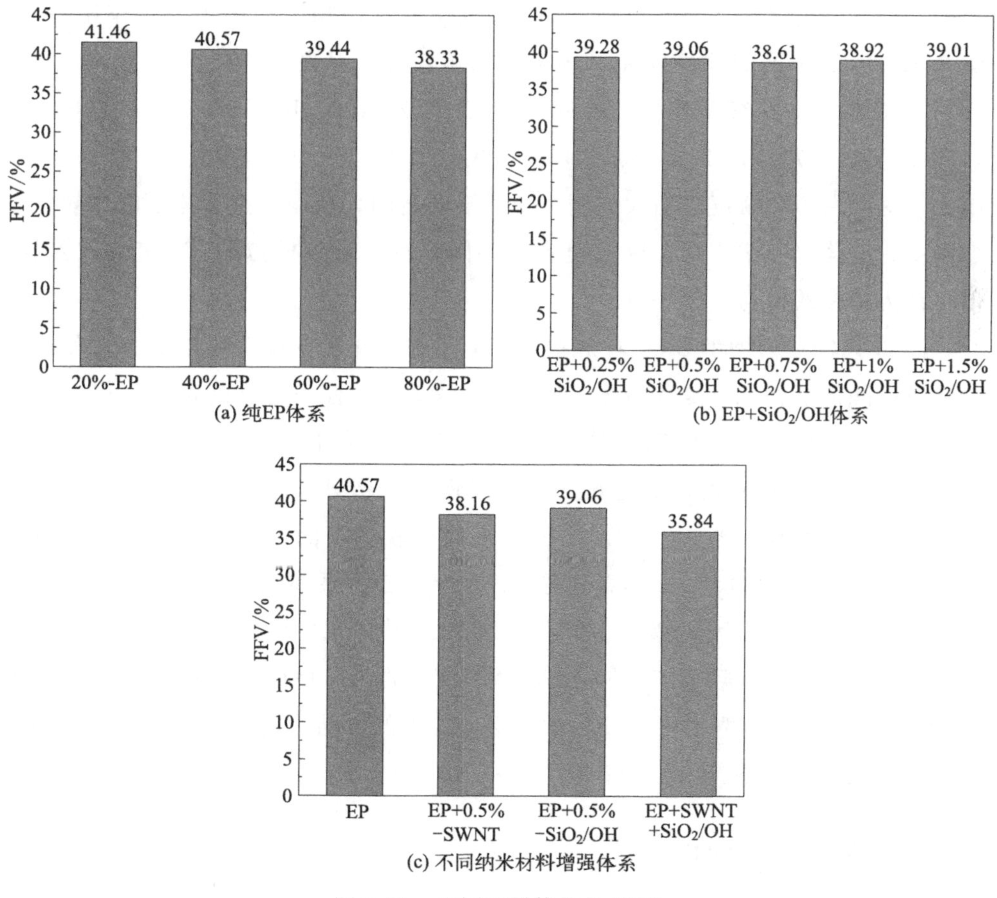

图 3.11　不同交联体系的 FFV

3.2.3 玻璃化转变温度分析

玻璃化转变温度（T_g）是环氧树脂材料使用的温度上限，对材料性能的影响显著。本书采用 Forcite 模块中的 Anneal 对不同环氧树脂体系进行退火处理，然后各个体系在 NPT 系综下进行两次 100ps 的动力学平衡，压力设定为 0.0001GPa，温度从 600K 降至 300K，每次降温 20K。第一次用于消除体系的内应力来达到密度、体积平衡，第二次用于获取体系降温过程中的关键信息。然后拟合散点图绘制密度-温度关系图，体系的 T_g 即为两直线交点的温度。

材料的玻璃化转变温度受其内部分子链的刚性（均方位移）及自由体积的影响，自由体积增大会使玻璃化转变温度减小，均方位移减小说明分子热运动受到阻碍，会使玻璃化转变温度提高，而 T_g 则由两种影响因素中的主导作用决定。图 3.12(a) 为不同交联度体系的玻璃化转变温度，从图 3.12(a) 可看出 20%、40%、60%、80% 交联度体系的 T_g 分别为 408.3K（135.15℃）、450.1K（176.95℃）、475.7K(202.55℃)、495.8K(222.65℃)。交联度越高，体系的 T_g 越大，这是由于交联度的增大限制了分子链的运动，从而提高了体系的玻璃化转变温度。基体、交联方式、退火速率的不同，也会导致模拟的 T_g 有一定差异，但可认为模拟效果与文献一致。

图 3.12(b) 为纳米 SiO_2 环氧树脂体系的玻璃化转变温度，与 40%交联度的纯环氧树脂体系相比，掺入纳米 SiO_2 后体系的 T_g 有一定升高，但是提升效果不太明显，当掺入量为 0.75%时体系的 T_g 达到最高的 478.6K，继续增加纳米 SiO_2 的掺入量，体系的玻璃化转变温度出现下降趋势，原因可能是材料内部发生了某种链段运动。图 3.12(c) 描述了不同交联体系的温度与密度关系，可以看到无论是 EP+SiO_2/OH 体系还是 EP+SWNT 体系都能显著提高材料的玻璃化转变温度，后者是因为掺入 SWNT 占据了 EP 体系的空间，限制了分子链的运动。纳米 SiO_2 与碳纳米管协同提高体系 T_g 的效果更明显，玻璃化转变温度达到了 478.2K，密度-温度曲线更加平缓，二者的协同作用提高了环氧树脂纳米复合体系的热稳定性。

3.2.4 链段运动分析

均方位移（MSD）描述了原子在动力学模拟过程中的位置变化，用来表征

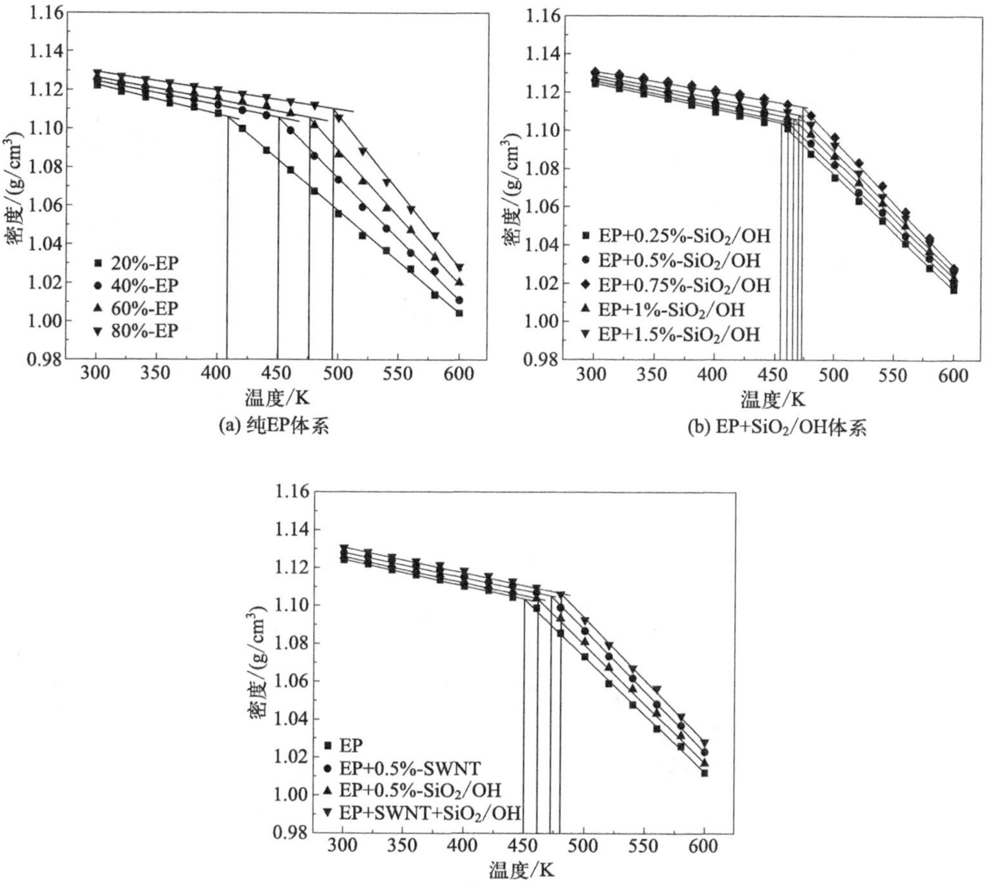

(a) 纯EP体系　(b) EP+SiO_2/OH体系　(c) 不同纳米材料增强体系

图 3.12　不同交联体系的密度-温度关系曲线

其运动能力。本书采用 Forcite 模块分析了不同体系的均方位移。图 3.13(a) 表明交联度的提高会显著降低体系的均方位移，限制树脂分子链段运动。图 3.13(b) 显示掺入量为 0.75%时纳米 SiO_2 体系的均方位移最小，说明掺入纳米材料阻碍了树脂内分子的热运动。即纳米 SiO_2 掺入量为 0.75%时，EP 体系内的链段运动概率最低，从而获得更高的 T_g，这与上节对玻璃化转变温度分析所得出的结论一致。由图 3.13(c) 可知，同等交联度下的纯 EP 体系的 MSD 明显大于其他体系，说明无纳米材料掺入的纯 EP 体系的内部分子热运动不会受到阻碍。

3.2.5　内聚能分析

内聚能密度（CED）反映了分子间基团的相互作用程度。内聚能密度越大，

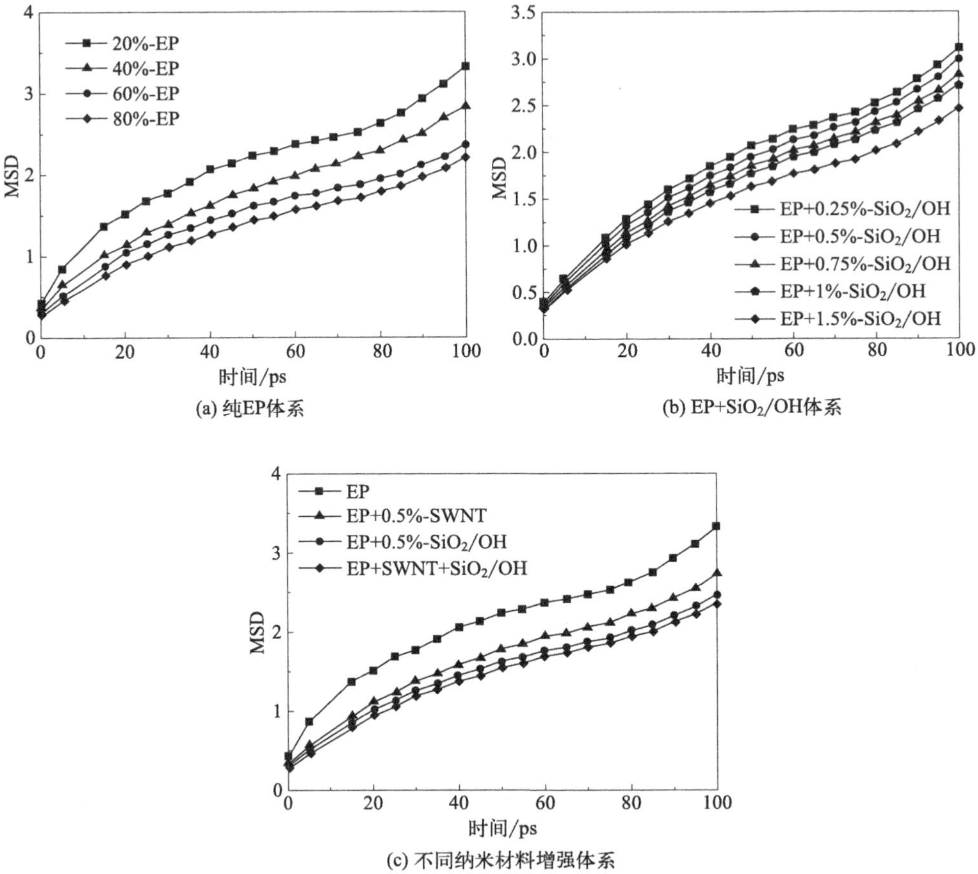

图 3.13　不同交联体系的均方位移

相互作用越稳定。其定义为：

$$\mathrm{CED}=\frac{\Delta E}{v} \tag{3.2}$$

式中，v 为摩尔体积，L/mol。

由表 3.1 可知，交联度越高，内聚能密度越大，交联度的增大会导致分子间的结合更紧密，增强分子间的相互作用力，从而增大体系的内聚能密度。表 3.2 表明纳米 SiO_2 的掺入使 EP 体系内库仑力与范德华力得到了提高。内聚能密度的大小也与自由体积相关，自由体积对内聚能密度起负作用。表 3.3 阐述了不同环氧树脂交联体系的内聚能密度，相较于纯 EP 体系，纳米材料的加入显著提高了树脂体系的内聚能密度。

表 3.1　不同交联度体系的内聚能密度

交联密度/%	内聚能密度/(J/m^3)			
	总值	范德华力	库仑力	其他
20	1.17×10^9	8.53×10^7	1.08×10^9	2.35×10^6
40	1.31×10^9	8.69×10^7	1.12×10^9	2.44×10^6
60	1.47×10^9	8.86×10^7	1.25×10^9	2.57×10^6
80	1.63×10^9	8.97×10^7	1.34×10^9	2.74×10^6

表 3.2　不同羟基化程度的纳米 SiO_2 体系的内聚能密度

纳米 SiO_2 掺量/%	内聚能密度/(J/m^3)			
	总值	范德华力	库仑力	其他
0.25	1.44×10^9	8.80×10^7	1.19×10^9	2.37×10^6
0.50	1.46×10^9	8.82×10^7	1.22×10^9	2.40×10^6
0.75	1.47×10^9	8.84×10^7	1.24×10^9	2.44×10^6
1.00	1.48×10^9	8.87×10^7	1.27×10^9	2.47×10^6
1.50	1.50×10^9	8.89×10^7	1.28×10^9	2.52×10^6

表 3.3　不同环氧树脂体系的内聚能密度

种类	内聚能密度/(J/m^3)			
	总值	范德华力	库仑力	其他
EP	1.31×10^9	8.69×10^7	1.12×10^9	2.44×10^6
EP+0.5%-SWNT	1.35×10^9	8.76×10^7	1.17×10^9	2.31×10^6
EP+0.5%-SiO_2/OH	1.46×10^9	8.82×10^7	1.22×10^9	2.40×10^6
EP+SWNT+SiO_2/OH	1.53×10^9	8.91×10^7	1.29×10^9	2.59×10^6

3.2.6 力学性能分析

通过分析和计算具有微小变形的模型的内力和应变，可以获得胶黏剂体系的力学参数。本书通过 MS 软件中的 Mechanical Properties 模块进行解析，方法为恒定应变法，原理是使三维的 EP 体系分别沿 xx、yy、zz、yz、xz、xy 平面发生剪切形变，方向分别记为 11、22、33、23、13、12，其应力-应变关系满足胡克定律：

$$\begin{bmatrix}\sigma_1\\\sigma_1\\\sigma_1\\\sigma_1\\\sigma_1\\\sigma_1\end{bmatrix}=\begin{bmatrix}C_{11}&C_{12}&C_{13}&C_{14}&C_{15}&C_{16}\\C_{21}&C_{22}&C_{23}&C_{24}&C_{25}&C_{26}\\C_{31}&C_{32}&C_{33}&C_{34}&C_{35}&C_{36}\\C_{41}&C_{42}&C_{43}&C_{44}&C_{45}&C_{46}\\C_{51}&C_{52}&C_{53}&C_{54}&C_{55}&C_{56}\\C_{61}&C_{62}&C_{63}&C_{64}&C_{65}&C_{56}\end{bmatrix}\cdot\begin{bmatrix}\varepsilon_1\\\varepsilon_2\\\varepsilon_3\\\varepsilon_4\\\varepsilon_5\\\varepsilon_6\end{bmatrix}$$

式中，C_{ij} 为弹性刚度系数；σ_i 为应力值；ε_j 为应变张量。

在允许的误差内，可将 EP 作为同性异向材料，所以，刚度矩阵可简化为：

$$\boldsymbol{C}=\begin{bmatrix}\lambda+2\mu&\lambda&\lambda&0&0&0\\\lambda&\lambda+2\mu&\lambda&0&0&0\\\lambda&\lambda&\lambda+2\mu&0&0&0\\0&0&0&\mu&0&0\\0&0&0&0&\mu&0\\0&0&0&0&0&\mu\end{bmatrix}$$

式中，λ 和 μ 为 lame 常数，可由下列公式计算得出：

$$\lambda=\frac{1}{3}(C_{11}+C_{22}+C_{33})-\frac{2}{3}(C_{44}+C_{55}+C_{66}) \tag{3.3}$$

$$\mu=\frac{1}{3}(C_{44}+C_{55}+C_{66}) \tag{3.4}$$

环氧树脂胶黏剂模型的弹性模量 E、体积模量 B、剪切模量 G 和泊松比 ν 可表示为：

$$E=\mu\cdot\frac{3\lambda+2\mu}{\lambda+\mu} \tag{3.5}$$

$$B=\lambda+\frac{2}{3}\mu \tag{3.6}$$

$$G=\mu \tag{3.7}$$

$$\nu=\frac{\lambda}{2(\lambda+\mu)} \tag{3.8}$$

图 3.14(a)、(d) 和 (g) 表明，环氧树脂体系的剪切模量、杨氏模量、体积模量均随着交联度的增加而增大。图 3.14(b) 表明，在相同交联度下，EP-SiO_2/OH 环氧树脂体系的机械性能强于纯树脂体系。剪切模量、杨氏模量和体

积模量随着纳米 SiO_2 掺入量的增加而增大。图 3.14(j)、(k) 和 (l) 显示，四种模型的泊松比基本保持不变，在 0.3 左右波动。图 3.14(c)、(f) 和 (i) 表明，纯环氧树脂体系和纳米材料增强体系的 E、G、B 随温度上升而降低。然而，当温度超过 500K 时，机械性能的降低程度极为有限。具体而言，纯 EP 体系在 400～450K 范围内表现出最快的性能下降趋势，而其他三种体系在 450～500K 范围内呈现最快的性能下降趋势。这是由于胶黏剂的机械性能在 T_g 区间内发生了显著的变化，同时也验证了掺入纳米材料对于提高 EP 体系的 T_g 具有显著的效果。

在环氧树脂胶黏剂中添加纳米材料可有效提高体系的机械性能，其中纳米 SiO_2 材料具有高硬度和优异的机械性能。碳纳米管通过占据胶黏剂体系中的自由体积发挥作用，使分子链段难以移动，从而改善了材料的拉伸和剪切性能。

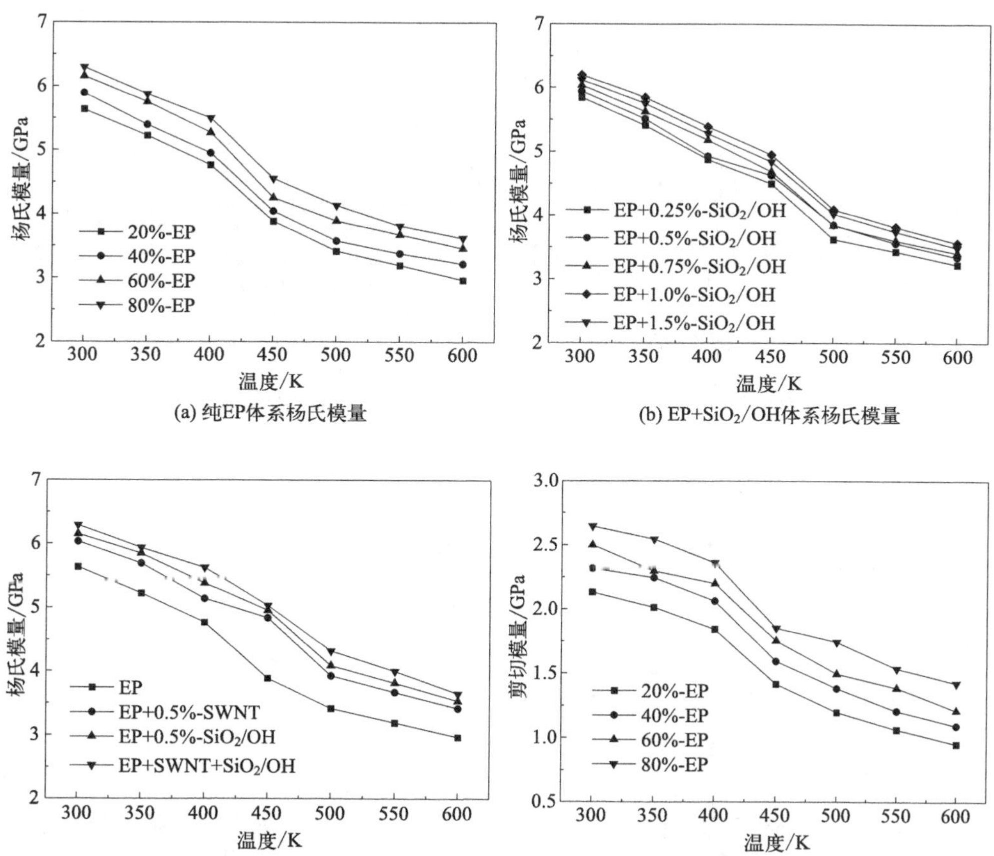

(a) 纯EP体系杨氏模量　(b) EP+SiO_2/OH体系杨氏模量

(c) 不同纳米材料增强体系杨氏模量　(d) 纯EP体系剪切模量

图 3.14

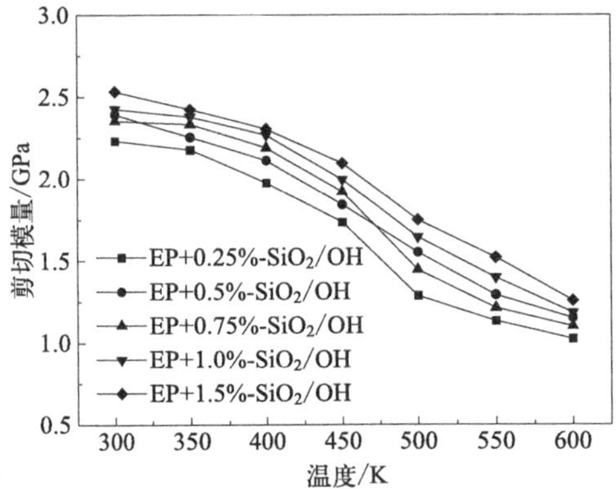

(e) EP+SiO_2/OH体系剪切模量

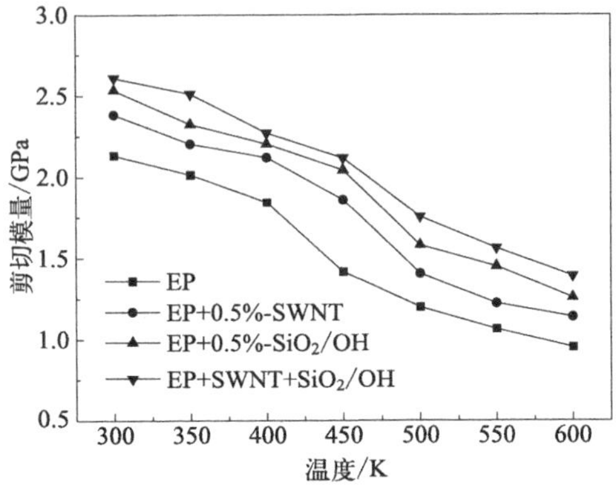

(f) 不同纳米材料增强体系剪切模量

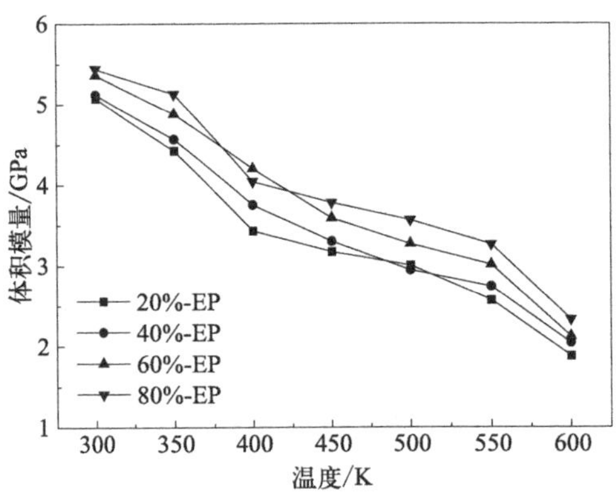

(g) 纯EP体系体积模量

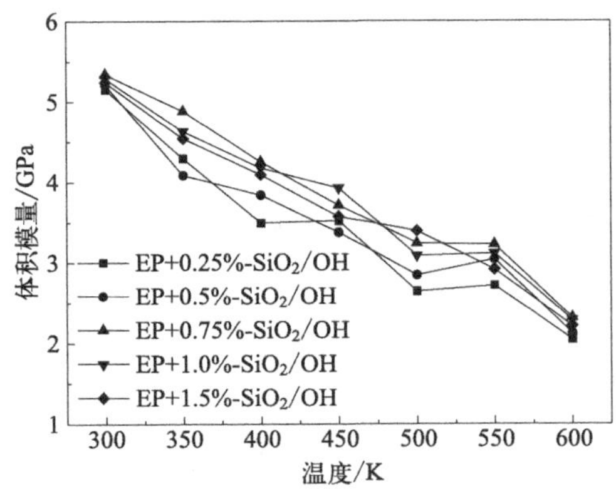

(h) EP+SiO_2/OH体系体积模量

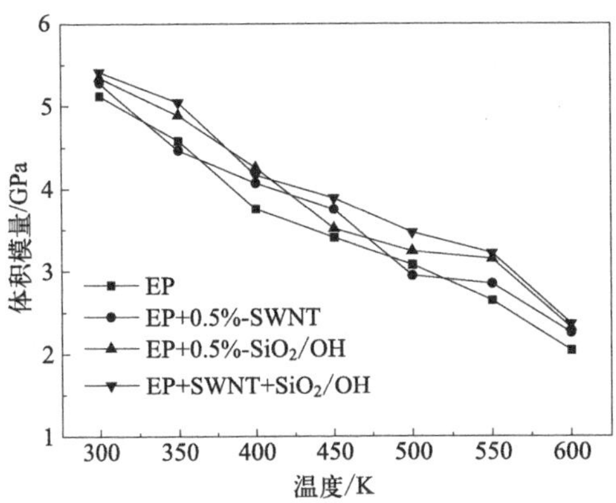

(i) 不同纳米材料增强体系体积模量

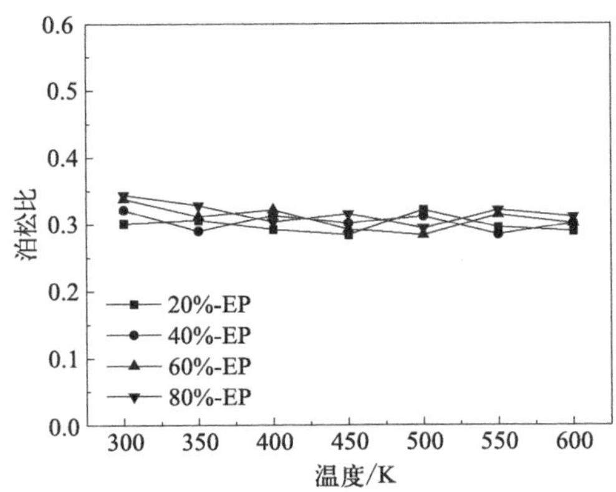

(j) 纯EP体系泊松比

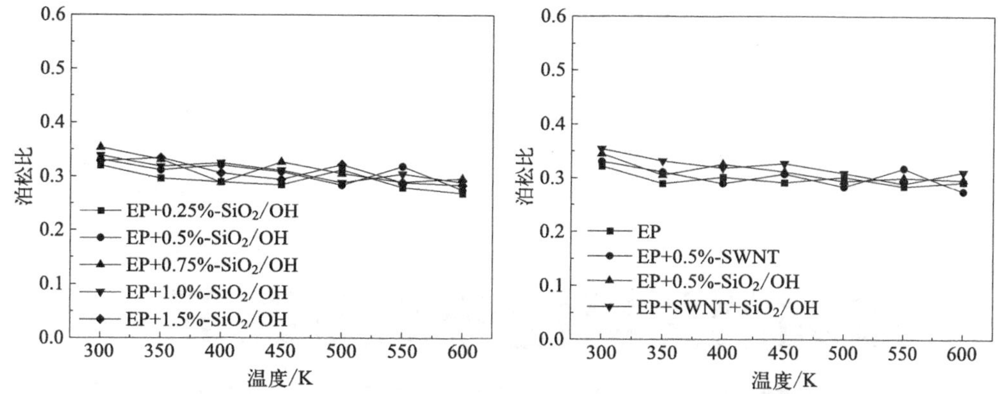

(k) EP+SiO_2/OH体系泊松比　　(l) 不同纳米材料增强体系泊松比

图 3.14　不同交联体系的机械性能

3.3 本章小结

第一，胶黏剂拉伸断面 SEM 图表明，掺入纳米 SiO_2 会与树脂基体良好结合，提高断面的粗糙度，使塑性变形也更加显著。荷载作用下，应力会在纳米 SiO_2 附近集中，从而引起基体塑性变形，产生的能量被大变形吸收，实现增韧效果。此外，纳米 SiO_2 的掺入会在环氧树脂胶黏剂中形成密集的塑性空腔，提高胶黏剂的韧性。

第二，交联度可显著影响环氧树脂体系的性能，随交联度的增大，体系的 FFV 降低，内聚能密度、玻璃化转变温度及力学性能均有明显提高。交联度高的体系分子聚集，使分子链的运动受到阻碍，进而增大了胶黏剂的弹性模量与剪切模量。

第三，MSD 曲线表明，同交联度的纯 EP 体系链段运动最活跃，SiO_2/OH 掺入量为 0.75%时，EP+SiO_2/OH 体系链段运动能力最差；SWNT 的掺入也会减小环氧树脂体系内部的自由体积，提高材料的玻璃化转变温度和力学性能。

第四，四种模型（EP、EP+SiO_2/OH、EP+SWNT、EP+SWNT+SiO_2/OH）的力学和热学性能随温度变化呈现出一致的趋势：提高温度后，环氧树脂胶黏剂的力学性能普遍下降，纯 EP 体系在 350～450K 范围内降低速度最快，其余体系在 400～450K 范围内降低速度最快。

第五，SWNT 与羟基化纳米 SiO_2 混合可发挥协同作用，比仅掺入一种纳米材料发挥出更优的热学性能和力学性能，在 600K 时，其弹性模量、剪切模量较纯 EP 分别提高了 26.38%和 57.34%。

第4章 胶黏剂关键组分对室温下CFRP板/钢板界面性能影响

4.1 引言

不同固化剂的种类与掺量、不同纳米材料的种类及表面是否功能化等，对胶接接头力学性能的增强效果不同。因此，基于室温固化工艺下，固化剂及纳米材料对胶接 CFRP 板/钢板界面的极限承载力，破坏模式，应变、剪应力分布规律及黏结-滑移本构的影响亟待研究。

本书第二章研究表明纳米 SiO_2 在提升胶黏剂拉伸强度的同时可大幅度提升其断裂韧性及剪切强度。本章在此基础上，主要改变胶黏剂配方中关键组分的种类及掺量（包括固化剂种类及掺量、纳米 SiO_2 掺量），采用不同种类与掺量固化剂以及含不同掺量纳米 SiO_2 的胶黏剂进行了室温固化后的 CFRP 板/钢板双搭接接头的拉伸试验，研究了其对搭接接头在室温下的界面黏结性能（极限承载力、破坏模式、界面剪应力、界面黏结-滑移本构关系等）的影响，得到了适用于 CFRP 加固钢结构的最佳固化剂种类与掺量及纳米 SiO_2 掺量，并与常用商品胶黏剂黏结的 CFRP 板/钢板界面黏结性能进行了比较，以期为结构加固用胶黏剂的制备及 CFRP 加固钢结构的工程应用提供依据。

4.2 试验概况

4.2.1 试验材料

试验采用的环氧树脂胶黏剂配方成分包括：环氧树脂、固化剂、增韧剂、偶联剂、促进剂、触变剂、消泡剂等，具体可参见第二章表 2.1。环氧树脂为双酚 A 型环氧树脂 E51，增韧剂为纳米 SiO_2 增韧剂，偶联剂为硅烷偶联剂 KH-560，固化剂为改进芳香胺 BD11、改进酚醛胺 GR07、缩胺 105、聚醚胺 D230 中的一种或两种，促进剂为 DMP-30，触变剂为气相二氧化硅 HB-139，消泡剂为环氧树脂专用消泡剂 D240。本章主要研究固化剂及纳米 SiO_2 对胶接 CFRP 板/钢板界面黏结性能影响。各配方的固化剂及 SiO_2 掺量见表 4.1，其他各组分的掺量均不变。纳米材料胶黏剂的具体制备过程见第二章 2.2.1 节。

表 4.1 胶黏剂配比

编号	固化剂种类及掺量	环氧树脂 E51	功能化纳米 SiO_2
GY1	改进芳香胺 BD11(35g)	120	0.6
GY2	改进酚醛胺 GR07(35g)	120	0.6
GY31	缩胺 105(35g)	120	0.6
GY32	缩胺 105(23.33g)+聚醚胺 D230(11.67g)	120	0.6
GY33	缩胺 105(17.5g)+聚醚胺 D230(17.5g)	120	0.6
GY34	缩胺 105(11.67g)+聚醚胺 D230(23.33g)	120	0.6
GY35	聚醚胺 D230(35 份)	120	0.6
ZR10	缩胺 105(35g)	120	0
ZR11	缩胺 105(35g)	120	0.3
ZR12(GY31)	缩胺 105(35g)	120	0.6
ZR13	缩胺 105(35g)	120	0.9
ZR14	缩胺 105(35g)	120	1.2
ZR15	缩胺 105(35g)	120	1.8

搭接试件的钢板为桥梁结构钢 Q345D，CFRP 板采用南京海拓公司生产的单向板 CFRP1.4-50。CFRP 板及钢板材料参数见表 4.2。

表 4.2 CFRP 板及钢板材料参数

材料参数	CFRP1.4 板	钢板
厚度/mm	1.4	12
宽度/mm	50	50
拉伸强度/MPa	2263	514
弹性模量/GPa	161.2	206
断裂伸长率/%	1.65	—

4.2.2 试件设计与制作

胶接 CFRP 板/钢板双搭接接头的试件设计与制作参考美国标准《用拉力负荷法测定双搭接剪切黏结接头的强度特性的标准试验方法》[ASTM D3528-96 (2008)]，试件设计参数见表 4.2。图 4.1 为接头试件形式（搭接长度为 120mm）、尺寸及 CFRP 板表面应变片布置。钢板表面采用打磨机进行打磨除锈，然后用酒精清洗。CFRP 表面采用砂纸打磨，除去表层树脂，再采用酒精擦拭干净，制作过程的照片见图 4.2。胶层厚度采用洒小钢珠进行控制（厚度约 1mm），试件采用室温下养护 7d。

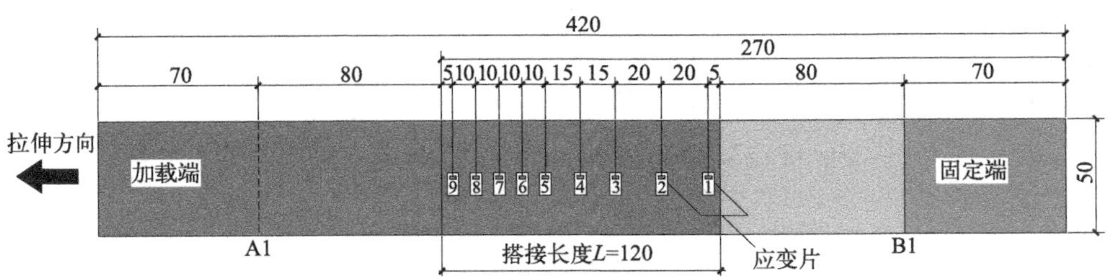

(a) 平面图

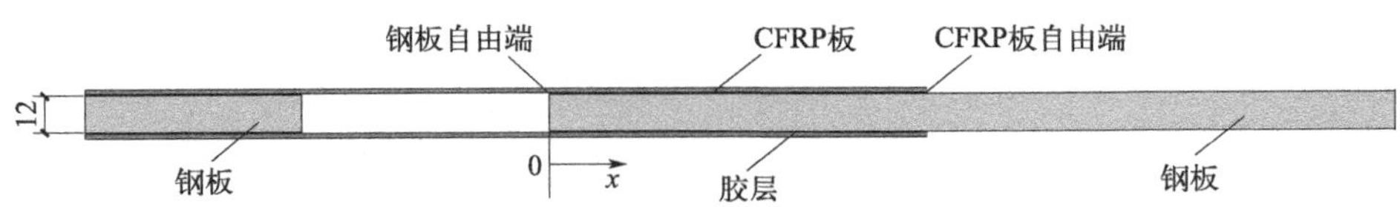

(b) 侧面图

图 4.1 CFRP 板/钢板双搭接接头的形式及应变片布置

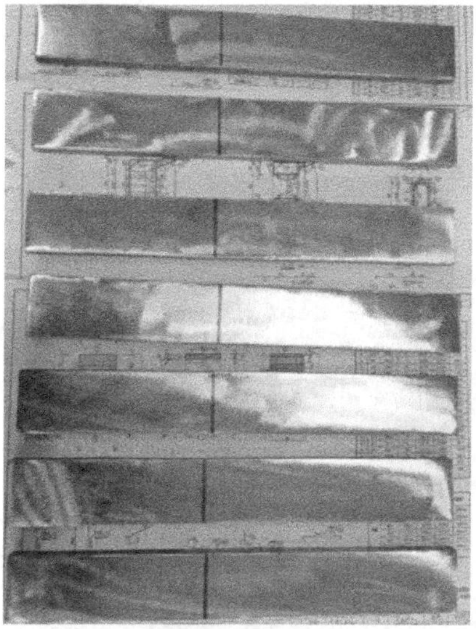

(a) 打磨好的钢板

(b) 切割好的CFRP板

(c) 制作好的搭接接头

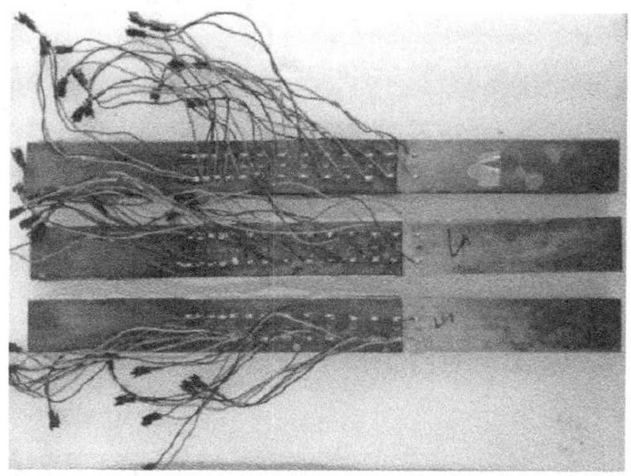

(d) CFRP板表面贴片

图 4.2　CFRP 板/钢板双搭接接头制作过程

4.3　试验方法

CFRP 板/钢板搭接接头拉伸试验在 300kN 准静态拉伸试验机上进行，采用位移控制进行加载，速率为 0.3mm/min。加载装置见图 4.3。应变数据采用静态应变测试系统进行采集。

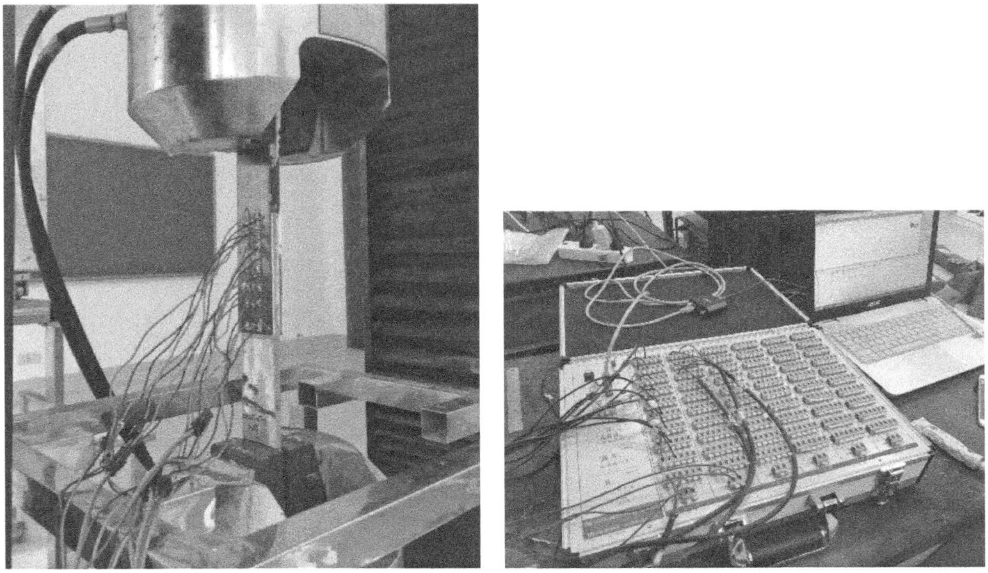

图 4.3 CFRP 板/钢板双搭接接头的拉伸试验

4.4 试验结果及分析

4.4.1 固化剂对 CFRP 板/钢板界面性能的影响

4.4.1.1 CFRP 板/钢板搭接接头破坏模式与荷载-位移关系

CFRP 板/钢板搭接接头各试件的胶层厚度、破坏时夹持端与加载端之间的最大位移、峰值荷载及破坏模式见表 4.3，典型破坏模式的照片见图 4.4。由表 4.3 可见，固化剂的种类和掺量对搭接试件的极限承载力及最大位移有明显影响。采用改进芳香胺 BD11 与改性酚醛胺 GR07 作为固化剂时，对应的搭接接头 GY1-25-25 和 GY2-25-25 的峰值荷载和最大位移分别为 59.14kN、1.16mm 和 80.53kN、1.44mm，极限承载能力较小；而采用缩胺 105 与聚醚胺 D230 作为固化剂时，对应的搭接接头 GY31-25-25 和 GY35-25-25 的峰值荷载和最大位移分别为 102.31kN、2.11mm 和 95.09kN、1.71mm，极限承载能力较 GY1-25-25 搭接试件分别提升了 73.00%和 60.79%。可见，采用缩胺 105 与聚醚胺 D230 固化剂时，搭接界面的承载能力更大。在固化剂总用量不变的情况下，采用缩胺

105 与聚醚胺 D230 进行复配，当两者比例为 1∶2 时，对应搭接接头 GY34-25-25 的极限承载力达最大值，为 106.89kN、1.90mm，较 GY31-25-25 和 GY35-25-25 分别提升了 4.5%和 12.41%。

表 4.3 中的平均黏结长度按下式计算：

$$\overline{p}_{\max}=P_{\max}/(b_{\mathrm{p}}\cdot L_{\mathrm{b}}) \tag{4.1}$$

式中，$P_{\max}$ 为极限承载力，kN；b_{p} 为 CFRP 板宽度，m；L_{b} 为搭接长度，m。

名义剪应力按下式计算：

$$\overline{p}'_{\max}=P_{\max}/(b_{p}\cdot L_{e}) \tag{4.2}$$

式中，b_{p} 为 CFRP 板宽度，m；L_{e} 为有效黏结长度，m。

表 4.3　固化剂对 CFRP 板/钢板双搭接接头试验结果的影响

试件编号	胶层厚度 T_a/mm	极限位移/mm		极限荷载/kN		平均强度/MPa		名义剪应力/MPa		破坏模式
		$D_{\max}$	平均	$P_{\max}$	平均	$\overline{p}_{\max}$	平均	$\overline{p}'_{\max}$	平均	
GY1-25-25-1	1.06	1.10	1.16	58.68	59.14	4.89	4.93	11.74	11.83	b/d
GY1-25-25-2	1.10	1.13		54.37		4.53		10.87		b/d
GY1-25-25-3	1.06	1.26		64.36		5.36		12.87		b/d
GY2-25-25-1	1.08	1.39	1.44	78.22	80.53	6.52	6.71	11.17	11.50	d
GY2-25-25-2	1.12	1.48		82.83		6.90		11.83		b/d
GY31-25-25-1	1.09	1.96	2.11	100.75	102.31	8.40	8.53	12.59	12.79	b/d
GY31-25-25-2	1.13	1.90		90.25		7.52		11.28		d
GY31-25-25-3	1.12	2.37		109.73		9.14		13.72		d
GY31-25-25-4	1.11	2.21		108.51		9.04		13.56		d
GY32-25-25-1	1.11	0.87	0.94	43.93	48.97	3.66	4.08	—	—	c
GY32-25-25-2	1.06	0.89		44.58		3.72		—		c
GY32-25-25-3	1.05	1.07		58.40		4.87		—		c
GY33-25-25-1	1.12	1.33	1.43	70.95	75.43	5.91	6.29	—	—	c/d
GY33-25-25-2	1.05	1.52		79.90		6.66		—		b/d
GY34-25-25-1	1.06	1.67	1.90	95.99	106.89	8.00	8.91	12.00	13.36	d
GY34-25-25-2	1.11	2.10		118.35		9.86		14.79		d
GY34-25-25-3	1.12	1.92		106.34		8.86		13.29		d

续表

试件编号	胶层厚度 T_a/mm	极限位移/mm		极限荷载/kN		平均强度/MPa		名义剪应力/MPa		破坏模式
		D_{max}	平均	P_{max}	平均	$\bar{p}_{max}$	平均	$\bar{p}'_{max}$	平均	
GY35-25-25-1	1.08	1.93	1.71	105.90	95.09	8.83	7.93	15.13	13.59	d
GY35-25-25-2	1.10	1.58		90.13		7.51		12.88		d
GY35-25-25-3	1.07	1.63		89.25		7.44		12.75		d

注：试件名称 GY**-**-**-** 中，第一个"-"前面的数字为胶黏剂名称（如 GY34）；第一个"-"后面的数字为固化温度（如 25）；第二个"-"后面的数字为服役温度（如 25）；第三个"-"后面的数字为同一组试件的编号（如 1）；破坏模式中，a 为 CFRP 板与胶层界面破坏；b 为钢板与胶层界面破坏；c 为胶层内聚破坏；d 为 CFRP 板层离破坏。

由表 4.3、图 4.4 可知，不同的固化剂种类与掺量对搭接试件的破坏模式有一定影响，主要表现为搭接试件极限承载能力较小时，以胶层内聚破坏（表 4.3 中的失效模式 c）为主；随极限承载力增大，转变为界面破坏为主（失效模式 a、b）；进一步增大后，转变为 CFRP 板层离破坏（失效模式 d）。CFRP 板已发生层离破坏，而搭接界面未出现剥离，说明搭接试件的界面黏结强度已超过 CFRP 板层间剪切强度。综上可知，采用缩胺 105、聚醚胺单一固化剂，以及缩胺 105 与聚醚胺 D230 固化剂按 1∶2 的比例复配时，搭接接头具备较优的力学性能。

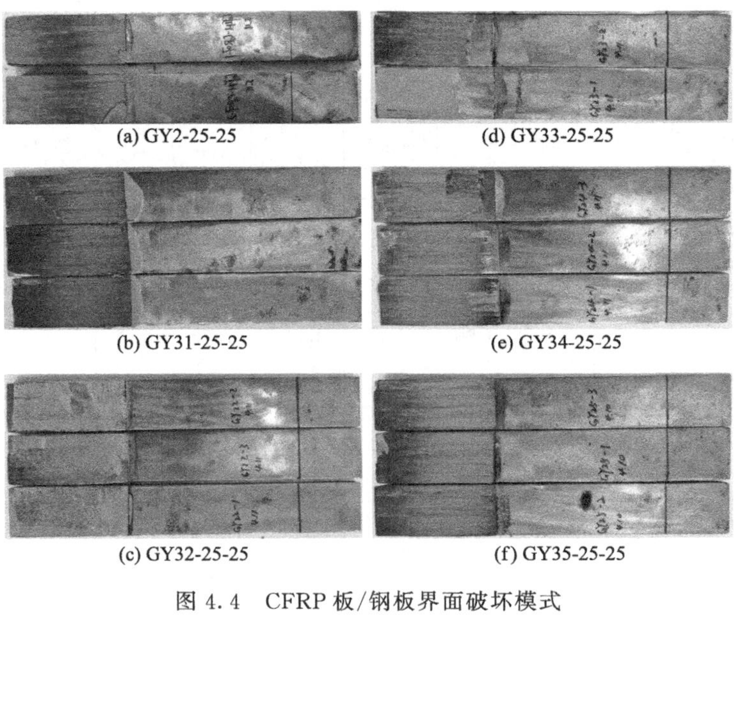

(a) GY2-25-25　(d) GY33-25-25

(b) GY31-25-25　(e) GY34-25-25

(c) GY32-25-25　(f) GY35-25-25

图 4.4　CFRP 板/钢板界面破坏模式

图 4.5 为试件在拉伸过程中的荷载-位移曲线。搭接试件在加载整个过程中，荷载随位移基本呈线性增加；而 GY31 搭接试件在加载后期，其荷载随位移增长的速率逐渐减慢，表现出一定延性。

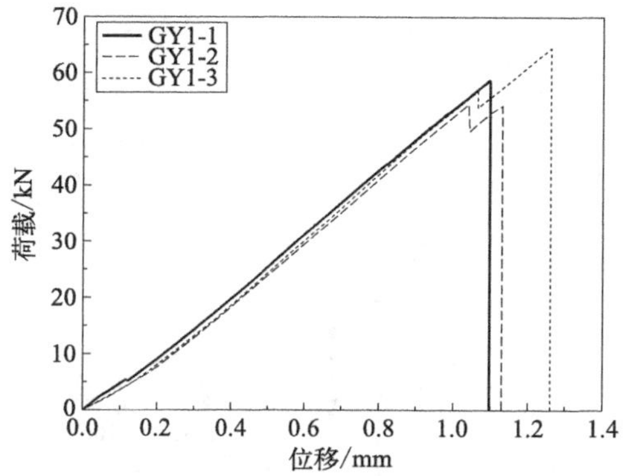

(a) GY1

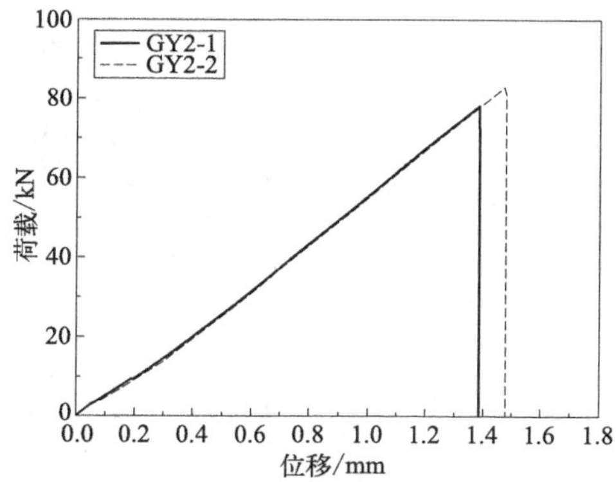

(b) GY2

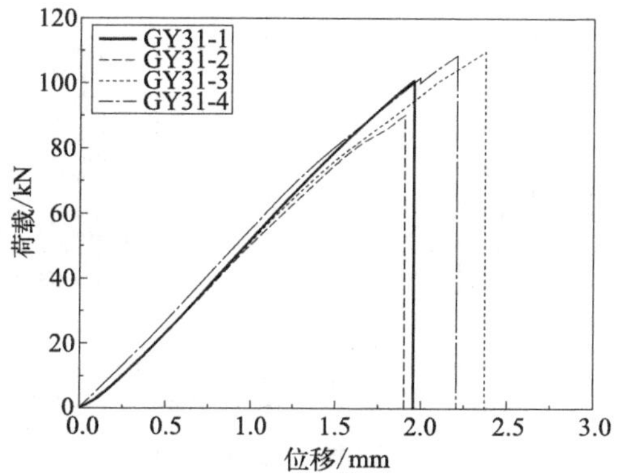

(c) GY31

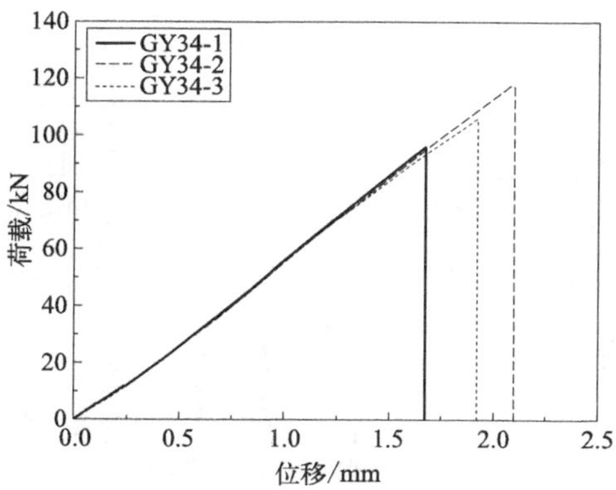

(d) GY34

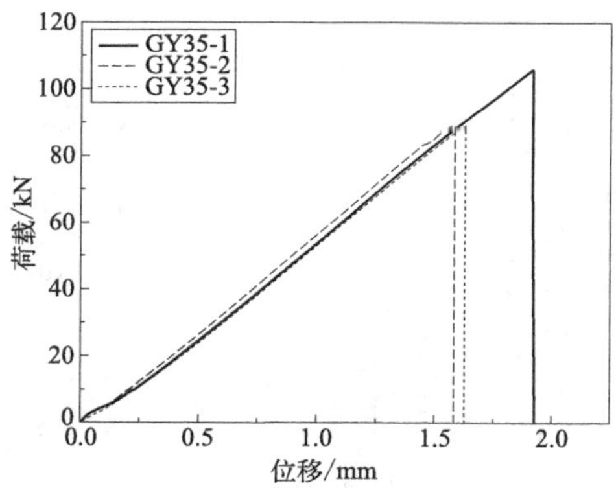

(e) GY35

图 4.5　CFRP 板/钢板双搭接接头的荷载-位移曲线

4.4.1.2 CFRP 表面应变分布

图 4.6 为加载过程中代表试件 CFRP 表面的应变分布。由图可知，在界面剥离发生前，仅在搭接区域的钢板自由端（即搭接区域的刚度较大的构件的端面，

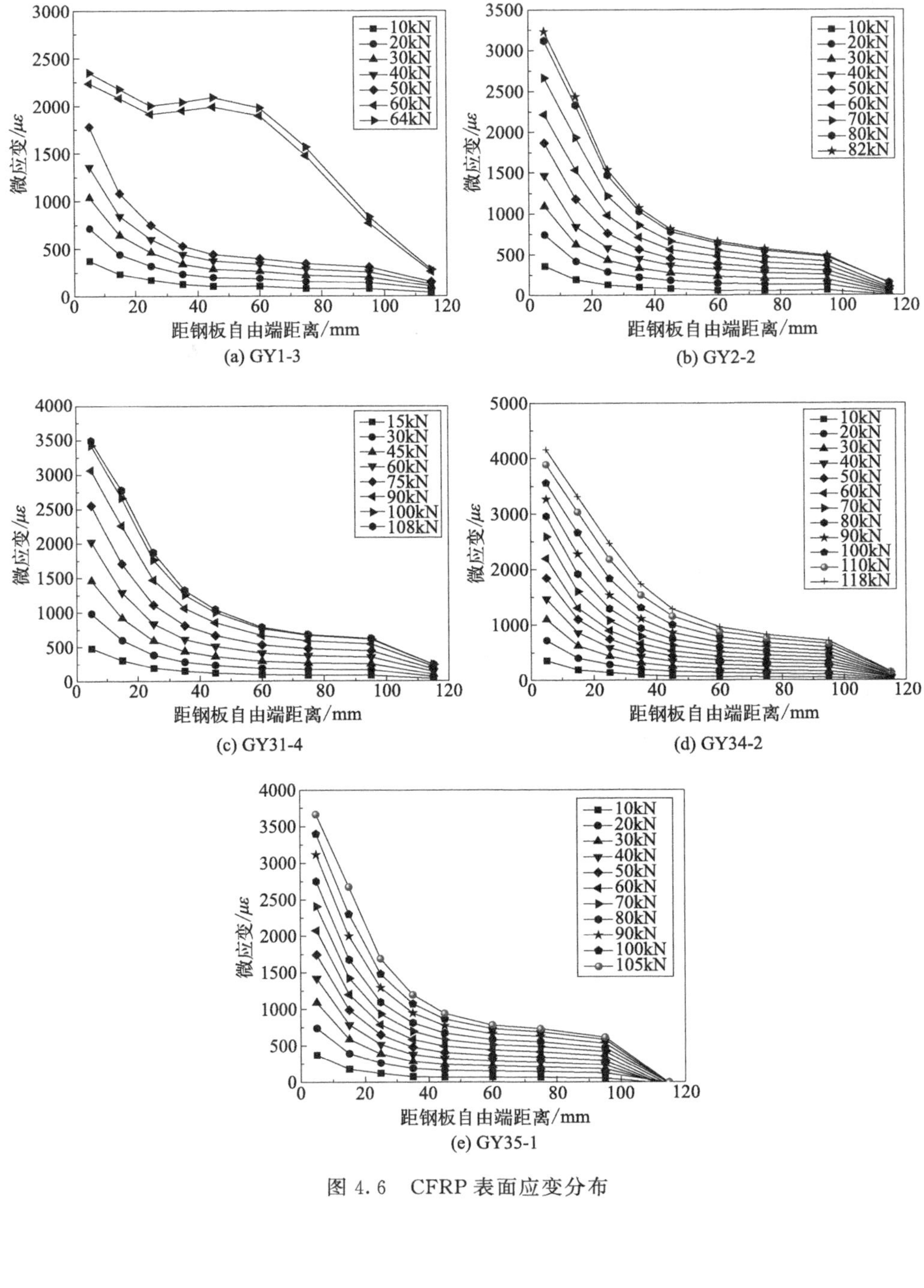

图 4.6 CFRP 表面应变分布

以下简称“钢板自由端”）附近出现较大的应力梯度，变形主要集中在钢板自由端附近。随荷载的增加，钢板自由端应变逐渐增加，应变梯度的分布范围也有所增长，但搭接试件在极限荷载作用下，最大应变均出现在距钢板自由端 5mm 处，且 10mm 处的极限应变相对 5mm 处减小幅度较大，应变曲线的斜率较大，搭接段的 CFRP 板自由端（刚度较小的构件的端面）的应变基本为 0。在极限荷载作用下，采用改进芳香胺 BD11 和改进酚醛胺 GR07 固化剂时，对应的 GY1-3 和 GY2-2 搭接试件的极限应变较小，分别为 2350$\mu\varepsilon$ 和 3231$\mu\varepsilon$，GY1-3 搭接试件在加载到 60kN 时，应变出现跳跃性增大，应该是界面出现突然剥离所导致。采用缩胺 105 和聚醚胺 D230 固化剂时，对应的搭接试件 GY31-4 和 GY35-1 搭接试件的极限应变有所增大，分别为 3494$\mu\varepsilon$ 和 3666$\mu\varepsilon$，与 GY1-3 相比，分别提升了 48.68%和 56.00%。采用缩胺 105 与聚醚胺 D230 按 1∶2 的比例混合时，对应的搭接接头极限应变为 4158$\mu\varepsilon$，与 GY31-4 和 GY35-1 相比，进一步提升了 19.00%和 13.42%。

4.4.1.3　CFRP 板/钢板界面剪应力分布

通过布置在 CFRP 表面的应变片可求取相邻测点 i 和测点 $i-1$ 间的界面平均剪应力，公式为[124]：

$$\tau_{i-1/2}=\frac{\Delta\varepsilon_i E_\mathrm{P} t_\mathrm{P}}{\Delta l_i}=\frac{(\varepsilon_i-\varepsilon_{i-1})E_\mathrm{P} t_\mathrm{P}}{l_i-l_{i-1}} \tag{4.3}$$

式中，$\Delta\varepsilon$ 为测点 i 与测点 $i-1$ 处应变的差值；Δl_i 是测点 i 与测点 $i-1$ 之间的距离；ε_i 是 CFRP 板表面测点 i 处的应变；l_i 是测点 i 距 CFRP 板端的距离；E_P 与 t_P 分别是 CFRP 板的弹性模量和厚度。

代表试件在加载过程中的界面剪应力分布见图 4.7。由图可知，在加载初期，仅在搭接区域的两端出现较大剪应力，随荷载的增加，钢板自由端处剪应力逐渐增加，剪应力传递长度也逐渐变长。在极限荷载作用下，采用改进芳香胺 BD11 固化剂的 GY1-3 搭接试件的界面剪应力峰值较小，出现在距钢板自由端 10mm 处，为 15.84MPa；距钢板自由端 20mm 处的应变仅为 7.49MPa，下降了 52.71%；距钢板自由端 50mm 处，最大剪应力基本降为 0。采用改进酚醛胺 GR07 固化剂的 GY2-2 搭接试件的界面剪应力距钢板自由端 10mm 处为 17.92MPa；剪应力峰值出现在距钢板自由端 20mm 处，其值为 20.33MPa，增加了 13.45%；距钢板自由端 70mm 处，剪应力峰值基本降为 0。采用缩胺 105 固化剂的 GY31-4 搭接试件的界面剪应力分布情况与 GY2-2 基本类似，距钢板自由端 10mm 处为 21.94MPa；剪应力峰值出现在距钢板自由端 20mm 处，其值为 23.49MPa，增加了 7.06%；距钢板自由端 80mm 处，剪应力峰值基本降为 0。采用聚醚胺 D230 固化剂的 GY35-1 搭接试件的界面剪应力峰值出现在距钢板自由端 10mm 处，其值为 25.23MPa；距钢板自由端 20mm 处的应力降为 22.23MPa，降低了 11.89%，降幅较小；距钢板自由端 70mm 处，剪应力峰值基本降为 0。采用缩胺 105 与聚醚胺 D230 按 1∶2 的比例混合时，搭接试件的界面剪应力峰值出现在距钢板自由端 10mm 处，其值为 23.52MPa；距钢板自由端 20mm 处的应力降为 19.34MPa，降低了 17.77%；距钢板自由端 80mm 处，剪应力峰值基本降为 0。综上，采用基于缩胺 105 或聚醚胺 D230 单一固化剂或将其按质量比 1∶2 混掺固化剂的纳米 SiO_2 胶黏剂，对应的搭接接头具有较好的界面抗剪性能，适用于 CFRP 对钢结构的加固，特别是后者。

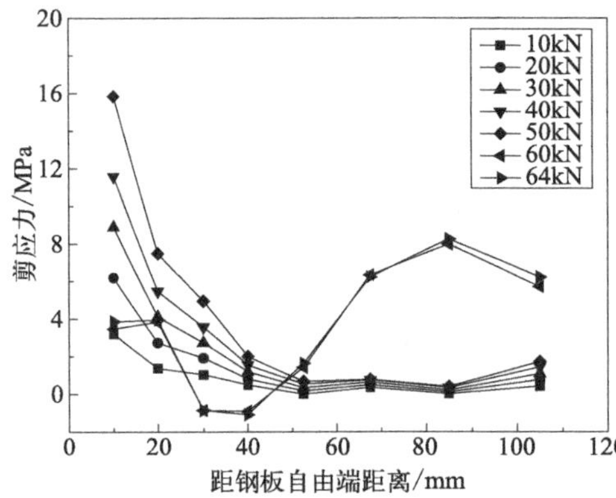

(a) GY1-3

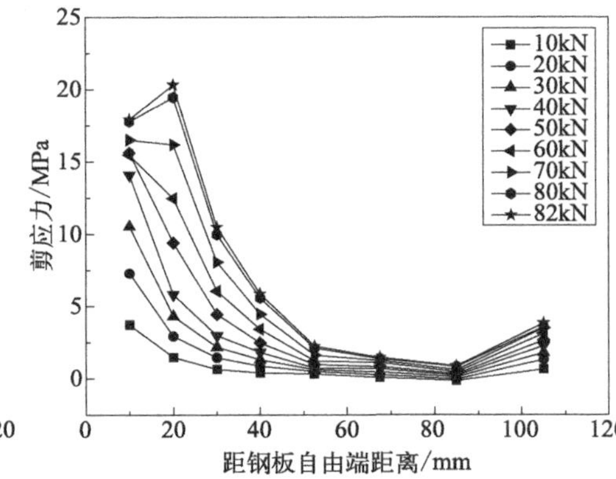

(b) GY2-2

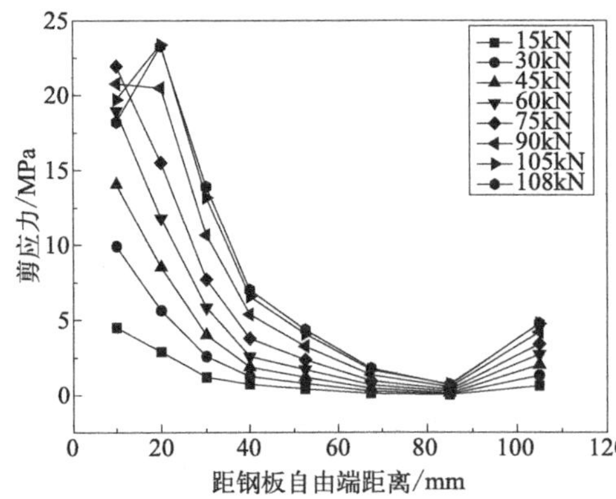

(c) GY31-4

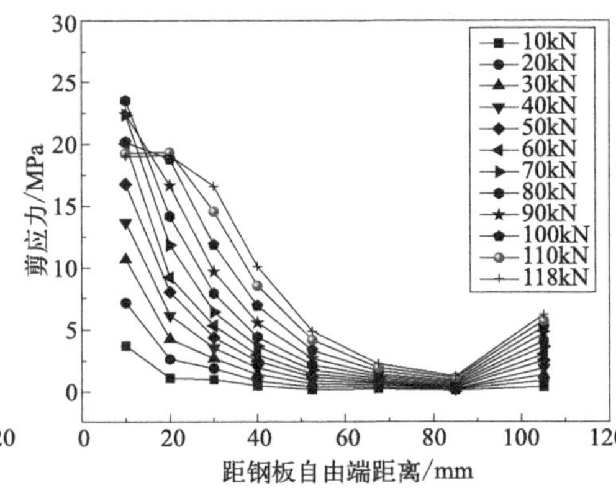

(d) GY34-2

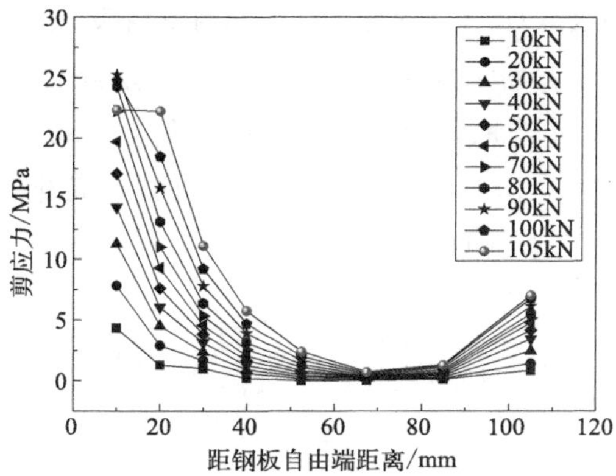

(e) GY35-1

图 4.7　CFRP 板/钢板界面剪应力分布

4.4.1.4　有效黏结长度

由上述试验可知：搭接区域胶层剪应力峰值出现在搭接区域两端；搭接区域刚度大的端面附近的剪应力峰值较大，刚度小的端面附近的剪应力峰值较小；如果搭接区域足够长，则中间某点的剪应力必然降为 0（或者可忽略不计）；如将由剪应力峰值点（两端点）到剪应力降为 0 的点的距离定义为有效黏结长度，则刚度大的端面的一端的有效黏结长度较长，另一端则较小。由文献［137］［163］可知有效黏结长度不但与胶层的性质有关，而且与搭接构件的刚度有关。

由界面剪应力分布图（图 4.7）可知，基于本书的搭接试件，采用改进芳香胺 BD11 固化剂的 GY1 搭接试件、采用改进酚醛胺 GR07 固化剂的 GY2 搭接试件、采用缩胺 105 固化剂的 GY31 搭接试件、采用聚醚胺 D230 固化剂的 GY35 搭接试件、采用缩胺 105 与聚醚胺 D230 按 1∶2 混掺的 GY34 搭接接头的有效黏结长度分别为 50mm、70mm、80mm、70mm、80mm。

4.4.1.5　黏结-滑移本构

黏结-滑移关系反映了界面局部剪应力和相对滑移的变化规律，可定义为界面黏结性能的本构模型。假定搭接接头 CFRP 自由端滑移量为零，并忽略钢板的轴向变形，依据实测应变数据，由 CFRP 自由端端部到测点 i 对 CFRP 表面的应变数值积分，能获得测点 i 和测点 $i-1$ 之间的中点的界面滑移量：

$$S_{i-1/2}=\frac{\varepsilon_i+\varepsilon_{i-1}}{4}(l_i-l_{i-1})+\frac{\varepsilon_{i-1}+\varepsilon_{i-2}}{2}(l_{i-1}-l_{i-2})+\sum_{i=3}^{i}\frac{\varepsilon_{i-2}+\varepsilon_{i-3}}{2}(l_{i-2}-l_{i-3}) \tag{4.4}$$

由公式(4.3)与公式(4.4)联合可获得试件相邻测点间中点处在加载过程中剪应力与滑移量的关系。距离加载端 20mm 处黏结层经历了整个损伤发展过程，且数据较为稳定，故可选取距离 20mm 处的剪应力和对应滑移量数据绘于图 4.8，得到界面的黏结-滑移关系。由图 4.8 可知，固化剂的种类与掺量对搭接试件的黏结-滑移本构影响明显。

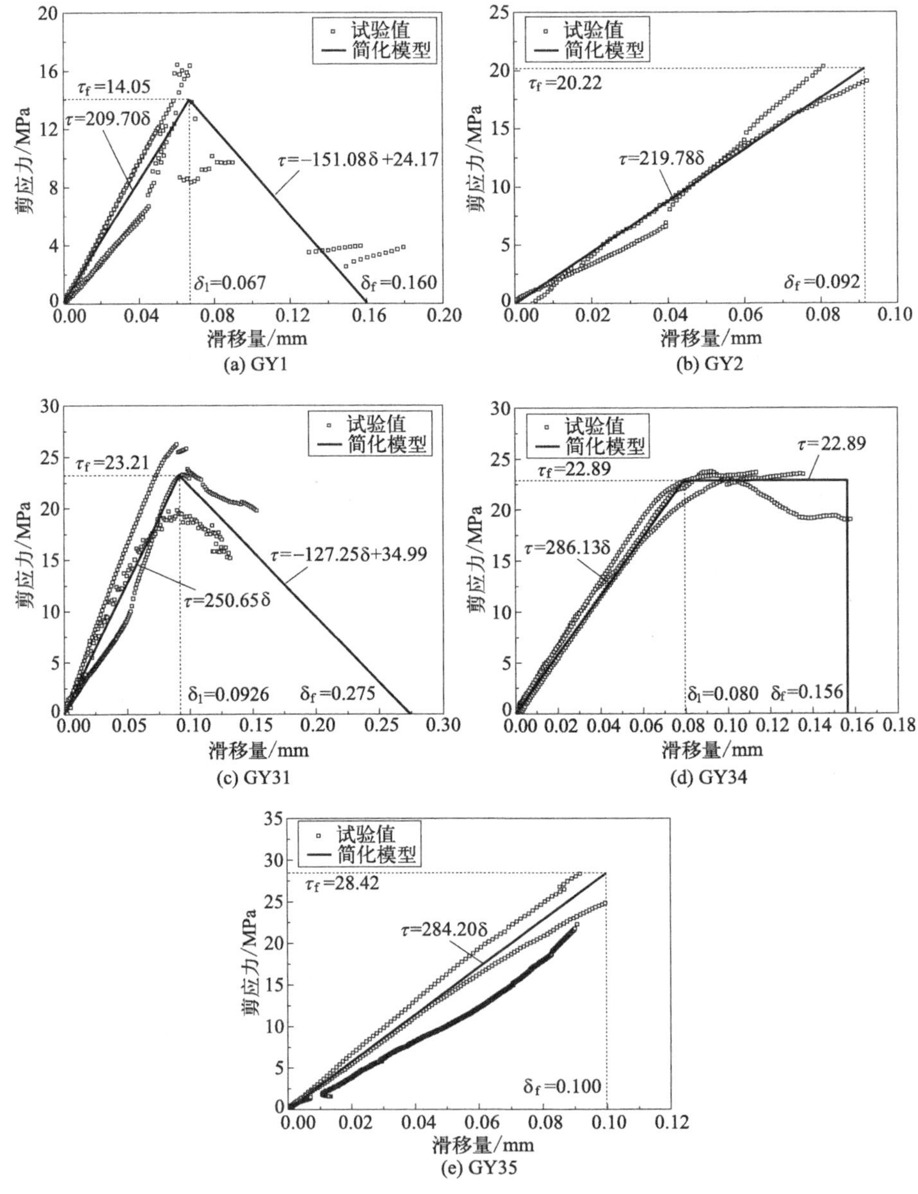

图 4.8 CFRP 板/钢板界面黏结滑移本构

采用单一固化剂时，搭接试件的黏结-滑移曲线均可简化为双线性三角形模型；采用改进芳香胺 BD11 及缩胺 105 固化剂的搭接试件的黏结-滑移曲线存在一定的缓坡下降段，破坏过程相对缓慢，搭接界面具有一定的延性；采用改进酚醛胺 GR07 及聚醚胺 D230 固化剂的搭接试件的黏结-滑移曲线不存在明显缓坡下降段，界面剪应力达到峰值后试件突然破坏，破坏时没有明显预兆，黏结-滑移本构模型为直角三角形。采用缩胺 105 与聚醚胺 D230 固化剂按 1∶2 的比例进行复配作为固化剂时，对应搭接试件的黏结-滑移曲线可简化为三线性直角梯形，黏结-滑移关系可分为两个阶段：第一阶段为上升段，剪应力随滑移量增加呈线性增长；第二阶段为水平段，当达到峰值剪应力时，CFRP 板/钢板界面损伤开始发展，但随着滑移量继续增加，界面剪应力基本不再增长，而是出现了如图所示的“屈服平台”，具有较长的软化发展过程，但没有出现缓坡下降度，随滑移量增大到某一值时，搭接试件被拉断。

将图 4.8 中 (a)～(e) 的拟合曲线汇于同一图中，见图 4.9。根据图 4.9，可计算搭接界面刚度 K（其中 δ_1 为本构模型上升段峰值的滑移量），计算结果列入表 4.4 中。

由图 4.9 和表 4.4 可知，采用缩胺 105 和聚醚胺 D230 固化剂的搭接试件的剪应力峰值、极限滑移值、界面刚度、界面断裂能分别为改进芳香胺 BD11 固化剂的搭接试件的 1.65 倍和 2.02 倍、1.72 倍和 0.63 倍、1.20 倍和 1.36 倍、2.85 倍和 1.26 倍。综上可知，固化剂的种类与掺量对 CFRP 板/钢板界面黏结-滑移曲线影响较大，采用室温固化及在室温环境下使用时，可优先考虑采用缩胺 105、聚醚胺 D230 或两者按 1∶2 质量比混合的固化剂。采用高温固化或在高温环境下使用时，固化剂的选型及掺量会在后文探讨。

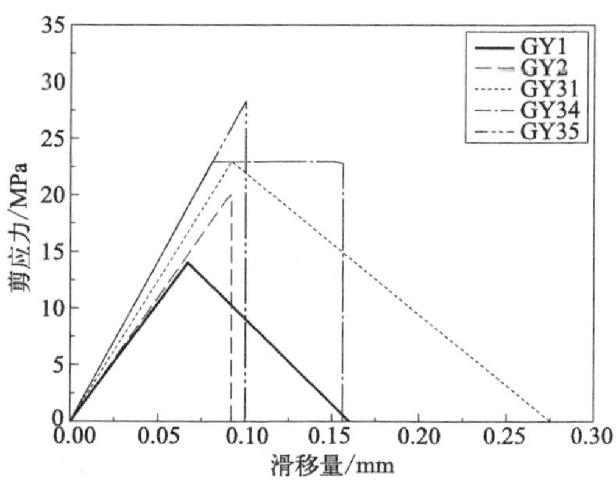

图 4.9　固化剂对 CFRP 板/钢板界面黏结-滑移本构影响

表 4.4 CFRP/钢界面黏结-滑移本构参数的比较

参数	GY1	GY2	GY31	GY34	GY35
剪应力峰值 τ_f/MPa	14.05	20.22	23.21	22.89	28.42
滑移 δ_1/mm	0.067	0.092	0.093	0.080	0.100
滑移 δ_f/mm	0.160	0.092	0.275	0.156	0.100
界面刚度 K/(MPa/mm)	209.70	219.78	250.65	286.13	284.20
界面断裂能 G_f/(MPa·mm)	1.124	0.93	3.19	2.66	1.421

注：表中，τ_f 为峰值剪应力；δ_1 为弹性滑移；δ_f 为极限滑移；K 为界面刚度；G_f 为界面断裂能。

4.4.2 纳米 SiO_2 掺量对 CFRP 板/钢板界面性能的影响

4.4.2.1 破坏模式与荷载-位移关系

各试件的胶层厚度、破坏时夹持端与加载端之间的最大位移、峰值荷载及破坏模式见表 4.5，典型破坏模式见图 4.10。结果表明，从 ZR10 到 ZR15 试件，随纳米 SiO_2 掺量的增加，极限承载力及最大位移先增后减可掺量为 0%（质量分数）时，ZR10 试件的极限承载力和最大位移平均值仅为 44.68kN、0.88mm；掺量为 1.0%（质量分数）时，ZR14 试件的极限承载力和最大位移平均值高达 159.49kN、3.11mm，提升了 256.96%、253.41%；当掺量为 1.5%（质量分数）时，ZR15 试件的极限承载力平均值和最大位移平均值又降为 42.86kN 和 0.89mm，与 ZR10 试件基本相同。

表 4.5 纳米 SiO_2 掺量对 CFRP 板/钢板双搭接试件试验结果影响

试件名称	胶层厚度 T_a/mm	极限位移/mm		极限荷载/kN		平均搭接强度/MPa		破坏模式
		D_{max}	平均值	P_{max}	平均值	$\overline{p}_{max}$	平均值	
ZR10-120-1	1.11	0.89	0.88	45.42	44.68	3.79	3.73	a
ZR10-120-2	1.09	0.76		37.88		3.16		a
ZR10-120-3	1.12	1.00		50.74		4.23		b
ZR11-120-1	1.12	1.25	1.11	67.52	57.55	5.63	4.80	a
ZR11-120-2	1.14	1.11		54.77		4.56		b
ZR11-120-3	1.10	0.96		50.37		4.20		b/d
ZR12-120-1	1.09	1.96	2.11	100.75	102.31	8.40	8.53	d
ZR12-120-2	1.13	1.90		90.25		7.52		d
ZR12-120-3	1.12	2.37		109.73		9.14		d
ZR12-120-4	1.11	2.21		108.51		9.04		d

续表

<table>
<tr><th rowspan="2">试件名称</th><th rowspan="2">胶层厚度 T_a/mm</th><th colspan="2">极限位移/mm</th><th colspan="2">极限荷载/kN</th><th colspan="2">平均搭接强度/MPa</th><th rowspan="2">破坏模式</th></tr>
<tr><th>D_{max}</th><th>平均值</th><th>P_{max}</th><th>平均值</th><th>$\overline{P}_{max}$</th><th>平均值</th></tr>
<tr><td>ZR13-120-1</td><td>1.08</td><td>2.64</td><td rowspan="3">2.55</td><td>128.17</td><td rowspan="3">121.46</td><td>10.68</td><td rowspan="3">10.12</td><td>d</td></tr>
<tr><td>ZR13-120-2</td><td>1.10</td><td>2.45</td><td>113.74</td><td>9.48</td><td>d</td></tr>
<tr><td>ZR13-120-3</td><td>1.13</td><td>2.56</td><td>122.51</td><td>10.21</td><td>d</td></tr>
<tr><td>ZR14-120-1</td><td>1.12</td><td>3.52</td><td rowspan="3">3.11</td><td>146.86</td><td rowspan="3">159.49</td><td>12.24</td><td rowspan="3">13.29</td><td>d</td></tr>
<tr><td>ZR14-120-2</td><td>1.11</td><td>3.13</td><td>157.71</td><td>13.14</td><td>d</td></tr>
<tr><td>ZR14-120-3</td><td>1.11</td><td>3.59</td><td>173.89</td><td>14.49</td><td>d</td></tr>
<tr><td>ZR15-120-1</td><td>1.12</td><td>0.92</td><td rowspan="3">0.89</td><td>43.93</td><td rowspan="3">42.86</td><td>3.66</td><td rowspan="3">3.57</td><td>b</td></tr>
<tr><td>ZR15-120-2</td><td>1.14</td><td>0.94</td><td>45.34</td><td>3.78</td><td>b</td></tr>
<tr><td>ZR15-120-3</td><td>1.15</td><td>0.82</td><td>39.30</td><td>3.28</td><td>a</td></tr>
</table>

注：试件名称 ZR＊＊-＊＊-＊＊-＊＊中，第一个“-”前面的数字为胶黏剂名称（如 ZR14）；第一个“-”后面的数字为搭接长度（如 120）；第二个“-”后面的数字为同一组试件的编号（如 1）；破坏模式中，a 为 CFRP 板与胶层界面破坏；b 为钢板与胶层界面破坏；d 为 CFRP 板层离破坏。

由图 4.10 可知，当纳米 SiO_2 掺量从 0%（质量分数）增加到 1.0%（质量分数），破坏模式由界面破坏逐渐变为 CFRP 板层离破坏，CFRP 板已发生层离破坏而黏结界面未出现剥离，说明搭接试件的界面黏结强度已超过 CFRP 板层间剪切强度，ZR14-120-2 和 ZR14-120-3 试件出现了 CFRP 板拉断的情况。当掺量为 1.5%（质量分数）时，又变为界面破坏，且极限承载力大幅降低。可见 SiO_2 的掺量对 CFRP 板/钢板搭接接头的极限承载力、破坏时最大位移及破坏模式影响显著。综上可知，采用纳米 SiO_2 掺量为 1.0%（质量分数）的胶黏剂，搭接接头具较好的承载能力。

图 4.11 为试件在拉伸过程中的荷载-位移曲线。ZR10 与 ZR15 搭接试件在整个加载历程中，荷载与位移基本呈线性关系；但 ZR12 与 ZR14 搭接试件在加载初期，荷载随位移呈线性增加，而加载后期，荷载随位移增长的速率逐渐减慢，表现出一定延性，纳米 SiO_2 掺量为 1.0%（质量分数）时较掺量为 0.5%（质量分数）时的延性更好。

图 4.12 为采用 ZR14 胶黏剂配比［即纳米 SiO_2 掺量为 1.0%（质量分数）］时搭接试件的极限荷载与黏结长度之间的关系。当黏结长度 $L<120$mm 时，随黏结长度的增长，试件的极限荷载呈线性增加；当黏结长度 $L\geqslant120$mm 时，随黏结长度的增长，试件的极限荷载基本不再提高。可知，采用 ZR14 胶黏剂配比，搭接试件的有效黏结长度为 120mm。

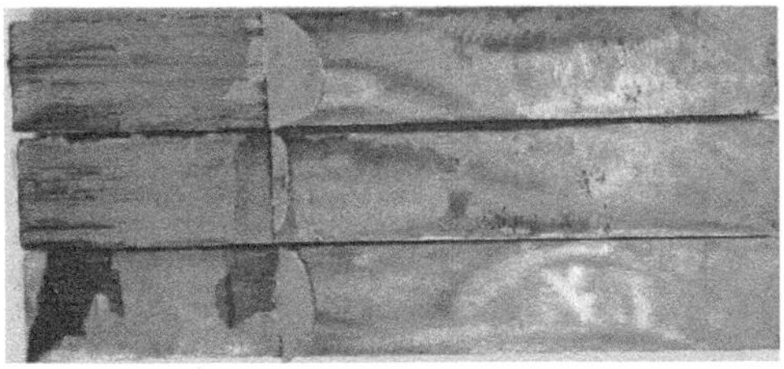

(a) ZR10-120(界面破坏为主)

(b) ZR11-120(界面破坏为主)

(c) ZR12-120(CFRP板层离破坏)

(d) ZR13-120(CFRP板层离破坏)

(e) ZR14-120(CFRP板层离破坏)

(f) ZR15-120(界面破坏)

图 4.10　CFRP 板/钢板界面破坏模式

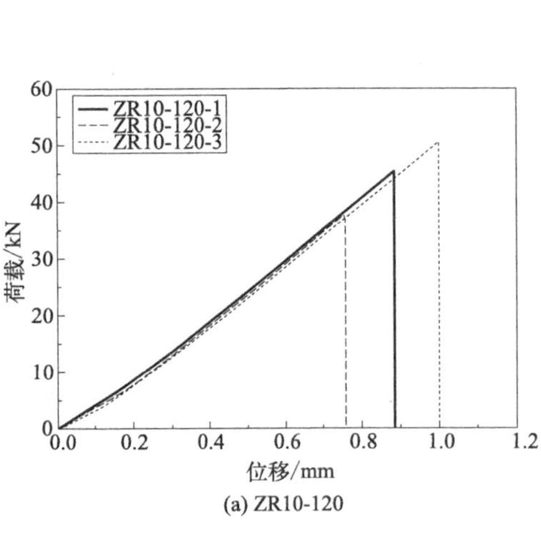

(a) ZR10-120

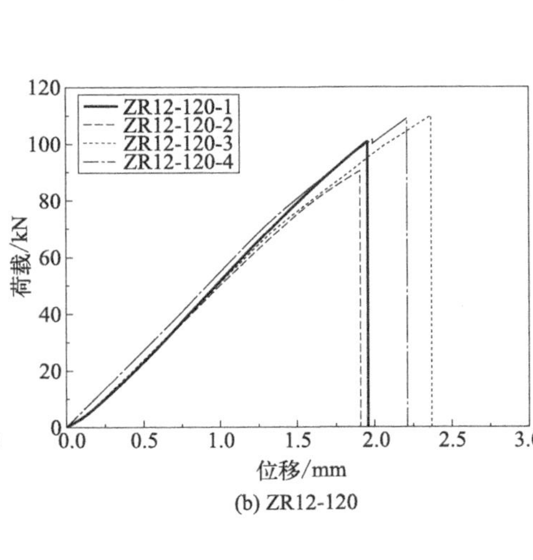

(b) ZR12-120

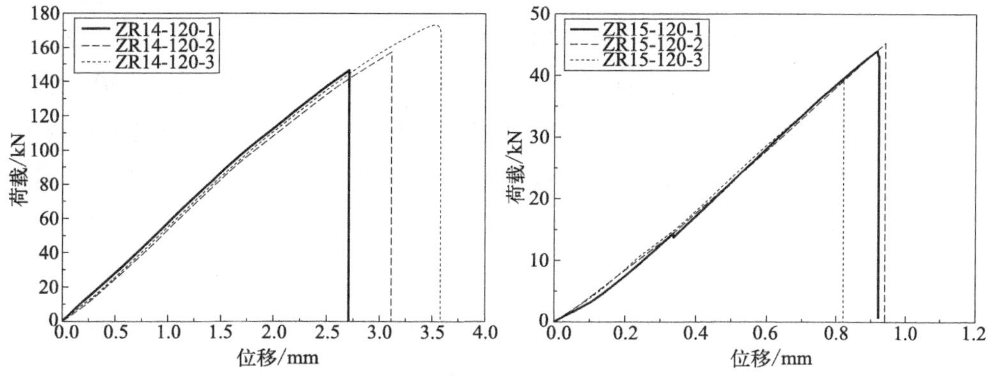

(c) ZR14-120　　(d) ZR15-120

图 4.11　CFRP 板/钢板双搭接试件荷载-位移曲线

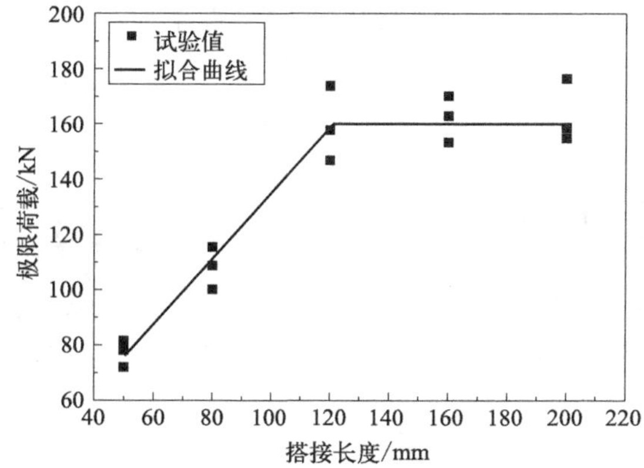

图 4.12　ZR14 胶黏剂的 CFRP 板/钢板试件极限荷载与黏结长度之间的关系

4.4.2.2　CFRP 表面应变分布

图 4.13 为加载过程中代表试件 CFRP 表面的应变分布。由图 4.13(a)～(c) 可知，随着纳米 SiO_2 掺量的增加，应变传递长度逐渐增大，表明掺入纳米 SiO_2 能增加界面的有效黏结长度。搭接试件在极限荷载下，纳米 SiO_2 掺量为 0 时，仅钢板自由端小范围内出现较大应变，距钢板自由端 5mm 处，最大应变为 1451$\mu\varepsilon$，距钢板自由端 15mm 处，最大应变迅速降为 792$\mu\varepsilon$，降幅为 46.67%；掺量为 0.5%（质量分数）时，距钢板自由端 5mm 处，最大应变为 3494$\mu\varepsilon$，距钢板自由端 15mm 处，最大应变为 2776$\mu\varepsilon$，降幅为 20.00%；掺量为 1.0%（质量分数）时，搭接长度为 120mm 的试件［图 4.13(c)］，距钢板自由端 5mm 处，最大应变为 6090$\mu\varepsilon$，距钢板自由端 15mm 处，最大应变为 6247$\mu\varepsilon$，已超过 5mm

处的最大应变；搭接长度为 200mm 的试件［图 4.13(d)］，距钢板自由端 5mm 处，最大应变为 7461$\mu\varepsilon$，距钢板自由端 15mm 处，最大应变为 6792$\mu\varepsilon$，最大应变大于搭接长度为 120mm 的试件。综上可知，纳米 SiO_2 的添加，有效提高了 CFRP 表面的最大应变，应变分布范围也明显增长，导致了更高的极限承载力。从图 2.19 可知，由于纳米 SiO_2 的添加，胶黏剂应力-应变关系由弹性模量较高的线性转变为弹性模量较低的非线性曲线，应变能先增大后较小，掺量为 1.0%（质量分数）时，应变能最大，对应的搭接试件应变传递长度更长，钢板自由端界面局部剥离时，应变会继续向 CFRP 板自由端传递，试件不会突然断裂，会发出界面小面积剥离的撕裂声，破坏前有预兆，具有较好的延性变形。

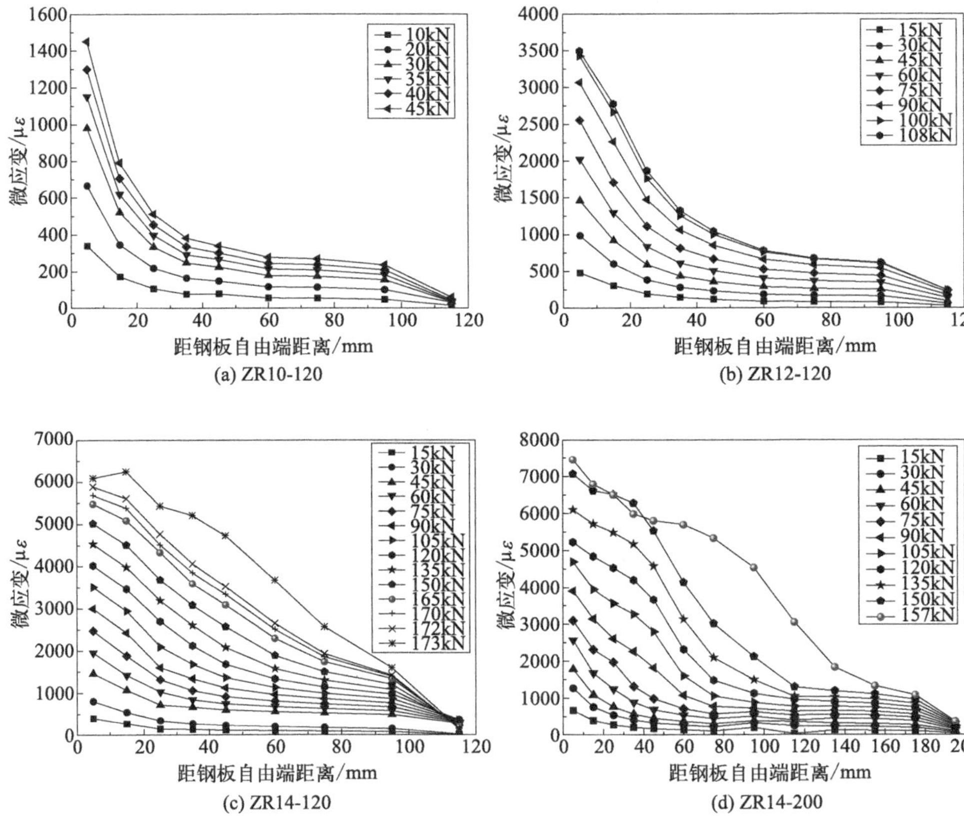

图 4.13 CFRP 表面应变分布

4.4.2.3 CFRP 板/钢板界面剪应力分布

由公式(4.3) 可算出搭接试件在加载过程中界面剪应力的分布，见图 4.14。由图 4.14(a)～(c) 可知，随着纳米 SiO_2 掺量的增加，剪应力峰值会增大，且界面最大剪应力峰值出现的位置也会变化。掺量为 0 时，钢板自由端小范围内出现较大剪应力，距钢板自由端 10mm 处，峰值剪应力为 17.07MPa；距钢板自由端 20mm 处，峰值剪应力迅速降为 7.25MPa，降幅为 57.53%，界面最大剪应力峰值出现在距钢板自由端 10mm 处；距钢板自由端 40mm 处，剪应力基本降为 0，可见其有效黏结长度为 40mm。掺量为 0.5%（质量分数）时，距钢板自由端 10mm 处，峰值剪应力为 21.94MPa，界面最大剪应力峰值出现在距钢板自由端 20mm 处，其值为 23.49MPa，已超过 10mm 处剪应力峰值；距钢板自由端 80mm 处，剪应力基本降为 0，可见其有效黏结长度为 80mm。掺量为 1.0%（质量分数）时，搭接长度为 120mm 的试件［图 4.14(c)］，距钢板自由端 10mm 处，峰值剪应力为 15.23MPa；距钢板自由端 20mm 处，峰值剪应力为 22.51MPa；已大幅超过 10mm 处剪应力峰值，增幅为 47.80%，界面最大剪应力峰值出现在距钢板自由端 20mm 处。掺量同样为 1.0%（质量分数），但搭接长度为 200mm 的试件［图 4.14(d)］，距钢板自由端 10mm 处，峰值剪应力为 23.10MPa；距钢板自由端 20mm 处，峰值剪应力有所降低，但剪应力传递范围非常大；距钢板自由端 52.5mm 处，峰值剪应力高达 24.98MPa，为界面最大剪应力峰值，距钢板自由端 120mm 位置剪应力基本降为 0，可见其有效黏结长度为 120mm，为纳米 SiO_2 掺量为 0 的 ZR10［图 4.14(a)］的 3 倍。黏结长度为 200mm 的搭接试件的界面最大剪应力峰值和其传递长度与黏结长度为 120mm 的搭接试件相当，当试件黏结长度超过有效黏结长度后，有效黏结长度与承载能力不再提升。

4.4.2.4　黏结-滑移本构

由公式(4.3) 与公式(4.4) 联合可获得试件相邻测点的中点处在加载过程中剪应力与滑移量的关系。距离钢板自由端 20mm 处，黏结层经历了整个损伤发展过程，且数据较为稳定，故可选取距离 20mm 处的剪应力和对应滑移量数据绘于图 4.15，得到界面的黏结-滑移关系。由图 4.15 可知，纳米 SiO_2 掺量对搭接接头黏结-滑移关系影响很大。当掺量为 0 时，黏结-滑移呈线性关系，界面剪应力达到剪切强度后即迅速破坏，极限滑移量很小，破坏时没有明显预兆；当掺量为 0.5%（质量分数）时，加载初期，黏结-滑移呈线性关系，随着荷载的增加，界面剪应力逐渐达到剪切强度后具有一定的软化阶段，破坏过程相对缓慢，破坏前有一定预兆。当掺量为 1.0%（质量分数）时，黏结-滑移关系可分为三个阶段：第一阶段为上升段，剪应力随滑移量的增加呈线性增长；第二阶段为水平段，当达到峰值剪应力时，CFRP 板/钢板界面损伤开始发展，随着荷载增加，滑移量继续增加，考察点处界面剪应力基本不增长，而是出现了如图 4.15(c) 所示的“屈服平台”；第三阶段为下降段，界面损伤继续发展直至完全剥离失效。“屈服平台”和“下降段”的出现，表明界面失效过程中存在一个缓慢的损伤发展和“软化”阶段，极限滑移量明显增大，表明界面具有良好的韧性，试件破坏前有明显预兆。对数据点进行线性拟合，可得到简化黏结-滑移本构模型，纳米 SiO_2 掺量为 0 与 0.5%（质量分数）的搭接试件的黏结-滑移曲线可简化为双线性三角形模型，纳米 SiO_2 掺量为 1.0%（质量分数）的搭接试件的黏结-滑移曲线可简化为三线性梯形模型。由 4.4.2.1 节可知，ZR12 试件与 ZR14 试件的破坏模式均为 CFRP 板层离破坏，但两者的黏结-滑移本构模型形状不同，可排除破坏模式对黏结-滑移本构模型形状的影响。

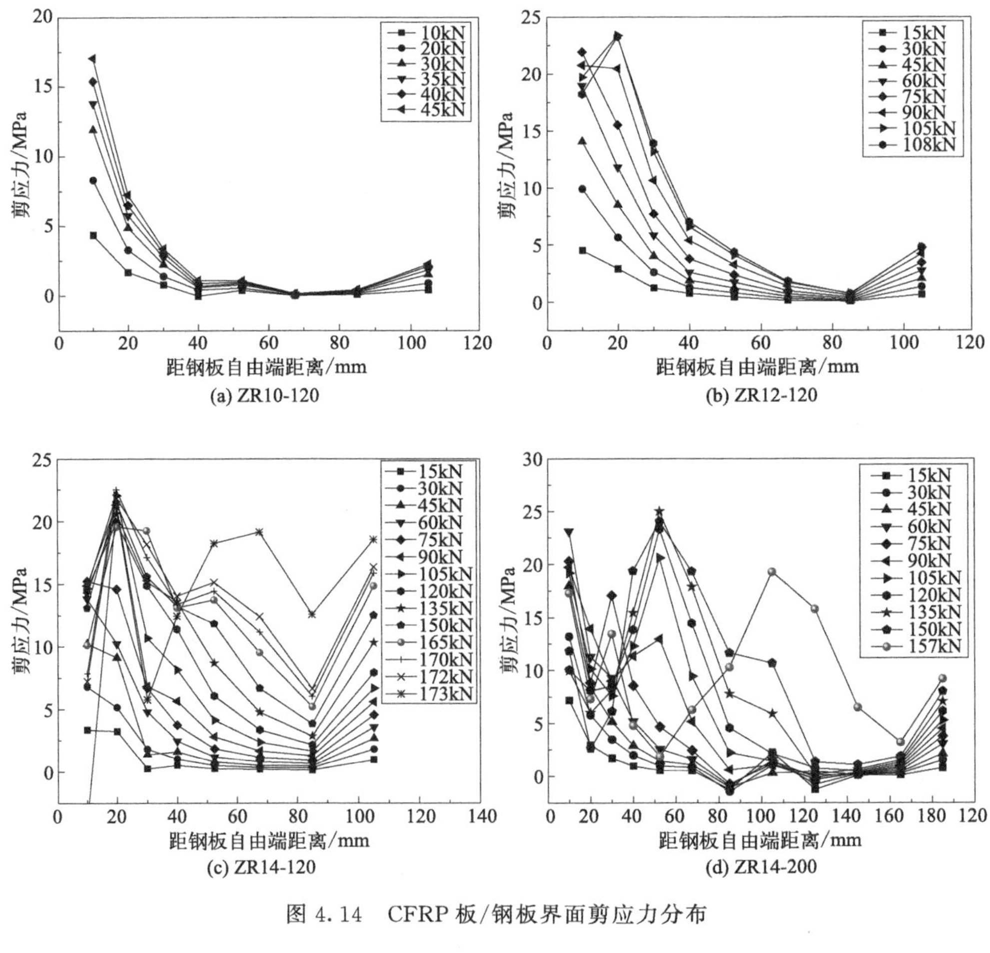

图 4.14 CFRP 板/钢板界面剪应力分布

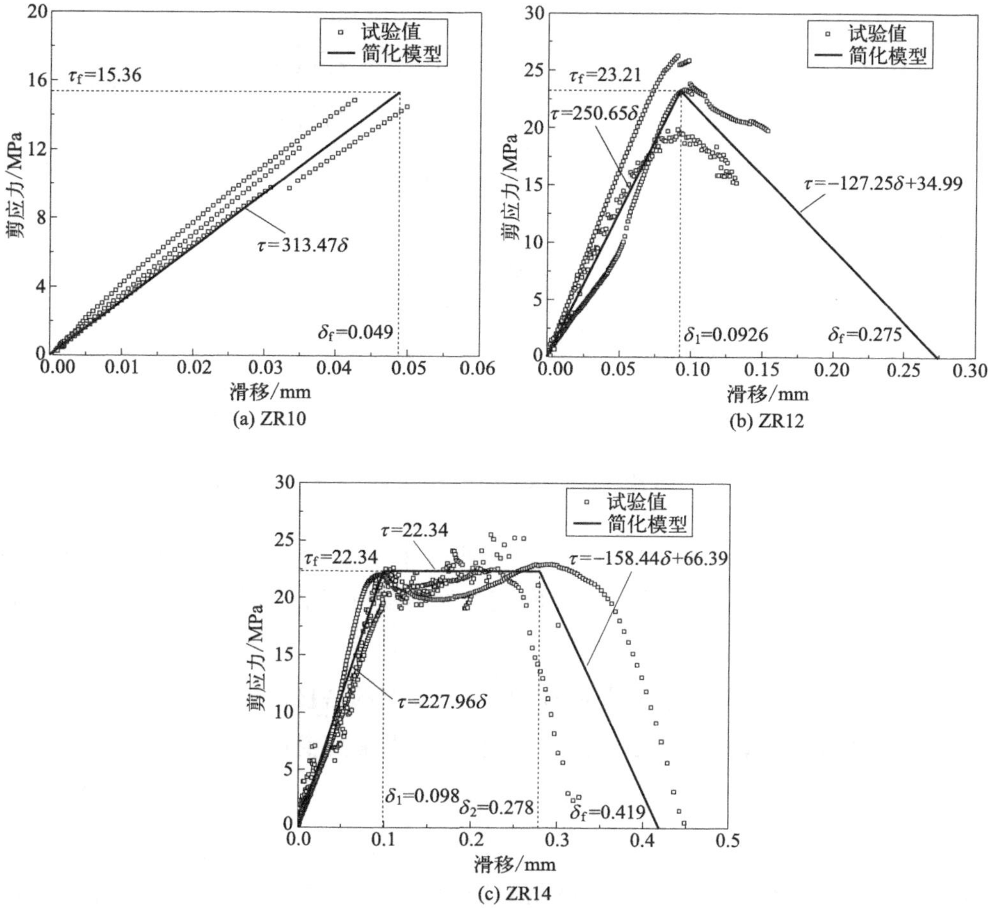

图 4.15　CFRP 板/钢板界面黏结-滑移本构

4.4.2.5　胶黏 CFRP 板/钢板界面性能比较优势

本书研制的胶黏剂与常用商品胶黏剂[111]（Sika330、Araldite420、Sika30、Lica131）及胶膜 HJ-69EH[113] 连接的 CFRP 板/钢板试件的界面黏结-滑移本构模型绘于图 4.16。

由图 4.16 可知，采用 Sika330、Araldite420、Sika30、Lica131 商品胶黏剂的试件黏结-滑移本构模型形状均为双线性三角形。采用本书 ZR14 胶黏剂和胶膜 HJ-69EH 的试件界面黏结-滑移本构模型形状为三线性梯形。但胶膜需低温存放，施工时需在高温环境且垂直被黏面施加压力情况下才能有效黏结；而本书研制的胶黏剂仅需室温固化，即具有良好的界面韧性，在大型土建结构加固中应用方便，适用范围更广。

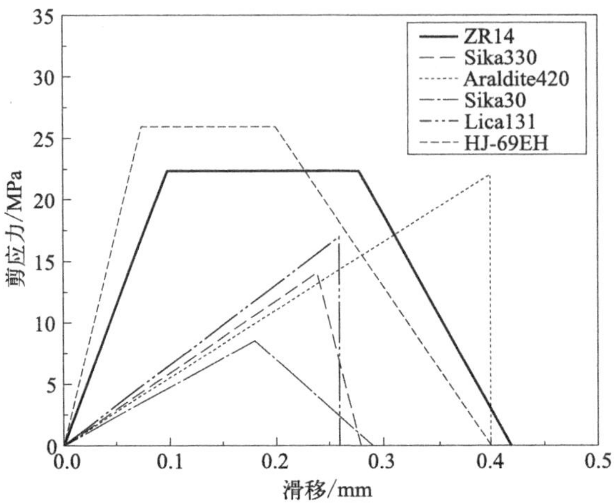

图 4.16 CFRP 板/钢板界面黏结-滑移本构模型的比较

表 4.6 列出了本书研制的 ZR14 胶黏剂试件与常用商品胶黏剂及胶膜连接试件的黏结-滑移本构参数，K 为界面刚度，为本构模型上升段斜率，即 $K=\tau_f/\delta_1$（式中，δ_1 为本构模型上升段峰值的滑移量）。由图 4.16 和表 4.6 可知，CFRP 板厚度均为 1.4mm 时，本书研制的 ZR14 胶黏剂的搭接试件的 τ_f、δ_f、K 和 G_f 均大于常用商品胶黏剂的搭接试件。其中，τ_f 为常用商品胶黏剂的 1.02～2.62 倍，δ_f 为常用商品胶黏剂的 1.05～1.61 倍，K 为常用商品胶黏剂的 3.49～4.81 倍，G_f 为常用商品胶黏剂的 1.52～5.58 倍。在黏结宽度、CFRP 板几何参数及力学参数相同情况下，采用本书研制的纳米 SiO_2 增韧胶黏剂的 CFRP 板/钢板界面的极限承载力、界面滑移刚度及断裂能均大幅提升。综上，胶黏剂的力学性能是影响 CFRP 板/钢板界面黏结-滑移本构模型的关键因素，本书研制的纳米 SiO_2 增韧胶黏剂整体性能优于常用商品胶黏剂，更适用于 CFRP 加固钢结构工程。

表 4.6 CFRP 板/钢板界面黏结-滑移本构参数的比较

名称	ZR14	Sika330	Araldite420	Sika30	Lica131	HJ-69EH
剪应力峰值 τ_f/MPa	22.34	14.50	22.00	8.54	17.00	25.98
极限滑移 δ_f/mm	0.419	0.28	0.40	0.29	0.26	0.40
界面刚度 K/(MPa/mm)	227.96	59.00	57.89	47.44	65.38	355
界面断裂能 G_f/(MPa·mm)	6.691	1.94	4.40	1.20	2.21	6.87

注：表中，τ_f 为峰值剪应力；δ_f 为极限滑移；K 为界面刚度；G_f 为界面断裂能。

4.5 本章小结

通过室温固化下的纳米 SiO_2 改性胶黏剂、CFRP 板/钢板双搭接接头拉伸试验可得到如下结论。

第一，基于室温固化下不同固化剂的纳米 SiO_2 环氧胶黏剂黏结 CFRP 与钢板的抗剪承载力从高到低依次为：缩胺 105 与聚醚胺 D230 按质量比 1∶2 混合体、缩胺 105、聚醚胺 D230、改进酚醛胺 GR07、改进芳香胺 BD11、缩胺 105 与聚醚胺 D230 按质量比 2∶1 混合体。

第二，以缩胺 105 为固化剂，当胶黏剂纳米 SiO_2 掺量从 0 到 1.0%（质量分数），CFRP 板/钢搭接试件的破坏模式由界面破坏逐渐变为 CFRP 板层离破坏，当掺量为 1.5%（质量分数）时，又为界面破坏。

第三，掺入纳米 SiO_2 ［掺量 1.0%（质量分数）为最佳］能显著增加搭接试件的极限承载力（最高提升 256.96%）及界面有效黏结长度（最高提升 3 倍），从而提高 CFRP 表面的应变、界面剪应力峰值及传递范围。

第四，纳米 SiO_2 掺量为 0 与 0.5%（质量分数）的搭接试件的黏结-滑移曲线为双线性三角形模型；纳米 SiO_2 掺量为 1%（质量分数）的搭接试件的黏结-滑移曲线为三线性梯形模型，且分为“线性增长”“屈服平台”“下降段”三个发展阶段，界面韧性显著提升。

第五，纳米 SiO_2 增韧胶黏剂 ZR14 的拉伸强度、断裂伸长率、应变能为常用商品胶黏剂的 1.44～1.81 倍、1.03～7.80 倍、1.17～35.79 倍。采用 ZR14 胶黏剂的搭接试件的 τ_f、δ_f、K、G_f 为常用商品胶黏剂的搭接试件的 1.02～2.62 倍、1.05～1.61 倍、3.49～4.81 倍、1.52～5.58 倍。

第5章 固化剂混掺对高温下CFRP板/钢板界面性能影响

5.1 引言

有关研究表明，由于钢材的热特性，钢桥面夏季温度高达60℃左右（桥面铺装表面温度更高）[176]。而用于结构加固的界面胶黏剂属于高分子聚合物，是对温度非常敏感的黏弹性材料，随着温度的升高，会出现玻璃化转变区域，该区域处于玻璃态与橡胶态之间，被称为黏弹态。服役温度的变化会影响其物理性能、化学性能及力学性能等，从而影响到CFRP加固钢结构的界面黏结性能。

本书第二章研究表明，纳米SiO_2掺量对胶黏剂的玻璃化转变温度影响较小。但固化剂作为胶黏剂的重要组分，对高温环境下胶黏剂的力学性能及CFRP板/钢板界面的黏结性能影响非常显著。针对单一固化剂难以兼顾耐热性和韧性的不足，基于研制的纳米SiO_2环氧胶黏剂，研究耐热性能较好的缩胺105和韧性较好的聚醚胺D230两种固化剂混掺对胶黏剂玻璃化转变温度及其在高温下基本力学性能的影响。按一定固化条件制作了30个胶黏剂拉伸试件和21个CFRP板-钢板双搭接试件，进行了高温（70℃）及室温下的准静态拉伸试验、剪切拉伸试验，测试了相应胶黏剂的动态热力学性能，并与常用商品胶黏剂的耐热性能与力学性能进行比较，得到了满足夏季高温环境下使用的CFRP加固钢结构的较优固化剂混掺比，以期为结构胶黏剂的耐温性能评价及CFRP加固钢结构的界面理论分析和工程应用提供依据。

5.2 试验概况

5.2.1 试验材料

本章主要研究缩胺 105 固化剂与聚醚胺 D230 固化剂对高温下胶黏剂力学性能及胶黏 CFRP 板/钢板搭接接头界面性能的影响，其他各组分的掺量均不变，胶黏剂配比见表 5.1。两种固化剂的分子链结构见图 5.1。缩胺 105 固化剂分子链较短且含有苯环结构，固化后的胶黏剂耐热性能较好，延性变形能力较差；聚醚胺 D230 固化剂分子链较长，具有较好的柔韧性，耐温性能较差。

表 5.1 胶黏剂配比

编号	固化剂种类与掺量	重量/g					
		环氧树脂 E51	功能化纳米 SiO_2	触变剂 HB-139	偶联剂 KH-560	促进剂 DMP-30	消泡剂 D240
GY31	C105(35g)	120	0.6	0.7	3	3	0.5
GY32	C105(23.33g)+D230(11.67g)	120	0.6	0.7	3	3	0.5
GY33	C105(17.5g)+D230(17.5g)	120	0.6	0.7	3	3	0.5
GY34	C105(11.67g)+D230(23.33g)	120	0.6	0.7	3	3	0.5
GY35	D230(35g)	120	0.6	0.7	3	3	0.5

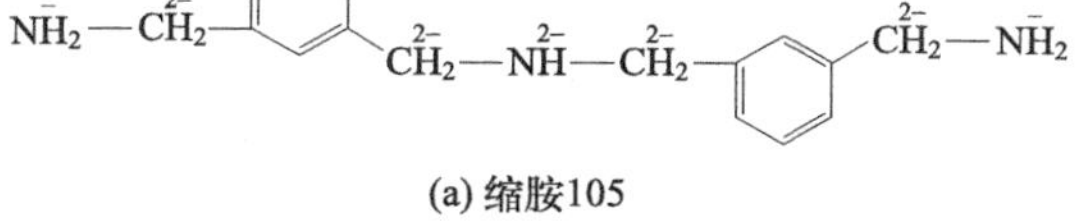
(a) 缩胺105

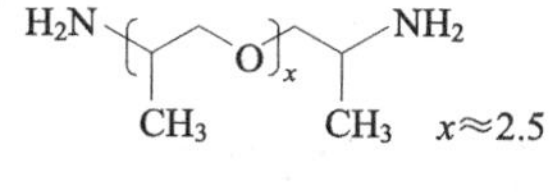
(b) 聚醚胺D230

图 5.1 固化剂的化学结构式

搭接试件的钢板采用中铁宝桥公司生产的桥梁结构钢 Q345D，CFRP 板采用南京海拓公司生产的单向板 CFRP1.4-50 及 CFRP2.0-50。CFRP 板及钢板材料参数见表 5.2。

表 5.2　CFRP 板及钢板材料参数

材料参数	CFRP1.4 板	CFRP2.0 板	钢板
厚度/mm	1.4	2.0	12
宽度/mm	50	50	50
拉伸强度/MPa	2263	2433	514
弹性模量/GPa	161.2	162.8	206
断裂伸长率/%	1.65	1.62	—

5.2.2　试件设计与制作

胶黏 CFRP 板/钢板双搭接试件的设计与制作参考美国标准《用拉力负荷法测定双搭接剪切黏结接头的强度特性的标准试验方法》[ASTM D3528—96(2008)] 及相关研究，试件设计参数见表 5.2。图 5.2 为搭接试件形式、尺寸及 CFRP 板表面应变片布置（搭接长度 200mm）。钢板及 CFRP 板表面处理方式与前文一致，胶层厚度仍为 1mm，试件在 90℃下固化 2h。

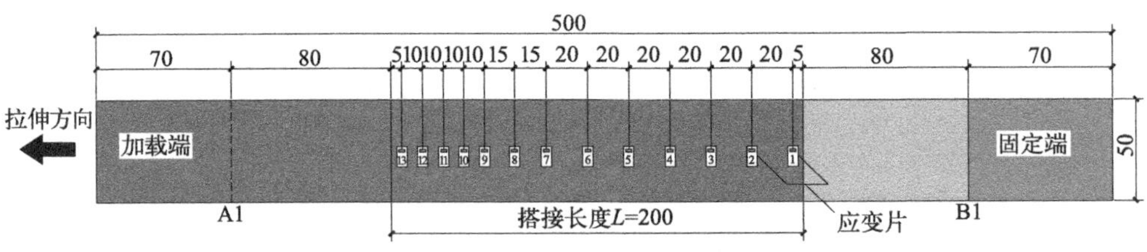

(a) 平面图

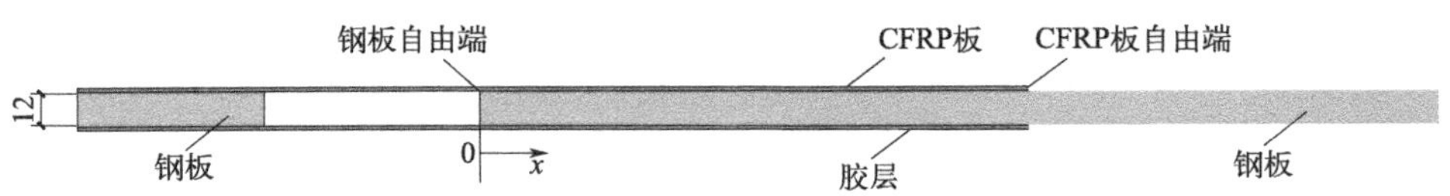

(b) 侧面图

图 5.2　CFRP 板/钢板双搭接接头的形式及应变片布置

5.2.3　试验方法

5.2.3.1　胶黏剂拉伸试件

采用 50kN 高低温电子万能试验机测试环氧树脂胶黏剂在不同温度下的准静态拉伸性能，该温度箱可控的温度范围为－40～150℃，试件拉伸速率为 2mm/min，加载装置见图 5.3。

图 5.3　胶黏剂试样拉伸试验

5.2.3.2　CFRP 板/钢板搭接接头剪切拉伸试验

CFRP 板/钢板搭接试件拉伸试验在配有高低温箱的 300kN 准静态拉伸试验机上进行，采用位移控制进行加载，速率为 0.3mm/min。使用静态应变测试仪采集应变数据。加载装置见图 5.4。高温环境下测试的试件先用液压夹具夹住试件下端，待温度箱内温度上升至测试温度并恒温 25min，然后再夹住试件上端，以确保温度荷载释放，测试过程中密切关注试件界面的剥离及损伤情况。

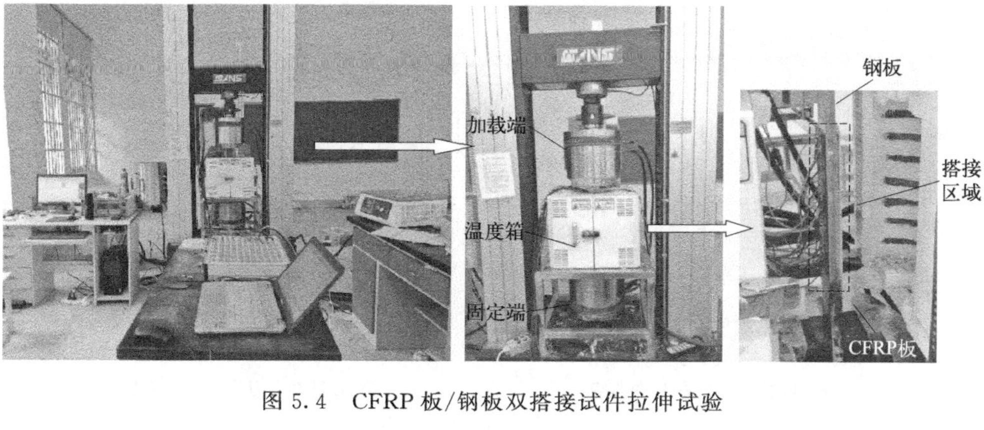

图 5.4　CFRP 板/钢板双搭接试件拉伸试验

5.3 试验结果及分析

5.3.1 胶黏剂基本力学性能

5.3.1.1 准静态拉伸力学性能

图 5.5 给出了两种固化剂按不同比例混掺的胶黏剂在 70℃环境下的静态拉伸应力-应变曲线。由图可知，GY31-GY35 胶黏剂在高温环境下均为屈服后断裂，应力-应变曲线存在屈服点，属韧性破坏。随聚醚胺 D230 混掺比重的增加，屈服强度及极限强度均逐渐降低，变形量显著增加。GY31 与 GY32 胶黏剂应力-应变曲线仅有弹性变形、屈服、应变软化三个过程，GY33-GY35 胶黏剂应力-应变曲线在应变软化后还有冷拉、应变硬化两个过程，胶黏剂应力-应变曲线的发展全过程见图 5.5(b)。造成胶黏剂应力-应变曲线区别的主要原因是固化剂的分子链结构不同，缩胺 105 固化剂分子链较短且含有苯环结构，固化后的胶黏剂刚度较大，延性变形能力较小，在应变软化后即被拉断，聚醚胺 D230 固化剂分子链较长，具有较好的柔韧性。因此，随聚醚胺 D230 掺量的增加，胶黏剂的变形能力明显提升，出现了冷拉及应变硬化特征。应变软化及冷拉过程，是在大的外力作用下冻结的高分子链段沿外力方向取向的过程；应变硬化过程，是分子链伸展后，继续拉伸整链取向排列的过程，胶黏剂的强度会进一步提高，但形变不可恢复。

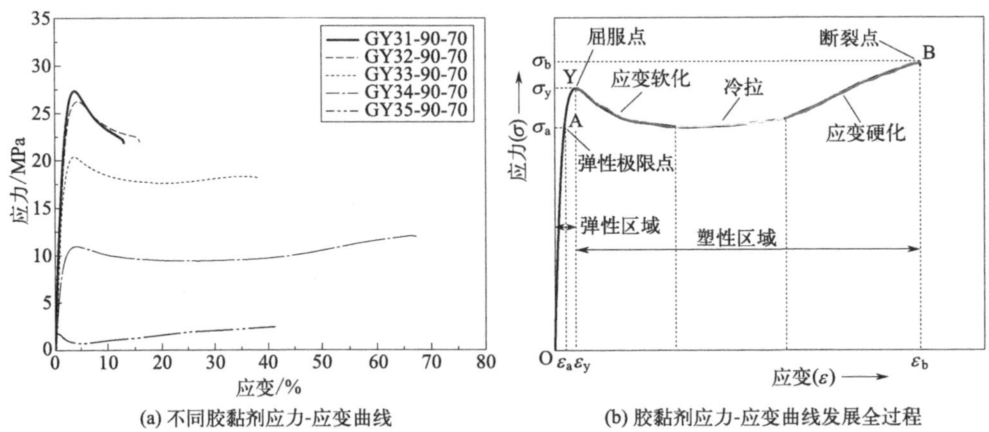

(a) 不同胶黏剂应力-应变曲线　　(b) 胶黏剂应力-应变曲线发展全过程

图 5.5　胶黏剂拉伸应力-应变曲线

由图 5.6(a)、(b) 可知，随聚醚胺 D230 混掺比重的增加，胶黏剂高温下的拉伸强度及弹性模量逐渐降低，胶黏剂变得更加柔韧，断裂伸长率及应变能先增加后减小。GY31 具有最大拉伸强度 27.34MPa，最大弹性模量 2003.59MPa，断裂伸长率最小。GY35 胶黏剂在 70℃环境下已软化，在较小的荷载作用下即会断裂，断裂伸长率较小。GY34 则具有最大断裂伸长率 67.33%，较 GY31 提升了 415.58%，较 GY35 提升了 59.05%。GY34 与 GY33 虽然应变能相当，平均为 0.68059N · mm，均较 GY31 提升了 126.61%，较 GY35 提升了 906.65%，但前者断裂伸长率更大（前者约为 67%，后者约为 38%），而拉伸强度相对较低（前者约为 12MPa，后者约为 20MPa）。断裂伸长率及应变能 $\omega=\int_0^{\varepsilon_\mu}\sigma \mathrm{d}\varepsilon$（应力-应变曲线包围的面积），反映了材料的韧性，表明 GY34 和 GY33 胶黏剂在保持一定强度的同时，具有较好的韧性。

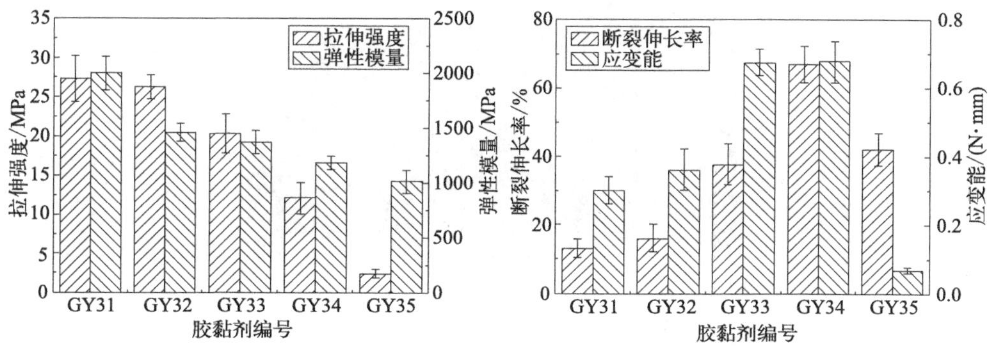

(a) 拉伸强度及弹性模量　　(b) 断裂伸长率及应变能

图 5.6　胶黏剂基本力学指标随固化剂混掺比的变化图

5.3.1.2　胶黏剂拉伸断面微观分析

由图 5.7 可知，GY31 胶黏剂的拉伸断面比较光滑，裂纹走向单 ，且呈贯通状态；GY35 胶黏剂的拉伸断面与 GY31 相比，具有更明显的塑性变形；GY34 胶黏剂的拉伸断面具有较多的短小微裂纹，且断面粗糙度显著增加，显示出更好的韧性。

5.3.1.3　动态热力学性能

图 5.8 给出了采用不同混掺比例固化剂的胶黏剂的动态热力学性能测试结果。由图 5.8(a) 可知，当仅采用缩胺 105 固化剂或采用缩胺 105 与聚醚胺 D230 混掺时，胶黏剂的储能模量相差较小；当仅采用聚醚胺 D230 固化剂时，胶黏剂的储能模量显著降低。GY31 与 GY35 胶黏剂基于储能模量的玻璃化转变温度

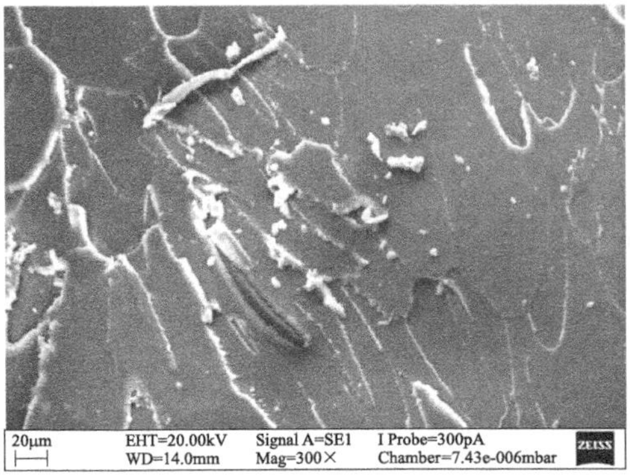

(a) GY31

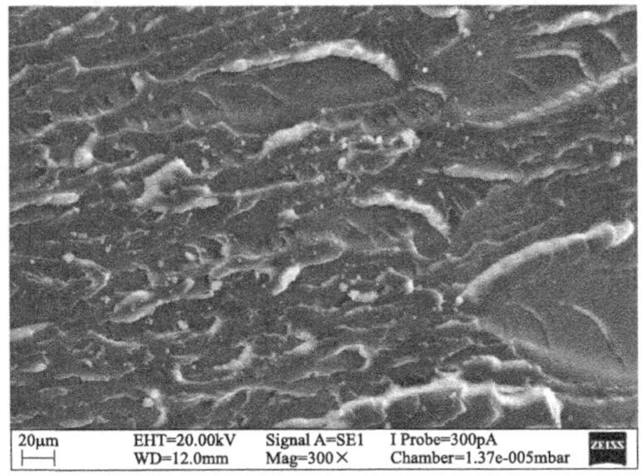

(b) GY34

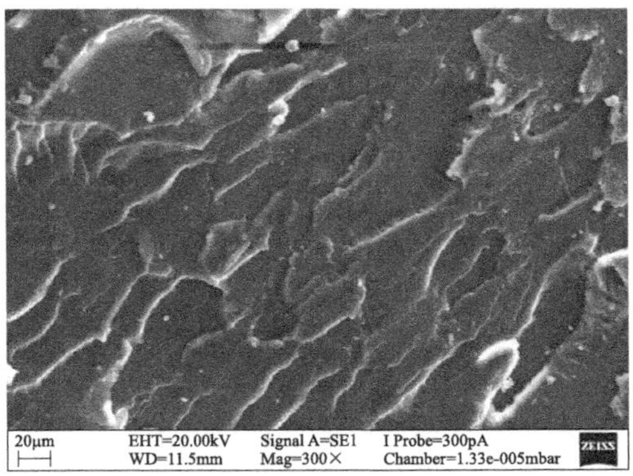

(c) GY35

图 5.7　胶黏剂拉伸断面电镜扫描图

$T_{g,S}$（即储能模量曲线上拐角切线的交点对应的温度）分别为 92.9℃和 56.3℃，GY34 的 $T_{g,S}$ 介于两者之间，为 71.0℃。由图 5.8(b) 可知，随混掺固化剂中聚醚胺 D230 比重的增加，胶黏剂的损耗模量峰值先升高后降低，GY34 具有最大的损耗模量峰值；基于损耗模量的玻璃化转变温度 $T_{g,L}$（即损耗模量曲线峰值对应的温度）随聚醚胺 D230 比例的增加逐渐降低，GY31 的 $T_{g,L}$ 高达 94.9℃，GY35 的 $T_{g,L}$ 仅为 56.3℃，GY34 的 $T_{g,L}$ 介于两者之间，为 72.6℃。由图 5.8(c) 可知，随混掺固化剂中聚醚胺 D230 比重的增加，胶黏剂的损耗因子峰值先降低后升高（损耗因子越大表示材料的黏性越大，损耗因子越小表示材料的弹性越大）；GY31 与 GY35 胶黏剂基于损耗因子的玻璃化转变温度 $T_{g,T}$（即损耗因子曲线峰值对应的温度）分别为 105.3℃和 68.7℃，GY34 的 $T_{g,L}$ 介于两者之间，为 85.8℃。

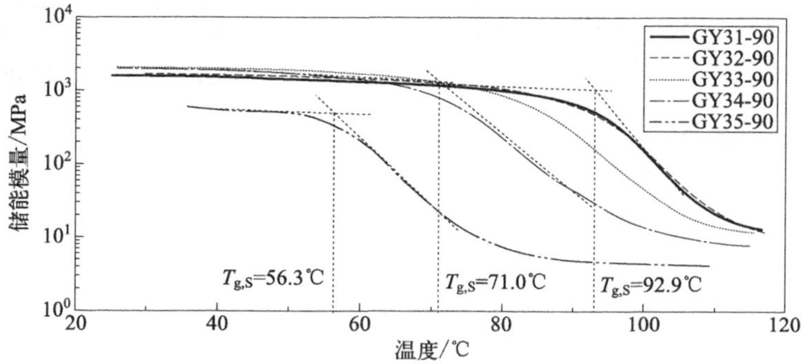

(a) 储能模量

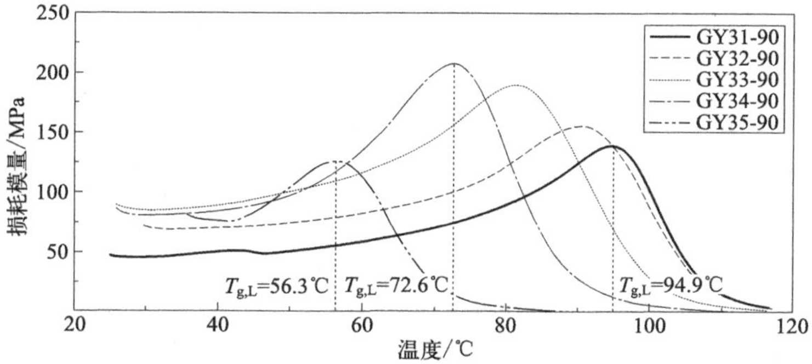

(b) 损耗模量

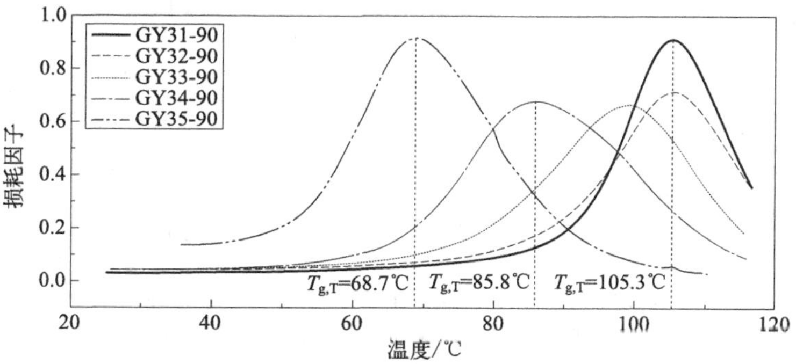

(c) 损耗因子

图 5.8　胶黏剂的 DMA 动态热力学分析曲线

5.3.2　CFRP 板/钢板搭接试件界面性能

5.3.2.1　破坏模式与荷载-位移关系

各试件的胶层厚度、破坏时夹持端与加载端之间的最大位移及峰值荷载及破坏模式见表 5.3，典型破坏模式的照片见图 5.9。

表 5.3 固化剂对 CFRP 板/钢板双搭接试件试验结果的影响

试件编号	胶层厚度 T_a/mm	极限位移/mm		极限荷载/kN		平均黏结强度/MPa		破坏模式
		D_{max}	平均值	P_{max}	平均值	$\bar{p}_{max}$	平均值	
GY31-1.4-90-70-1	1.09	2.29	2.11	109.30	101.87	5.47	5.10	b/d
GY31-1.4-90-70-2	1.12	2.28		92.99		4.65		b/d
GY31-1.4-90-70-3	1.05	1.76		103.32		5.17		b/d
GY32-1.4-90-70-1	1.05	2.02	1.89	96.98	90.43	4.85	4.52	d
GY32-1.4-90-70-2	1.08	1.97		95.08		4.75		d
GY32-1.4-90-70-3	1.10	1.69		79.24		3.96		d
GY33-1.4-90-70-1	1.04	3.56	4.02	160.11	171.12	8.01	8.56	d
GY33-1.4-90-70-2	1.09	4.31		179.24		8.96		d
GY33-1.4-90-70-3	1.12	4.20		174.02		8.70		d
GY34-1.4-90-70-1	1.06	5.16	4.99	211.18	207.85	10.56	10.39	d
GY34-1.4-90-70-2	1.09	4.85		205.64		10.28		d
GY24-1.4-90-70-3	1.12	4.98		206.73		10.34		d
GY35-1.4-90-70-1	1.11	3.92	3.76	135.84	126.41	6.79	6.32	d
GY35-1.4-90-70-2	1.05	3.61		115.38		5.77		d
GY35-1.4-90-70-3	1.07	3.75		128.01		6.40		b/d
GY34-2.0-90-70-1	1.0	6.71	7.06	225.40	229.15	11.27	11.46	b
GY34-2.0-90-70-2	1.0	7.46		232.59		11.63		a/b
GY34-2.0-90-70-3	1.0	7.02		229.46		11.47		a/b
GY34-2.0-90-25-1	1.0	4.42	4.01	204.20	205.10	10.21	10.26	d
GY34-2.0-90-25-2	1.0	4.69		208.99		10.45		d
GY34-2.0-90-25-3	1.0	4.11		202.11		10.11		d

注：试件名称 GY **-**-**-** 中，第一个"-"前面的数字为胶黏剂名称（如 GY34）；第一个"-"后面的数字为 CFRP 板的厚度（如 2.0）；第二个"-"后面的数字为固化温度（如 90）；第三个"-"后面的数字为服役温度（如 55）；第四个"-"后面的数字为同一组试件的编号（如 1）。破坏模式中，a 为 CFRP 板与胶层界面破坏；b 为钢板与胶层界面破坏；d 为 CFRP 板层离破坏。

由图 5.9 可知，固化剂种类与掺量对搭接试件高温下的破坏模式有一定影响。基于单一缩胺 105 固化剂的 GY31-1.4-90-70 试件的破坏模式为界面破坏（钢与胶界面及 CFRP 与胶界面）及 CFRP 板层离破坏的混合形式［图 5.9(a)］；基于单一聚醚胺 D230 固化剂的 GY35-1.4-90-70 试件的破坏模式为 CFRP 板层离破坏，且 CFRP 板出现了爆丝现象［图 5.9(e)］；当两种固化剂按不同比例混掺时，基于 1.4mm 厚 CFRP 板的搭接试件均为 CFRP 板层离破坏［图 5.9(b)～(d)］，说明界面胶黏剂的黏结强度高于 1.4mm 厚度 CFRP 板的层间剪切强度。

但是，采用 2.0mm 厚度 CFRP 板时，高温环境下，搭接试件的破坏模式出现了钢板与胶层界面破坏［图 5.9(f)］，说明 70℃环境下 2.0mm 厚度 CFRP 板的层间剪切强度高于界面胶黏剂的黏结强度。采用 2.0mm 厚度 CFRP 板时，室温环境下，搭接试件的破坏模式仍为 CFRP 板层离破坏［图 5.9(g)］，说明室温环境下界面胶黏剂黏结强度高于 2.0mm 厚度 CFRP 板的层间剪切强度。

(a) GY31-1.4-90-70

(b) GY32-1.4-90-70

(c) GY33-1.4-90-70

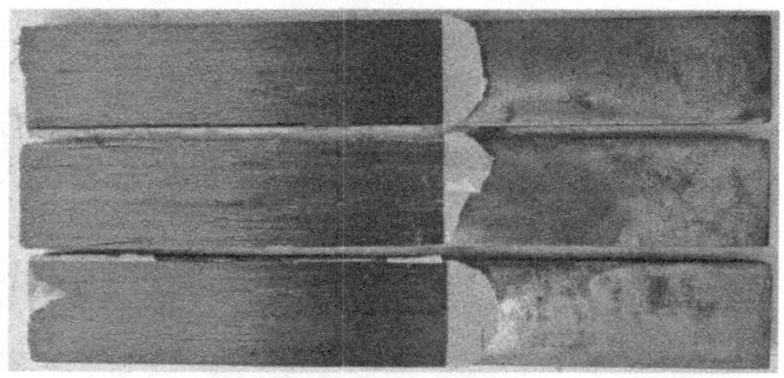
(d) GY34-1.4-90-70

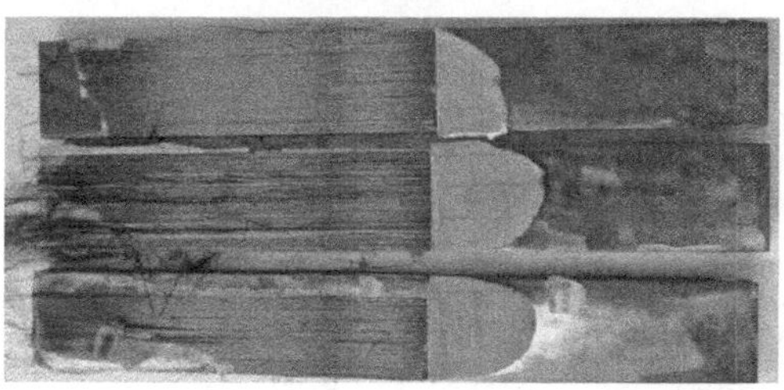
(e) GY35-1.4-90-70

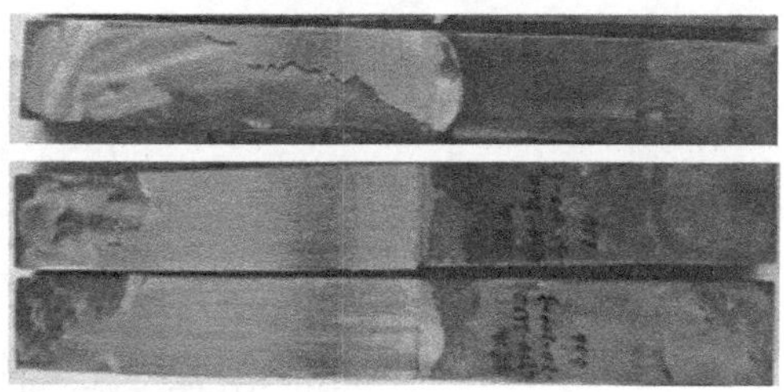
(f) GY34-2.0-90-70

(g) GY34-2.0-90-25

图 5.9　CFRP/钢界面破坏模式

由表 5.3 可知，固化剂的混掺对高温环境下搭接试件的极限承载力及最大位移有显著影响。基于单一缩胺 105 固化剂的胶黏 CFRP 板/钢板搭接试件 GY31-1.4-90-70 的极限承载力和最大位移为 101.87kN、2.11mm。基于单一聚醚胺 D230 固化剂的胶黏 CFRP 板/钢板搭接试件 GY35-1.4-90-70 的极限承载力和最大位移为 126.41kN、3.76mm。当缩胺 105 与聚醚胺 D230 按 1∶2 的比例混掺时，对应的搭接试件 GY34-1.4-90-70 具有最大的极限承载力和极限位移，为 207.85kN、4.63mm，承载能力较 GY31-1.4-90-70 试件提升了 104.03%，较 GY35-1.4-90-70 试件提升了 64.43%，提升幅度非常明显。而采用缩胺 105 与聚醚胺 D230 按 2∶1 的比例混掺时，对应的搭接试件 GY32-1.4-90-70 的极限承载力仅为 90.43kN，与采用单一固化剂的搭接试件相比，略有降低。GY34-2.0-90-70 试件与 GY34-1.4-90-70 试件相比，采用 2.0mm 厚的 CFRP 板，使搭接试件在高温下的极限承载能力进一步提升了 10.25%。另外，GY34-2.0-90-70 试件与 GY34-2.0-90-25 试件相比，在 70℃高温环境下搭接试件的极限承载能力比室温环境下提升了 11.73%，究其原因，是因为高温环境下胶黏剂发生软化，使搭接界面及 CFRP 板层间受力更加均匀，具有更长的有效黏结长度。

图 5.10 为搭接试件在拉伸过程中的荷载-位移曲线。基于单一缩胺 105 固化剂的胶黏 GY31-1.4-90-70 试件在整个加载过程中，荷载随位移基本呈线性增加；基于单一聚醚胺 D230 固化剂的胶黏 GY35-1.4-90-70 试件在加载初期，荷载随位移呈线性增加，加载后期，荷载随位移增长的速率逐渐减慢，且随搭接面的剥离，曲线出现跳跃现象，与 GY31-1.4-90-70 试件相比，最大位移值也明显增大，表现出较好的延性；基于缩胺 105 与聚醚胺 D230 按 1∶2 的比例混掺固化剂的

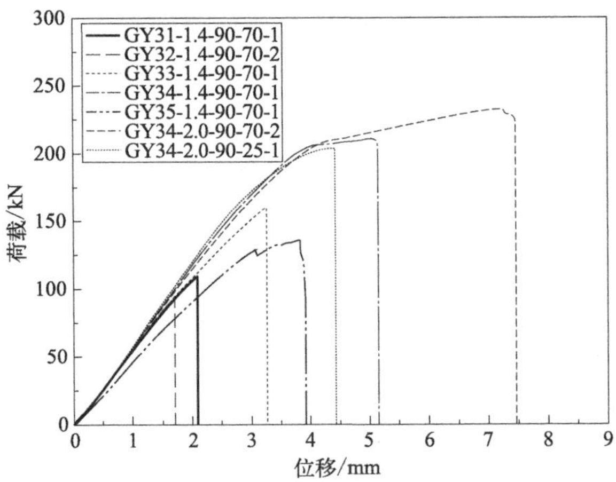

图 5.10 CFRP 板/钢板双搭接试件荷载-位移曲线

胶黏 GY34-1.4-90-70 试件，在加载后期，荷载-位移曲线的斜率非常小，出现屈服阶段，承载能力和延性均大幅提升。采用 2.0mm 厚度 CFRP 板的 GY34-2.0-90-70 试件与采用 1.4mm 厚度 CFRP 板的 GY34-1.4-90-70 试件相比，极限位移显著提升，屈服平台也明显增长，另外，搭接试件在高温环境下的极限位移也明显大于室温环境下的极限位移。

5.3.2.2　CFRP 板表面应变分布

图 5.11(a)～(g) 给出了加载过程中代表试件 CFRP 板表面的应变分布。由图可知：①在界面剥离发生前，仅在钢板自由端附近出现较大应变；随荷载增加，钢板自由端附近应变增加幅度更大（较其他位置），应变曲线水平段逐渐减短，应力传递长度逐渐变长。②基于单一缩胺 105 固化剂的胶黏 GY31-1.4-90-70 试件仅在钢板自由端小范围内出现较大应变梯度［图 5.11(a)］，距钢板自由端 5mm 处，最大应变为 4564$\mu\varepsilon$，距钢板自由端 15mm 处，最大应变迅速降为 3806$\mu\varepsilon$，距钢板自由端 90mm 之后，应变曲线基本水平；而基于单一聚醚胺 D230 固化剂的胶黏 GY35-1.4-90-70 试件除极限荷载或者接近极限荷载下钢板自由端应变分布出现平台段外，整个搭接范围内均出现较大应变梯度［图 5.11(e)］，距钢板自由端 5mm 处，最大应变为 3753$\mu\varepsilon$，距钢板自由端 35mm 处，最大应变增加到 4057$\mu\varepsilon$，然后随距钢板自由端距离的增加，最大应变逐渐减小；钢板自由端附近应变分布出现平台段，说明胶黏界面韧性较好，远离自由端的应变分布水平段短，说明传递长度较长。当两种固化剂按不同的比例混掺时［图 5.11(b)～(d)］，应变分布规律大体介于两者之间。③当两种固化剂按 1∶2 的比例复配时，对应的 GY34-1.4-90-70 试件具有最大的极限应变（距钢板自由端 15mm 处达 9180$\mu\varepsilon$，分别为 GY31、GY35 的 2.011 倍和 2.262 倍）及应变传递长度，钢板自由端界面局部剥离时，应变会继续向 CFRP 板自由端传递，试件不会突然断裂，具有较好的延性变形。④基于 GY34 的室温环境下 CFRP 板表面的应变传递长度明显减小［图 5.11(f)（g)］，距钢板自由端 120mm 之后，应变曲线基本水平，同时应变峰值也有小幅度减小。

5.3.2.3　CFRP 板/钢板界面剪应力分布

通过布置在 CFRP 板表面的应变片可求取相邻测点 i 和测点 $i-1$ 间的界面平均剪应力，公式为[124]：

$$\tau_{i-1/2}=\frac{\Delta\varepsilon_i E_P t_p}{\Delta l_i}=\frac{(\varepsilon_i-\varepsilon_{i-1})E_P t_P}{l_i-l_{i-1}} \tag{5.1}$$

式中，$\Delta\varepsilon$ 为测点 i 与测点 $i-1$ 处应变的差值；Δl_i 是测点 i 与测点 $i-1$ 之间的距离；ε_i 是 CFRP 板表面测点 i 处的应变；l_i 是测点 i 距 CFRP 板端的距离；E_P 与 t_P 分别是 CFRP 板的弹性模量和厚度。

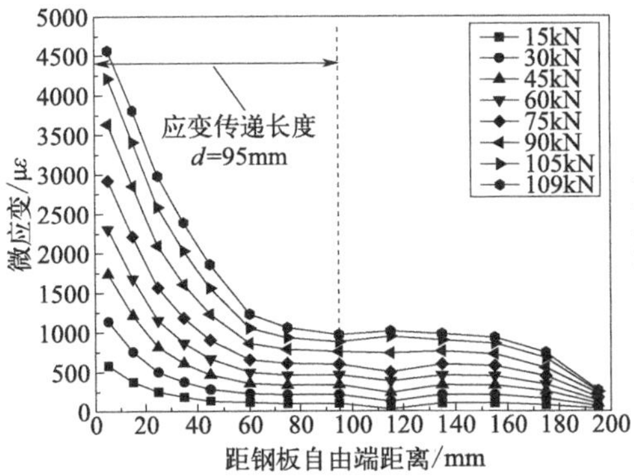

(a) GY31-1.4-90-70

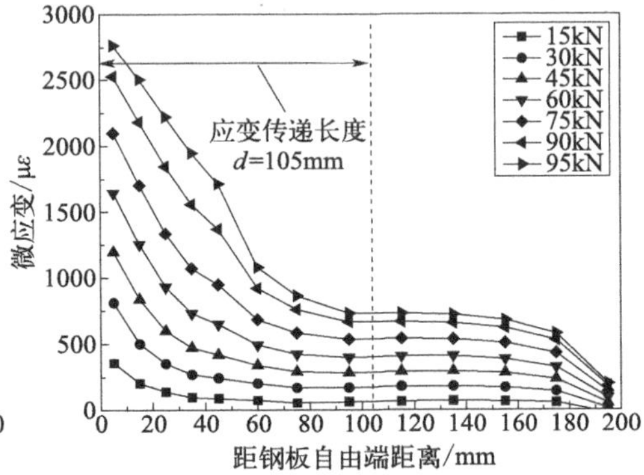

(b) GY32-1.4-90-70

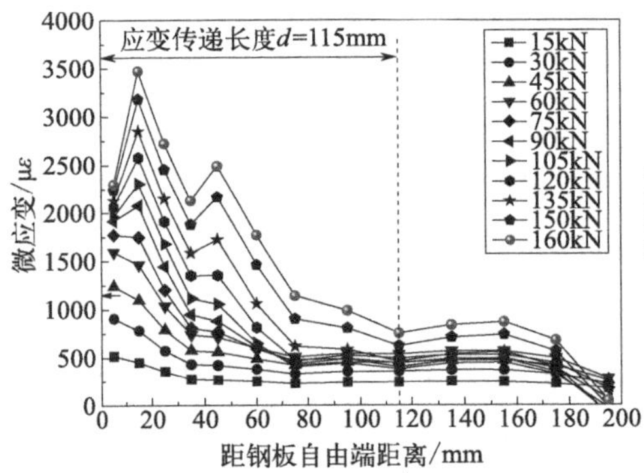

(c) GY33-1.4-90-70

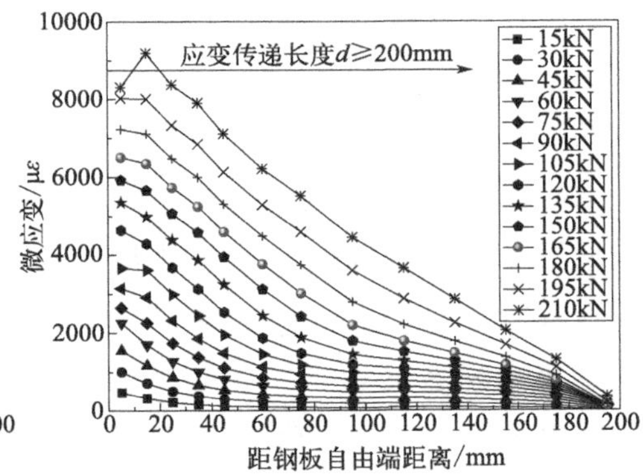

(d) GY34-1.4-90-70

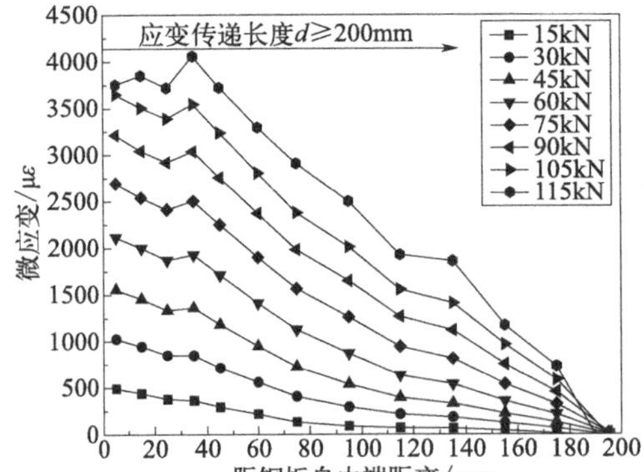

(e) GY35-1.4-90-70

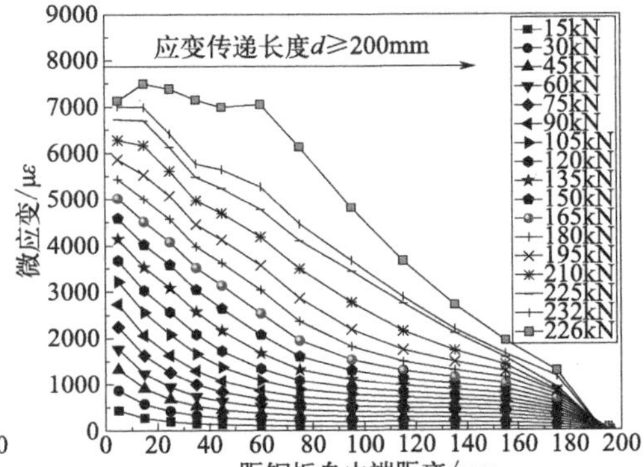

(f) GY34-2.0-90-70

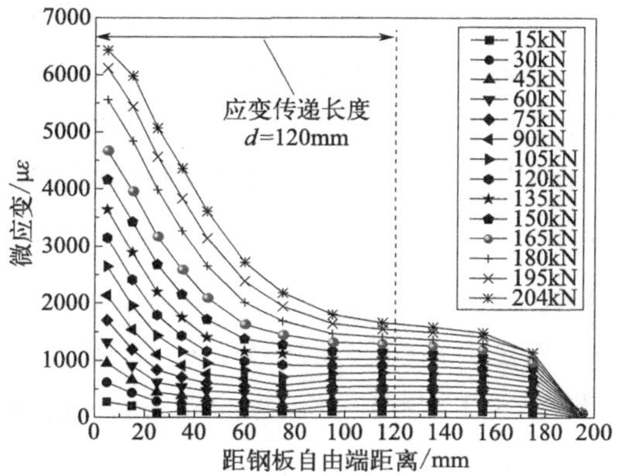

(g) GY34-2.0-90-25

图 5.11 CFRP 板表面应变分布

代表试件在加载过程中界面的剪应力分布见图 5.12(a)～(g)。由图可知：①在加载初期，仅在搭接区域的两端出现较大剪应力；随荷载的增加，钢板自由端剪应力逐渐增加，剪应力传递长度也逐渐变长。②GY31-1.4-90-70 试件仅钢板自由端小范围内出现较大剪应力［图 5.12(a)］，距钢板自由端 20mm 处，最大剪应力为 18.64MPa，距钢板自由端 85mm 处剪应力基本降为 0，可见其有效黏结长度为 85mm；GY35-1.4-90-70 试件的剪应力在整个搭接长度内分布比较均匀［图 5.12(e)］，但剪应力峰值较小，距钢板自由端 40mm 处，最大剪应力为 7.58MPa，距钢板自由端 185mm 处，最大剪应力进一步增加到 11.25MPa，其有效黏结长度已超过 200mm；GY32-1.4-90-70 试件界面最大剪应力峰值出现在距钢板自由端 52.5mm 处［图 5.12(b)］，为 9.55MPa，距钢板自由端 105mm 处剪应力基本降为 0，可见其有效黏结长度为 105mm；GY33-1.4-90-70 试件的界面最大剪应力峰值出现在距钢板自由端 20mm 处［图 5.12(c)］，为 16.90MPa，距钢板自由端 125mm 处剪应力基本降为 0，可见其有效黏结长度为 125mm；GY34-1.4-90-70 试件的剪应力在整个搭接长度内分布比较均匀［图 5.12(d)］，剪应力峰值也较大，距钢板自由端 20mm 处，最大剪应力为 18.18MPa，距钢板自由端 185mm 处，最大剪应力仍高达 10.69MPa，可见其有效黏结长度已超过 200mm。综上可知，基于单一缩胺 105 固化剂的胶黏搭接试件（GY31-1.4-90-70）具有较大剪应力峰值，但有效黏结长度较短；基于单一聚醚胺 D230 固化剂的胶黏搭接试件（GY35-1.4-90-70）具有较长的有效黏结长度，但剪应力峰值显著降低，仅为 GY31-1.4-90-70 试件的 0.60 倍；当两种固化剂按不同的比例混掺时，随聚醚胺 D230 比例的增加，搭接试件的有效黏结长度显著增加，且剪应力峰值基本不降低，GY34-1.4-90-70 试件的剪应力峰值与

GY31-1.4-90-70 试件基本相当，但有效黏结长度为其 2.5 倍以上。③基于 GY34 胶黏剂的搭接试件在室温环境下的有效黏结长度为 120mm［图 5.12(f)］，在 70℃高温环境下有效黏结长度已超过 200mm［图 5.12(g)］。后者大于前者，是因为 70℃环境下胶黏剂发生软化，但并未超过胶黏剂的玻璃化转变温度。

5.3.2.4　黏结-滑移曲线

假定搭接试件 CFRP 板自由端滑移量为 0，并忽略钢板的轴向变形，依据实测应变数据，从 CFRP 板自由端端部到测点 i 对 CFRP 板表面应变进行数值积分，能获得测点 i 与测点 $i-1$ 之间中点位置的界面局部滑移量 $S_{i-1/2}$：

$$S_{i-1/2}=\frac{\varepsilon_i+\varepsilon_{i-1}}{4}(l_i-l_{i-1})+\frac{\varepsilon_{i-1}+\varepsilon_{i-2}}{2}(l_{i-1}-l_{i-2})+\sum_{i=3}^{i}\frac{\varepsilon_{i-2}+\varepsilon_{i-3}}{2}(l_{i-2}-l_{i-3}) \tag{5.2}$$

由公式(5.1) 与公式(5.2) 联合可获得试件相邻测点间中点处在加载过程中剪应力与滑移量的关系。距离钢板自由端 20mm 处黏结层经历了整个损伤发展

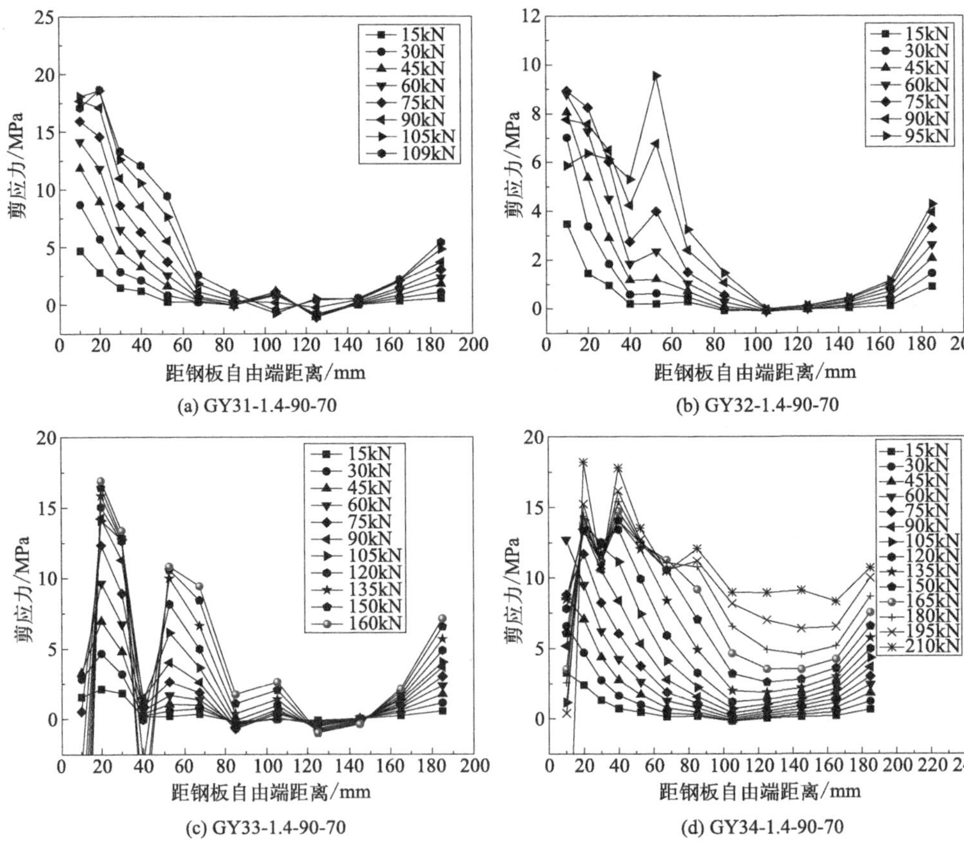

(a) GY31-1.4-90-70　(b) GY32-1.4-90-70

(c) GY33-1.4-90-70　(d) GY34-1.4-90-70

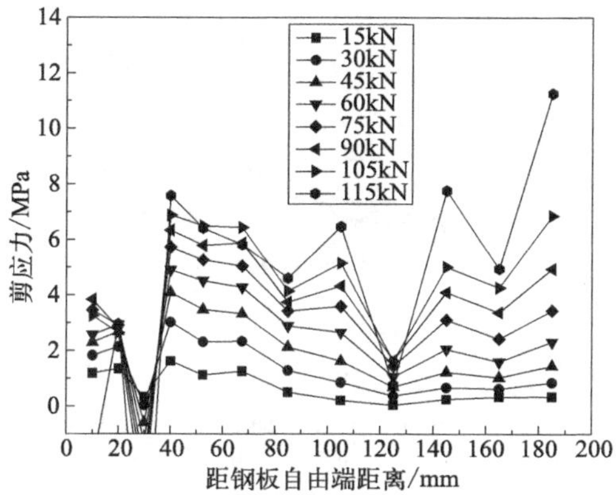

(e) GY35-1.4-90-70

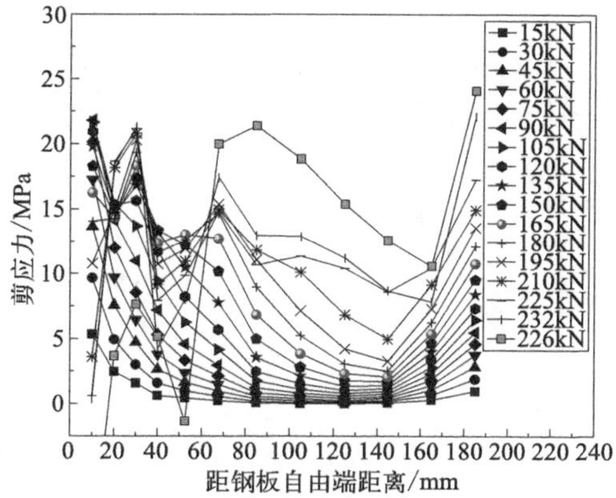

(f) GY34-2.0-90-70

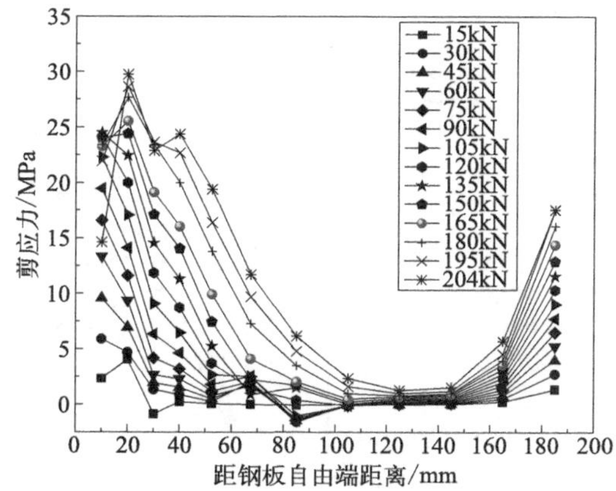

(g) GY34-2.0-90-25

图 5.12　CFRP 板/钢板界面剪应力分布

过程，且数据较为稳定，故可选取距离 20mm 处的剪应力和对应滑移量数据绘于图 5.13，得到界面的黏结-滑移关系。

由图 5.13 可知，固化剂混掺对高温环境下搭接试件的黏结-滑移本构影响明显。基于单一缩胺 105 固化剂的胶黏搭接试件界面剪切强度较高，但相对滑移量较小，界面韧性较差；基于单一聚醚胺 D230 固化剂的胶黏搭接试件界面滑移量明显增大，GY35-1.4-90-70 试件界面极限滑移较 GY31-1.4-90-70 试件提升了 59.25%，具有较好界面韧性，但剪切强度明显降低，降低了 48.62%；当两者按 1∶2 的比例混掺时，搭接试件在保持较高界面剪切强度的同时，韧性大幅度提升，GY34-1.4-90-70 试件剪应力峰值较 GY35-1.4-90-70 试件提升了 78.56%，极限滑移较 GY35-1.4-90-70 试件提升了 18.84%。可见，采用缩胺 105 与聚醚胺 D230 按 1∶2 的比例混掺时，发挥了两种固化剂的协同作用，为固化剂混掺的最佳掺量。

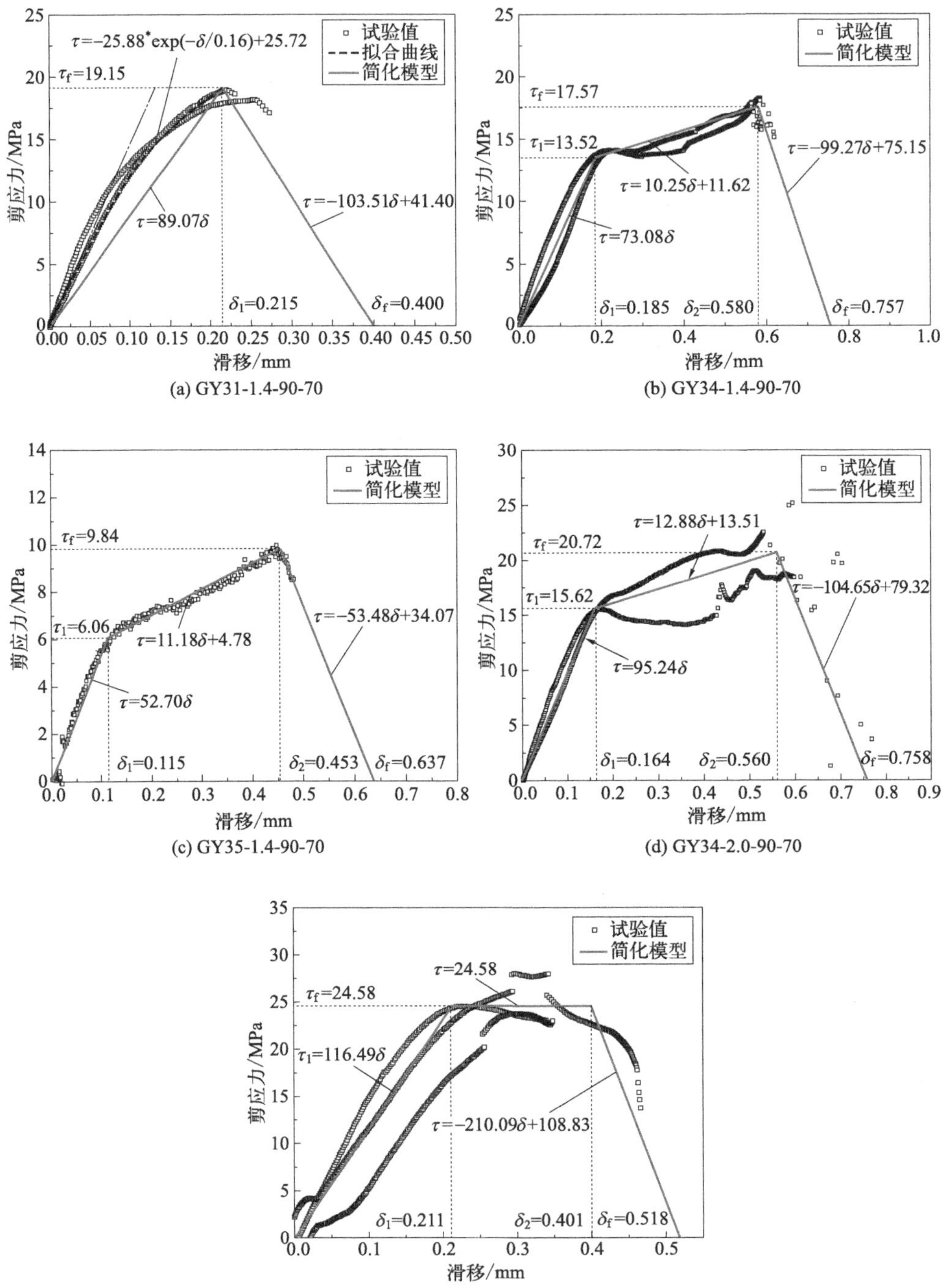

图 5.13 CFRP 板/钢板界面黏结-滑移曲线

高温环境下，GY31-1.4-90-70 试件的黏结-滑移本构可简化为双线性三角形模型；GY34-1.4-90-70、GY34-2.0-90-70 及 GY35-1.4-90-70 试件的黏结-滑移本构可简化为三线性四边形模型，第二阶段（屈服阶段）剪应力存在小幅度上升。GY34-1.4-90-70、GY34-2.0-90-70 试件的剪应力峰值 τ_f 较屈服剪应力 τ_1 提升了 30%左右，GY35-1.4-90-70 试件的剪应力峰值 τ_f 较屈服剪应力 τ_1 提升了 60%左右，若简化成三线性梯形（即第二阶段采用水平曲线）会有较大误差，因此需采用具有一定上升斜率的直线来简化，其黏结-滑移本构表达式可写为：

$$
\begin{cases}
\tau=\dfrac{\tau_f}{\delta_1}\cdot\delta & \delta\leqslant\delta_1 \\
\tau=\dfrac{\tau_f(1-\delta_1)-\tau_1(1-\delta_2)}{\delta_2-\delta_1}\cdot\delta & \delta_1<\delta\leqslant\delta_2 \\
\tau=\dfrac{\tau_f}{\delta_f-\delta_2}(\delta_f-\delta) & \delta_2<\delta\leqslant\delta_f \\
0 & \delta_f<\delta
\end{cases}
\tag{5.3}
$$

室温环境下，GY34-2.0-90-25 试件的黏结-滑移曲线可简化成三线性梯形，第二阶段为水平段，屈服剪应力与剪应力峰值基本相等。

将图 5.13 中（a）～（e）的拟合曲线汇于同一图中（图 5.14）。根据图 5.14，可计算搭接界面刚度 $K=\tau_f/\delta_1$（式中，δ_1 为本构模型弹性上升段峰值的滑移量），计算结果列入表 5.4 中。

表 5.4　CFRP 板/钢板界面黏结-滑移本构参数的比较

参数	GY31-1.4-90-70	GY34-1.4-90-70	GY35-1.4-90-70	GY34-2.0-90-70	GY34-2.0-90-25
最大弹性剪应力 τ_1/MPa	—	13.52	6.06	15.62	24.58
极限剪应力 τ_f/MPa	19.15	17.57	9.84	20.72	24.58
最大弹性滑移 δ_1/mm	0.215	0.185	0.115	0.164	0.211
最大屈服滑移 δ_2/mm	—	0.580	0.453	0.560	0.401
滑移极限 δ_f/mm	0.400	0.575	0.637	0.758	0.518
界面刚度 K/(MPa/mm)	89.07	73.08	52.70	95.24	116.49
界面断裂能 G_f/(MPa·mm)	3.830	8.946	3.941	10.527	8.701

注：τ_1 为最大弹性剪应力；τ_f 为极限剪应力；δ_1 为最大弹性滑移；δ_2 为最大屈服滑移；δ_f 为极限滑移；K 为界面刚度；G_f 为界面断裂能。

由图 5.14 和表 5.4 可知，搭接试件采用 1.4mm 厚度 CFRP 板时，随混掺固化剂中聚醚胺 D230 比重的增加，搭接试件的界面刚度逐渐降低，GY34-1.4-90-70 试件的界面刚度仅为 GY31-1.4-90-70 试件的 0.56 倍；界面断裂能先增大后减小，GY34-1.4-90-70 试件具有最大界面断裂能 9.304MPa・mm，为 GY31-1.4-90-70 试件的 1.82 倍。采用 2.0mm 厚度 CFRP 板的 GY34-2.0-90-70 试件的黏结-滑移本构与采用 1.4mm 厚度 CFRP 板的 GY34-1.4-90-70 试件相比，表明增加 CFRP 板的厚度，搭接试件的界面刚度、剪应力峰值均有小幅度提升，但黏结-滑移本构形状不改变。GY34-2.0-90-70 试件的黏结-滑移本构与 GY34-2.0-90-25 试件的相比，表明高温环境会导致界面刚度及剪应力峰值减小，但极限滑移显著增大。

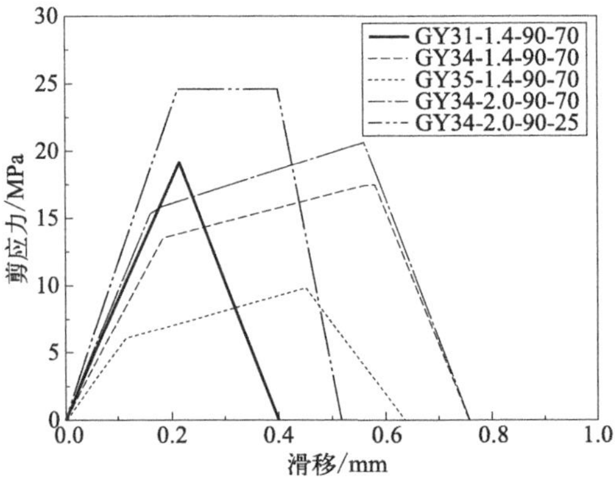

图 5.14 CFRP 板/钢板界面黏结-滑移曲线比较

5.3.3 研制胶黏剂的耐高温性能评价

5.3.3.1 胶黏剂胶体耐高温性能比较

上述研究可知，采用 GY34 胶黏剂的 CFRP 板/钢板搭接试件具有较好的界面性能，本节采用动态热机械分析仪（DMA）测试了该胶黏剂采用不同固化工艺（25℃ 7d 对应编号为 GY34-25，90℃ 2h 对应编号为 GY34-90——前文已给出，110℃ 2h 对应编号为 GY34-110）固化后的储能模量、损耗模量、损耗因子随温度的变化曲线，见图 5.15。由图 5.15 可知，固化温度对胶黏剂的动态热力学性能有一定影响，随固化温度提高，胶黏剂的固化反应更加充分，交联密度更大，从储能模量曲线可看出，胶黏剂由玻璃态转变为橡胶态时需要更高的环境温度，玻璃化转变区间也增大。相应的损耗模量及损耗因子也在更高的环境温度下才达到峰值。根据切线法、损耗模量法及损耗因子法三种方法得到的玻璃化转变温度 $T_{g,S}$，$T_{g,L}$，$T_{g,T}$ 见表 5.5。由表可知，三种方法得到的玻璃化转变温度均表现为随固化温度的升高而增加，且存在 $T_{g,S}<T_{g,L}<T_{g,T}$ 的关系。

表 5.5　胶黏剂 GY34 的玻璃化转变温度　　单位:℃

胶黏剂固化温度	切线法	损耗模量法	损耗因子法
	$T_{g,S}$	$T_{g,L}$	$T_{g,T}$
GY34-25(25℃7d)	68.09	70.69	79.5
GY34-90(90℃2h)	71.0	72.6	85.8
GY34-110(110℃2h)	70.4	75.3	89.8

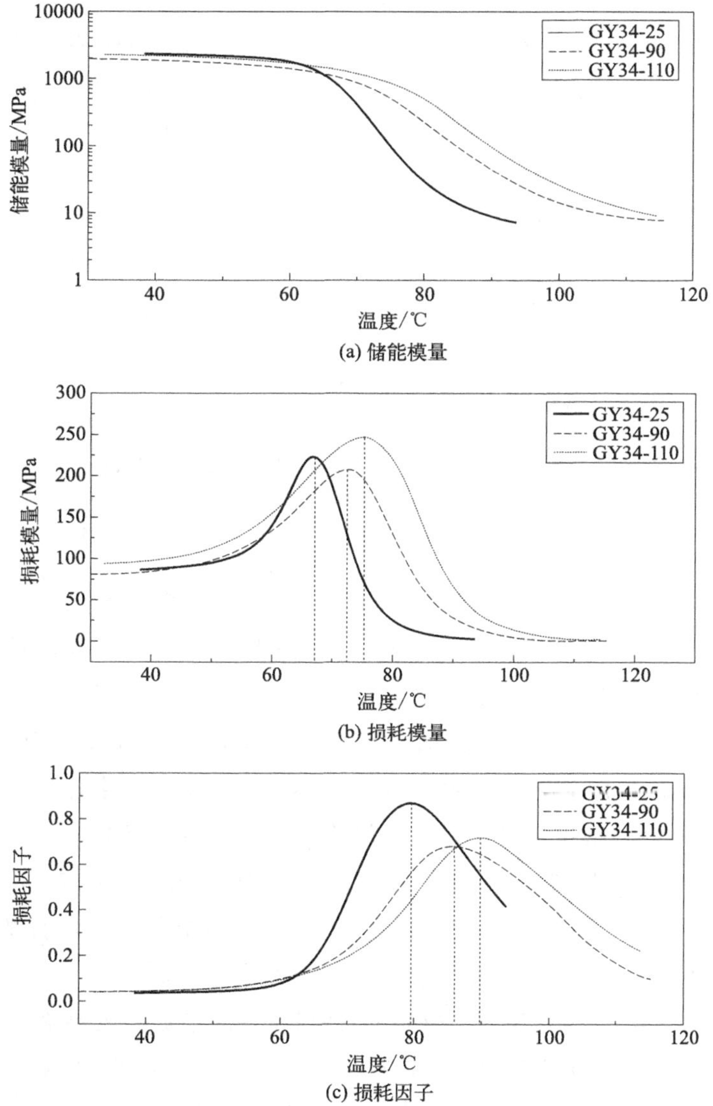

(a) 储能模量
(b) 损耗模量
(c) 损耗因子

图 5.15　胶黏剂的 DMA 动态热力学分析曲线

图 5.16 给出了 GY34 胶黏剂在不同服役温度下的应力-应变曲线。由图可知，环境温度对胶黏剂的应力-应变曲线影响非常明显。随环境温度的升高，分子链运动加剧，胶黏剂逐步变软变韧，断裂强度下降，断裂伸长率增加。在 25℃及 40℃环境下，曲线在达到屈服点后，应变继续增加，应力反而有稍许下跌的现象，具有一定的应变软化阶段，随后达到极限应变，试件被拉断，属于强而韧型；在 55℃及 70℃环境下，曲线在达到屈服点后，具有较长的塑性变形，包括应变软化、冷拉、应变硬化三个阶段；在 90℃环境下，试件在较小应力下，会产生持续增长的应变，曲线不存在明显屈服点，属于软而弱型。

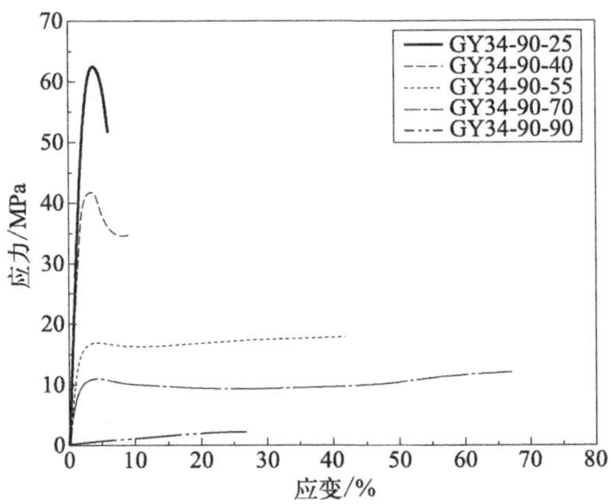

图 5.16 温度对 GY34 胶黏剂应力-应变曲线的影响

不同环境温度下 GY34 胶黏剂的力学性能主要指标与常用商品胶黏剂[121,177,178] 的比较，见图 5.17 及表 5.6。由图 5.17(a) 可知，随环境温度的升高，胶黏剂的拉伸强度均逐渐降低，温度在 20℃～55℃区间时，GY34 胶黏剂的拉伸强度显著高于其他胶黏剂，室温环境下，拉伸强度为其他胶黏剂的 1.82～3.77 倍。由图 5.17(b) 和表 5.6 可知，当环境温度未超过玻璃化转变温度 $T_{g,S}$ 时，随环境温度的升高，胶黏剂的断裂伸长率逐渐增大。温度在 20℃～40℃区间时，胶黏剂的断裂伸长率相差不大；20℃环境下均在 7%以下；40℃环境下均在 20%以下；温度在 40℃到 $T_{g,S}$ 区间时，断裂伸长率均明显增大；50℃环境下 S&P Resin 220 胶黏剂具有最大断裂伸长率 83.1%；70℃环境下 GY34 胶黏剂具有最大断裂伸长率 67.33%；温度超过 $T_{g,S}$ 后，胶黏剂由玻璃态进入高弹态，基本失去承受荷载的能力，在很小的荷载作用下即会断裂，因此断裂伸长率又明显降低。由图 5.17(c) 可知，随环境温度的升高，胶黏剂的应变能先增大后减小，图中 GY34 胶黏剂在不同温度下的应变能均明显大于其他胶黏剂，在 55℃时应变能达最大值，为其他胶黏剂的 1.75～43.22 倍。

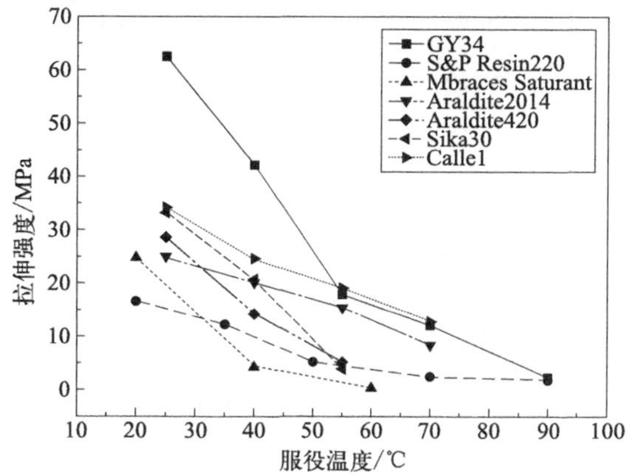

(a) 拉伸强度

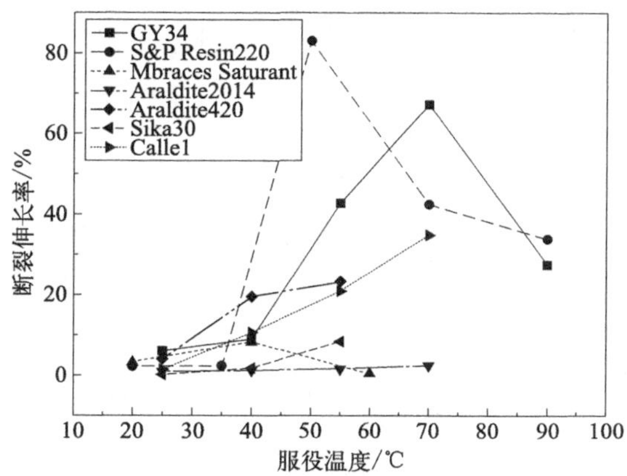

(b) 断裂伸长率

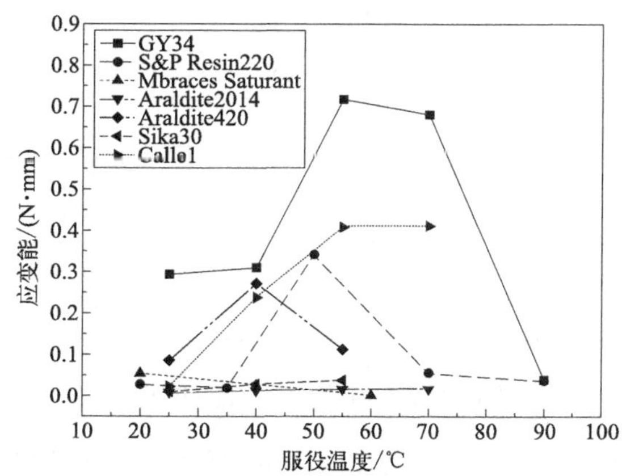

(c) 应变能

图 5.17　温度对不同胶黏剂的力学性能指标的影响比较

表 5.6　本书胶黏剂与商品胶黏剂的主要力学性能指标

胶黏剂	服役温度/℃	拉伸强度/MPa	断裂伸长率/%	弹性模量/MPa	应变能/(N·mm)	$T_{g,T}$
GY34	25	62.52	6.1	3012.30	0.2936	85.8
	40	42.15	9.01	2903.54	0.3092	
	55	17.86	42.80	1732.95	0.7175	
	70	12.08	67.33	1191.9	0.6806	
	90	2.29	27.57	71.84	0.0391	
S&P Resin 220[177]	20	16.6	2.25	8205.3	0.02835	60.0
	35	12.2	2.46	6318.2	0.01877	
	50	5.2	83.1	183.2	0.3421	
	70	2.5	42.5	82.9	0.05681	
	90	1.8	33.9	73.0	0.03741	
Mbraces Saturant[178]	20	24.8	3.27	1322.9	0.05518	59.2
	40	4.19	8.25	283.2	0.02561	
	60	0.346	0.554	100.1	0.00133	
Araldite 2014[121]	25	25.0	0.96	4140	0.0086	68.3
	40	20.1	1.17	3010	0.0126	
	55	15.4	1.60	2320	0.0166	
	70	8.4	2.45	1090	0.0169	
Araldite 420[121]	25	28.6	4.09	2260	0.0865	43.6
	40	14.2	19.50	855	0.2720	
	55	5.19	23.30	171	0.1130	
Sika30[121]	25	33.2	0.22	11130	0.0098	47.8
	40	20.7	1.81	4550	0.0284	
	55	3.93	8.40	376	0.0385	
Callel[121]	25	34.2	1.49	3520	0.0232	63.2
	40	24.6	10.60	2360	0.2380	
	55	19.1	20.90	1710	0.4090	
	70	12.8	34.90	752	0.4120	

5.3.3.2 胶黏 CFRP 板/钢板界面耐高温性能比较

本书研制的胶黏剂 GY34 与商品胶黏剂[179-181] 连接的 CFRP 板/钢板搭接试件在不同环境温度下的界面黏结-滑移本构模型绘于图 5.18，黏结-滑移本构参数列于表 5.7 中。

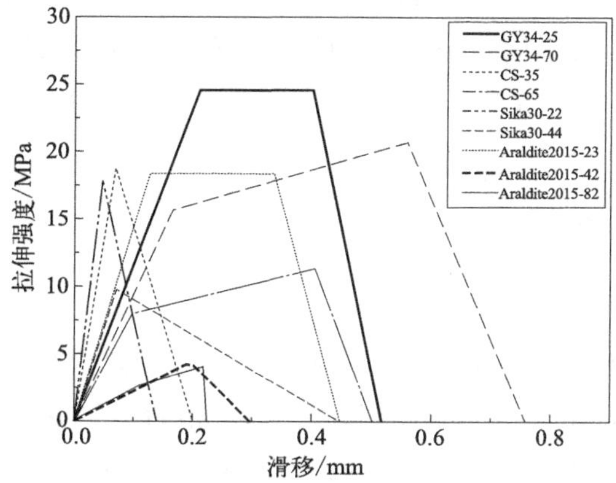

图 5.18　CFRP 板/钢板界面黏结-滑移本构模型的比较

表 5.7　CFRP 板/钢板界面黏结-滑移本构参数的比较

试件编号	τ_1/MPa	τ_f/MPa	δ_1/mm	δ_2/mm	δ_f/mm	K/(MPa/mm)	G_f/(MPa·mm)
GY34-2.0-90-25	24.58	24.58	0.211	0.401	0.518	116.49	8.701
GY34-2.0-90-70	15.62	20.72	0.164	0.56	0.758	95.24	10.527
CS-35[179]	—	18.9	0.068	—	0.201	277.53	0.1899
CS-65[179]	—	4.41	0.196	—	0.298	22.5	0.0657
Sika30-22[180]	—	18	0.046	—	0.138	388.77	1.242
Sika30-44[180]	—	9.79	0.071	—	0.45	137.89	2.203
Araldite2015-23[181]	18.4	18.4	0.126	0.336	0.447	146.03	6.044
Araldite2015-42[181]	8.03	11.4	0.099	0.405	0.5	80.95	3.911
Araldite2015-82[181]	2.64	4.08	0.111	0.218	0.224	23.78	0.36

注：τ_1 为最大弹性剪应力；τ_f 为极限剪应力；δ_1 为最大弹性滑移；δ_2 为最大屈服滑移；δ_f 为极限滑移；K 为界面刚度；G_f 为界面断裂能。

由图 5.18 可知，环境温度基本不改变搭接试件黏结-滑移本构形状，仅三线性梯形模型的第二阶段在高温环境下存在斜率上升现象。由表 5.7 可知，所有胶黏剂胶黏的 CFRP 板/钢板搭接试件均表现出随环境温度升高，界面刚度及剪应力峰值均减小，极限滑移增大的特性。采用本书研制的胶黏剂 GY34 的搭接接头在 70℃ 环境下的界面断裂能高于室温环境下，采用其他胶黏剂的搭接试件在高温环境下的界面断裂能较室温环境下均明显降低，说明胶黏剂 GY34 具有更强的耐高温性能。胶黏剂 GY34 胶黏的搭接接头的界面剪应力峰值在室温及高温环境下均明显高于其他胶黏剂胶黏的搭接试件；室温环境下为其他胶黏剂胶黏的搭接试件的 1.30～1.37 倍；70℃ 环境下为其他胶黏剂胶黏的搭接试件的 1.82～4.70

倍。胶黏剂 GY34 胶黏的搭接试件的极限滑移在室温及高温下也均大于其他胶黏剂胶黏的搭接试件，表明本书胶黏剂 GY34 胶黏的搭接试件的界面具有更好的延性。

5.4 本章小结

本章基于自主研制的纳米 SiO_2 环氧胶黏剂，通过改变其配方中缩胺 105 和聚醚胺 D230 两种固化剂的混掺比例，按 90℃2h 固化，进行了相应胶黏剂 70℃环境温度下的拉伸试验、CFRP 板/钢板搭接界面剪切拉伸试验和动态热力学性能测试。得到了可能较好地兼顾桥梁加固耐热性和韧性要求的固化剂混掺比例，进而研究了不同固化条件对两种固化剂该混掺比例的胶黏剂的玻璃化转变温度的影响，以及推荐固化条件下，该胶黏剂不同环境温度下的拉伸性能和黏结界面剪切性能，并与多种商品胶进行比较，得出了以下结论。

第一，针对自主研制的纳米 SiO_2 胶黏剂，兼顾桥梁加固耐热性和韧性要求的缩胺 105 和聚醚胺 D230 两种固化剂混掺的推荐比例为 1∶2，推荐固化条件为 90℃2h。

第二，推荐比例与推荐固化条件的纳米 SiO_2 胶黏剂具有较好耐热性能和力学性能：基于储能模量的玻璃化转变温度为 71℃；环境温度为 70℃时，拉伸强度为 12MPa，断裂伸长率为 67.5%，弹性模量为 1350MPa；环境温度为 25℃时，拉伸强度为 63MPa，断裂伸长率为 6.1%，弹性模量为 3012MPa；环境温度 20～70℃之间的拉伸强度和断裂应变能均大大优于常见商品胶黏剂，断裂伸长率也大大优于大多数常见商品胶黏剂。

第三，基于单一缩胺 105 固化剂的胶黏 CFRP 板/钢板搭接试件荷载-位移曲线呈线性关系；基于单一聚醚胺 D230 固化剂的胶黏 CFRP 板/钢板搭接试件在加载后期，荷载-位移曲线呈非线性关系，表现出较好的延性；基于推荐比例与推荐固化条件的纳米 SiO_2 胶黏剂胶黏 CFRP 板/钢板搭接试件在加载后期，荷载-位移曲线存在屈服阶段，承载能力（较采用单一缩胺 105 和单一聚醚胺 D230 固化剂的搭接试件分别提升了 104.03%、64.43%）和延性均大幅提升。

第四，基于单一缩胺 105 固化剂的胶黏 CFRP 板/钢板搭接试件具有较大剪应力峰值，但有效黏结长度较短；基于单一聚醚胺 D230 固化剂的胶黏 CFRP 板/钢板搭接试件具有较长的有效黏结长度，但剪应力峰值显著降低；当两种固化剂按不同的比例混掺时，随聚醚胺 D230 比例的增加，搭接试件的有效黏结长度显著增加，且剪应力峰值基本不降低，GY34-1.4-90-70 搭接试件的剪应力峰值与 GY31-1.4-90-70 搭接试件基本相当，但有效黏结长度为其 2.5 倍以上。

第五，基于推荐比例与推荐固化工艺的纳米 SiO_2 胶黏剂胶黏的 CFRP 板/钢板搭接接头，具有较好的耐热性能和力学性能：70℃服役温度下的平均剪切强度为 11.46MPa，极限位移为 7.06mm，极限荷载下剪应力分布较均匀，最大剪切强度为 20MPa，有效黏结长度超 200mm；25℃服役温度下的平均剪切强度为 10.26MPa，极限位移为 4.01mm，极限荷载下剪应力分布不均匀，最大剪应力约为 30MPa，有零应力区域，有效黏结长度为 120mm；两种温度下的黏结-滑移本构均为三线性四边形。相比于常用商品胶黏剂，自主研制的推荐胶黏剂胶黏的 CFRP 板/钢板搭接接头具有优越得多的承载能力和界面断裂能。

第6章 基于推荐配比胶黏剂的CFRP板/钢板界面性能的温度影响

6.1 引言

本书第四、五章已对纳米 SiO_2 的掺量和固化剂种类、掺量对胶黏剂力学性能及胶黏 CFRP 板/钢板的界面性能进行了研究，得出了采用单一缩胺 105 固化剂时，胶黏剂中纳米 SiO_2 的最佳掺量，及采用缩胺 105 及聚醚胺 D230 两种固化剂进行混掺的推荐配比［配比 1 为纳米 SiO_2 掺量为 1.0％（质量分数），固化剂为缩胺 105，室温固化；配比 2 为纳米 SiO_2 掺量为 0.5％（质量分数），固化剂为缩胺 105 与聚醚胺 D230 按 1∶2 混掺，90℃固化 2h］。

因此，本章基于前面的研究工作，针对两种推荐配比的纳米 SiO_2 环氧胶黏剂，制作了 39 个胶黏剂拉伸试件、18 个胶黏剂弯曲试件，进一步研究了环境温度变化对胶黏剂的基本力学性能（应力-应变关系、拉伸强度、弹性模量、断裂伸长率、应变能、弯曲强度、弯曲弹模等）的影响；制作了 27 个胶黏 CFRP 板/钢板双搭接试件，对其进行了不同环境温度下的承载能力、破坏模式、传力模式、黏结-滑移本构等试验研究，得出了环境温度对基于两种推荐配比的纳米 SiO_2 环氧胶黏剂的胶黏 CFRP 板/钢板搭接接头的界面黏结性能的影响规律，通过对不同环境温度下的极限承载力及黏结-滑移本构参数（剪应力峰值、界面刚度、相对滑移、界面断裂能等）进行线性拟合，建立了搭接试件在不同环境温度下的极限承载力及黏结-滑移本构的预测模型。

6.2　试验概况

6.2.1　试验材料

本章主要针对前面研究得出的两种较优配比的胶黏剂——GY34、ZR14，进行温度影响研究，两种胶黏剂的配比见表 6.1。前期工作研究表明，GY34 胶黏剂高温 90℃固化 2h、ZR14 胶黏剂室温固化 7d 为较好的固化工艺，固化后具有较好的力学性能。

表 6.1　研制的两种较优配比的胶黏剂

名称	固化剂种类与掺量	环氧树脂 E51	功能化纳米 SiO_2
GY34	缩胺 105(11.67g)＋聚醚胺 D230(23.33g)	120g	0.6g
ZR14	缩胺 105(35g)	120g	1.2g

搭接试件的钢板为桥梁结构钢 Q345D，第五章研究表明采用厚度为 2.0mm 的 CFRP 板的搭接接头的承载能力更强，因此本章采用南京海拓公司生产的单向板 CFRP2.0-50。CFRP 板及钢板材料参数与前文相同。

6.2.2　试件设计与制作

本章胶黏剂胶棒试件及 CFRP 板/钢板搭接接头的设计与制作方法与前文一致，搭接试件的搭接长度为 200mm，胶层厚度为 1mm。

6.2.3　试验方法

6.2.3.1　胶黏剂

胶黏剂动态热力学性能试验、拉伸及弯曲试验的试验方法均可参见第二章。

6.2.3.2　CFRP 板/钢板搭接接头

CFRP 板/钢板搭接接头拉伸试验在配有高低温箱的 300kN 准静态拉伸试验机上进行，试验方法可参见第五章。

6.3 试验结果及分析

6.3.1 温度对胶黏剂基本力学性能影响

6.3.1.1 动态热力学性能

本书第二章与第四章已测试了 ZR14 与 GY34 两种胶黏剂的储能模量、损耗模量、损耗因子随温度的变化曲线，见图 6.1。根据切线法（即储能模量曲线上拐角切线的交点对应的温度）、损耗模量法（即损耗模量曲线峰值对应的温度）及损耗因子法（即损耗因子曲线峰值对应的温度）三种方法可得到胶黏剂的玻璃化转变温度 $T_{g,S}$、$T_{g,L}$、$T_{g,T}$，GY34 胶黏剂的 $T_{g,S}$、$T_{g,L}$、$T_{g,T}$ 分别为 71.0℃、72.6℃、85.8℃。ZR14 胶黏剂的 $T_{g,S}$、$T_{g,L}$、$T_{g,T}$ 分别为 66.5℃、68.9℃、79.8℃。两种胶黏剂的玻璃化转变温度均存在 $T_{g,S}<T_{g,L}<T_{g,T}$ 的关系，且采用 90℃固化 2h 的 GY34 胶黏剂的玻璃化转变温度稍高于室温固化 7d 的 ZR14 胶黏剂，这与固化温度及固化剂类型有关。适当提高固化温度可提高胶黏剂的玻璃化转变温度，采用耐热性能较好的固化剂也能提高胶黏剂的玻璃化转变温度，但耐热性能较好的固化剂一般韧性都较差。因此，提高固化温度，采用两种固化剂混掺或添加增韧剂，是改善胶黏剂性能的有效途径。本书两种较优配比的胶黏剂的玻璃化转变温度均可满足土木工程钢桥加固对耐热性的要求。

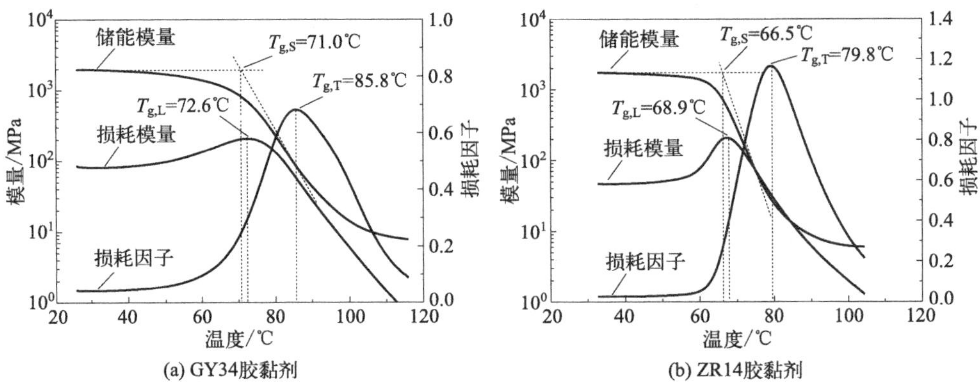

图 6.1 胶黏剂的动态热力学分析曲线

6.3.1.2 静力拉伸性能

图 6.2 给出了两种胶黏剂在不同服役温度下的应力-应变曲线。由图可知，环境温度对胶黏剂的应力-应变曲线影响非常明显，随环境温度的升高，分子链运动加剧，胶黏剂逐步变软变韧。在 0℃与－15℃环境下，胶黏剂的应力-应变基本呈线性关系，具有较高的拉伸强度，断裂伸长率与室温相比稍有降低；－15℃时，胶黏剂 GY34 的拉伸强度高达 85.26MPa，断裂伸长率仍有 3.18%，比多数商品胶黏剂室温下还大，说明低温下仍具有较好的韧性；在 25℃及 40℃环境下，曲线在达到屈服点后，应变继续增加，应力反而有稍许下跌的现象，具有一定的应变软化阶段，随后达到极限应变，试件被拉断，属于强而韧型；在 55℃及 70℃环境下，曲线在达到屈服点后，具有较长的塑性变形，包括应变软化、冷拉、应变硬化三个阶段；在 90℃环境下，试件在较小应力下，会产生持续增长的应变，曲线不存在明显屈服点，基本失去承载能力，属于软而弱型。

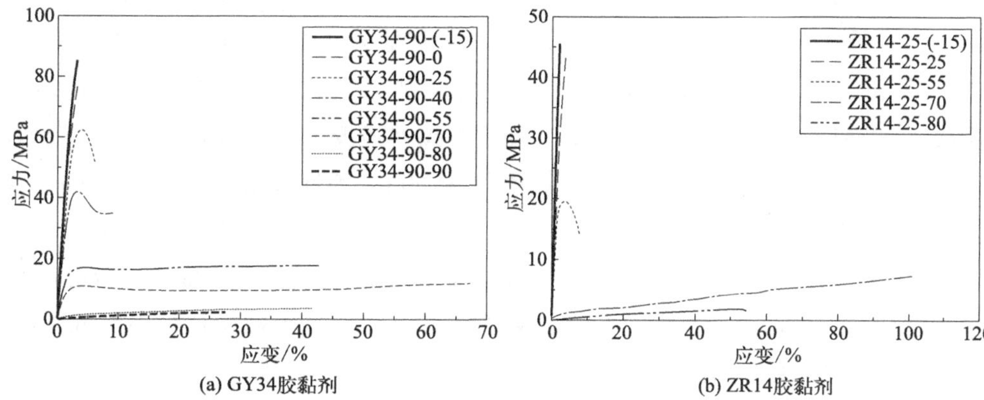

图 6.2 胶黏剂试样在不同温度下的拉伸应力-应变曲线

胶黏剂在不同环境温度下的应力-应变关系可简化为下面 5 种模型，见图 6.3。模型 1：环境温度远低于胶黏剂玻璃化转变温度 T_g，胶黏剂分子链处于冻结状态，应力随应变近似线性增长，胶黏剂强度较大，断裂伸长率较小；模型 2：环境温度稍升高，小部分分子链解冻，加载初期，应力随应变线性增长，后期出现屈服点，并发生应变软化，胶黏剂强度稍有降低，断裂伸长率稍有增大；模型 3：环境温度进一步升高，应变软化后出现冷拉现象，断裂伸长率进一步增大；模型 4：环境温度接近玻璃化转变温度附近，冷拉后出现应变硬化阶段，断裂伸长率显著增大；模型 5：环境温度超过玻璃化转变温度后，分子链大部分解冻，胶黏剂在较小应力下，会产生持续增长的应变，曲线不存在屈服点。

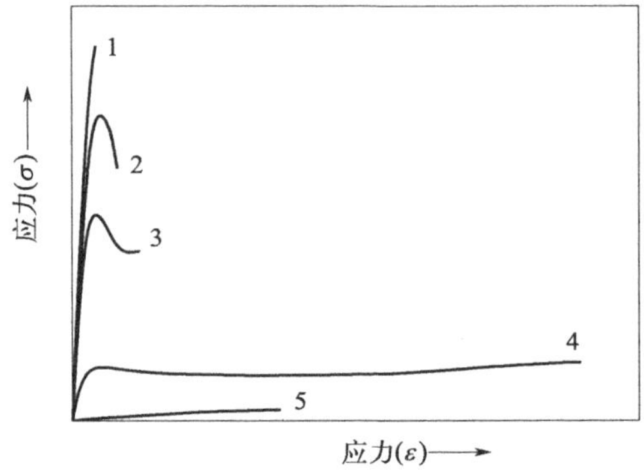

图 6.3 不同温度下胶黏剂的应力-应变简化模型

不同环境温度下两种胶黏剂的力学性能主要指标的变化见图 6.4 和图 6.5。由图可知，随环境温度的升高，两种胶黏剂的拉伸强度及弹性模量均逐渐降低。GY34 胶黏剂在 25℃环境下拉伸强度为 62.52MPa，弹性模量为 3012.30MPa；在 55℃环境下拉伸强度为 17.86MPa，弹性模量为 1732.95MPa，分别下降了 71.43%和 42.47%；温度为 90℃时已超过胶黏剂玻璃化转变温度 $T_{g,T}$，拉伸强度仅为 2.3MPa。ZR14 胶黏剂在 25℃环境下拉伸强度为 44.11MPa，弹性模量为 1531.23MPa；在 55℃环境下拉伸强度为 19.56MPa，弹性模量为 1486.14MPa，分别下降了 55.65%和 2.94%；温度为 80℃时已超过胶黏剂玻璃化转变温度 $T_{g,T}$ 中拉伸强度仅为 1.84MPa。另外，随环境温度的升高，两种胶黏剂的断裂伸长率及应变能均先增大后减小。GY34 胶黏剂在 25℃环境下断裂伸长率为 6.1%，应变能为 0.2936N・mm；在 55℃环境下断裂伸长率为 42.8%，应变能为 0.7175N・mm，分别提升了 601.64%和 144.38%；温度为 90℃时，断裂伸长率降为 27.57%，应变能仅 0.0391N・mm。ZR14 胶黏剂在 25℃环境下断裂伸长率为 4.21%，应变能为 0.117N・mm；在 70℃环境下断裂伸长率为 101.71%，应变能为 0.421N・mm，分别提升了 2315.91%和 259.83%；温度为 80℃时，断裂伸长率降为 54.47%，应变能仅为 0.061N・mm。综上可知，当环境温度低于胶黏剂的玻璃化转变温度 $T_{g,S}$ 时，随温度的升高，胶黏剂强度逐渐降低，但韧性显著提升；当温度接近玻璃化转变温度 $T_{g,S}$ 时，具有极大的塑性变形能力；温度一旦超过胶黏剂的玻璃化转变温度 $T_{g,T}$，强度及韧性均大幅降低，基本失去承载能力。因此，需要通过合理的配方及固化工艺才能确保胶黏剂在满足耐热性能要求的同时具有较好的韧性。

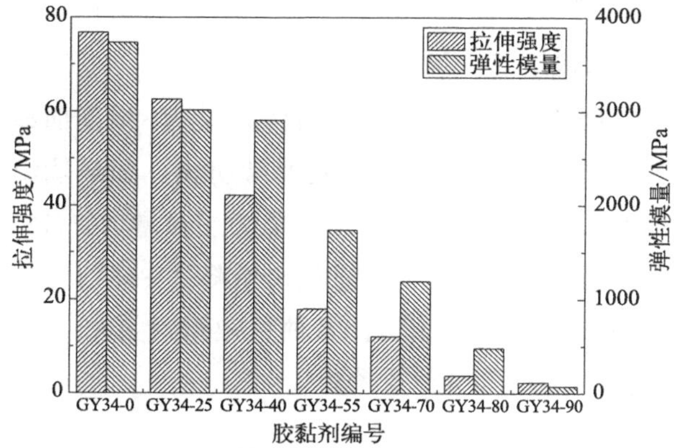

(a) 拉伸强度与弹性模量

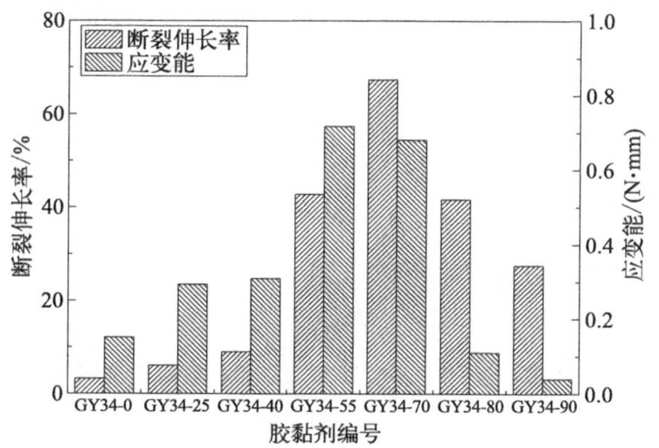

(b) 断裂伸长率与应变能

图 6.4　胶黏剂 GY34 在不同温度下的力学性能指标

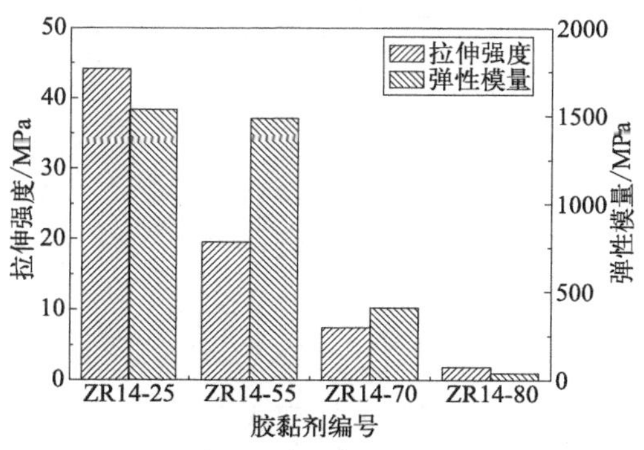

(a) 拉伸强度与弹性模量

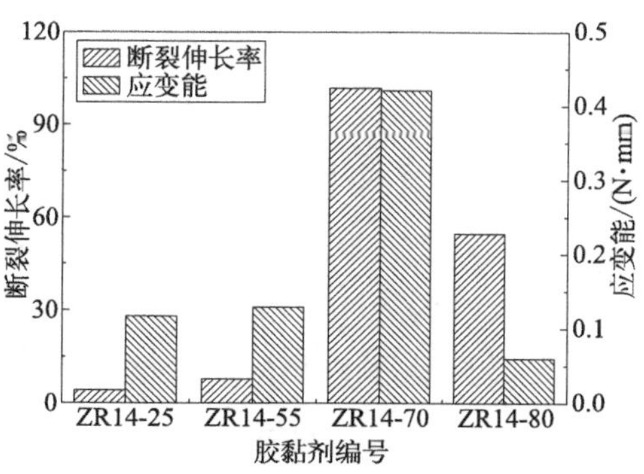

(b) 断裂伸长率与应变能

图 6.5　胶黏剂 ZR14 在不同温度下的力学性能指标

6.3.1.3 静力弯曲性能

（1）荷载-挠度曲线

图 6.6 给出了不同环境温度下胶黏剂的弯曲荷载-挠度曲线。由图可知，环境温度对胶黏剂弯曲荷载-挠度曲线的影响非常明显，随环境温度的升高，胶黏剂逐渐软化，弯曲承载能力显著降低，变性能力明显增加。GY34 胶黏剂在 55℃环境下的弯曲极限承载力与 25℃环境下相比下降了 85.12%，断裂挠度增加了 15.03%。ZR14 胶黏剂在 55℃环境下的弯曲极限承载力与 25℃环境下相比下降了 61.12%，断裂挠度增加了 362.53%。

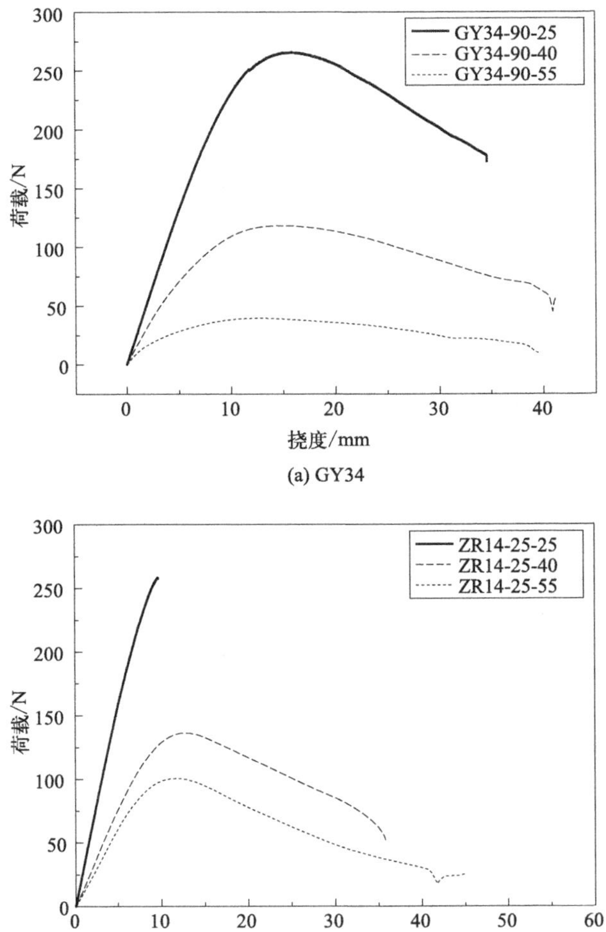

(a) GY34

(b) ZR14

图 6.6 不同环境温度下胶黏剂的弯曲荷载-挠度曲线

(2) 弯曲力学指标

胶黏剂的弯曲强度及弹性模量的计算方法具体可见第二章 2.3.2.4 节。计算结果见图 6.7 和图 6.8。由图可知随温度的升高，胶黏剂的弯曲强度及弹性模量均逐渐降低。

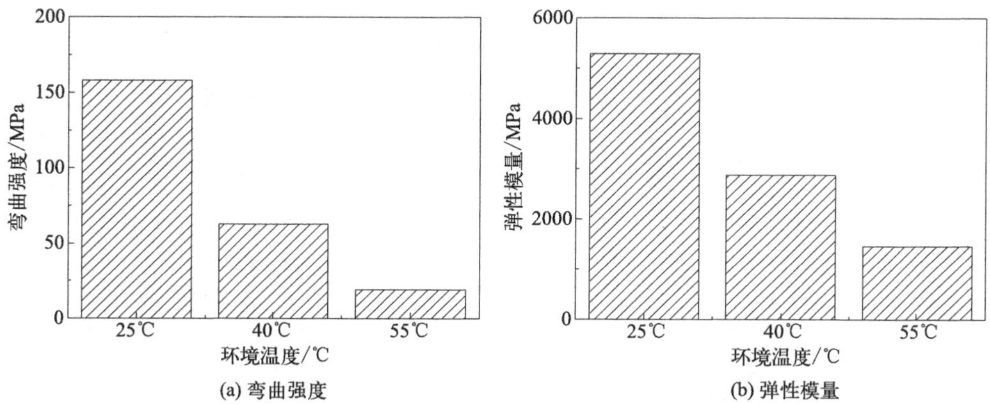

图 6.7　不同环境温度下胶黏剂 GY34 的弯曲强度和弹性模量

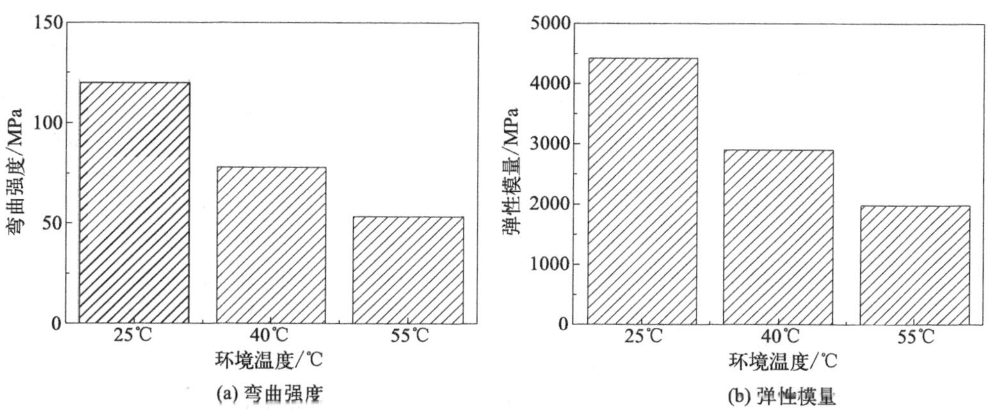

图 6.8　不同环境温度下胶黏剂 ZR14 的弯曲强度和弹性模量

6.3.2　温度对 CFRP 板/钢板界面性能影响

6.3.2.1　破坏模式与荷载-位移关系

各试件的胶层厚度、破坏时夹持端与加载端之间的最大位移、峰值荷载及破坏模式见表 6.2，典型破坏模式的照片见图 6.9。

表 6.2 CFRP 板/钢板双搭接接头拉伸试验结果

试件名称	极限位移/mm		极限荷载/kN		平均强度/MPa		破坏模式
	D_{max}	$\overline{D}_{max}$	P_{max}	$\overline{P}_{max}$	p_{max}	$\overline{p}_{max}$	
GY34-2.0-90-25-1	4.42	4.01	204.20	205.10	10.21	10.26	d
GY34-2.0-90-25-2	4.69		208.99		10.45		d
GY34-2.0-90-25-3	4.11		202.11		10.11		d
GY34-2.0-90-55-1	7.62	7.61	231.51	228.48	11.58	11.63	d
GY34-2.0-90-55-2	7.65		226.80		11.81		d
GY34-2.0-90-55-3	7.55		227.13		11.51		d
GY34-2.0-90-70-1	6.71	7.06	225.40	229.15	11.27	11.46	d/b
GY34-2.0-90-70-2	7.46		232.59		11.63		d/b
GY34-2.0-90-70-3	7.02		229.46		11.47		d/b
GY34-2.0-90-80-1	5.20	5.18	199.48	199.14	9.97	9.96	b/a
GY34-2.0-90-80-2	5.24		202.15		10.11		b/a
GY34-2.0-90-80-3	5.11		195.79		9.79		b
GY34-2.0-90-90-1	2.86	2.70	110.27	106.37	5.51	5.32	b
GY34-2.0-90-90-2	2.56		100.31		5.02		b
GY34-2.0-90-90-3	2.67		108.54		5.43		b
ZR14-2.0-25-25-1	4.55	4.48	206.85	206.30	10.34	10.32	d
ZR14-2.0-25-25-2	4.31		204.90		10.25		d
ZR14-2.0-25-25-3	4.59		207.15		10.36		d
ZR14-2.0-25-55-1	6.22	6.13	232.69	229.26	11.63	11.46	d/b
ZR14-2.0-25-55-2	6.15		229.93		11.50		d/b
ZR14-2.0-25-55-3	6.02		225.17		11.25		d/b
ZR14-2.0-25-70-1	4.91	4.66	223.78	213.44	11.19	10.68	d/b
ZR14-2.0-25-70-2	4.27		198.18		9.91		d/b
ZR14-2.0-25-70-3	4.81		218.55		10.93		d/b
ZR14-2.0-25-80-1	3.40	3.28	180.23	171.41	9.01	8.57	b
ZR14-2.0-25-80-2	3.35		176.00		8.80		b
ZR14-2.0-25-80-3	3.10		158.24		7.91		b

注：试件名称 GY/ZR**-**-**-**中，第一个“-”前面的数字为胶黏剂名称（如 GY34）；第一个“-”后面的数字为 CFRP 板的厚度（如 2.0）；第二个“-”后面的数字为固化温度（如 90）；第三个“-”后面的数字为服役温度（如 55）；第四个“-”后面的数字为同一组试件的编号（如 1）。破坏模式中，a 为 CFRP 板与胶层界面破坏；b 为钢板与胶层界面破坏；d 为 CFRP 板层离破坏。

由图 6.9 可知，环境温度对搭接接头的界面破坏模式有显著影响。室温环境下，破坏模式为 CFRP 板层离，小于玻璃化转变温度 $T_{g,S}$ 的高温环境下为

CFRP 板层离及钢与胶层界面破坏的混合形式，玻璃化转变温度 $T_{g,T}$ 附近的高温环境下为钢与胶层界面破坏及 CFRP 板与胶层界面破坏的混合形式，随环境温度进一步升高，整个搭接面为钢与胶层界面破坏。说明环境温度的升高，主要是导致了胶黏剂与基材界面的黏结强度的降低，特别是胶层与钢板的界面黏结性能被显著劣化，成为搭接接头界面的薄弱层，导致破坏模式发生改变。

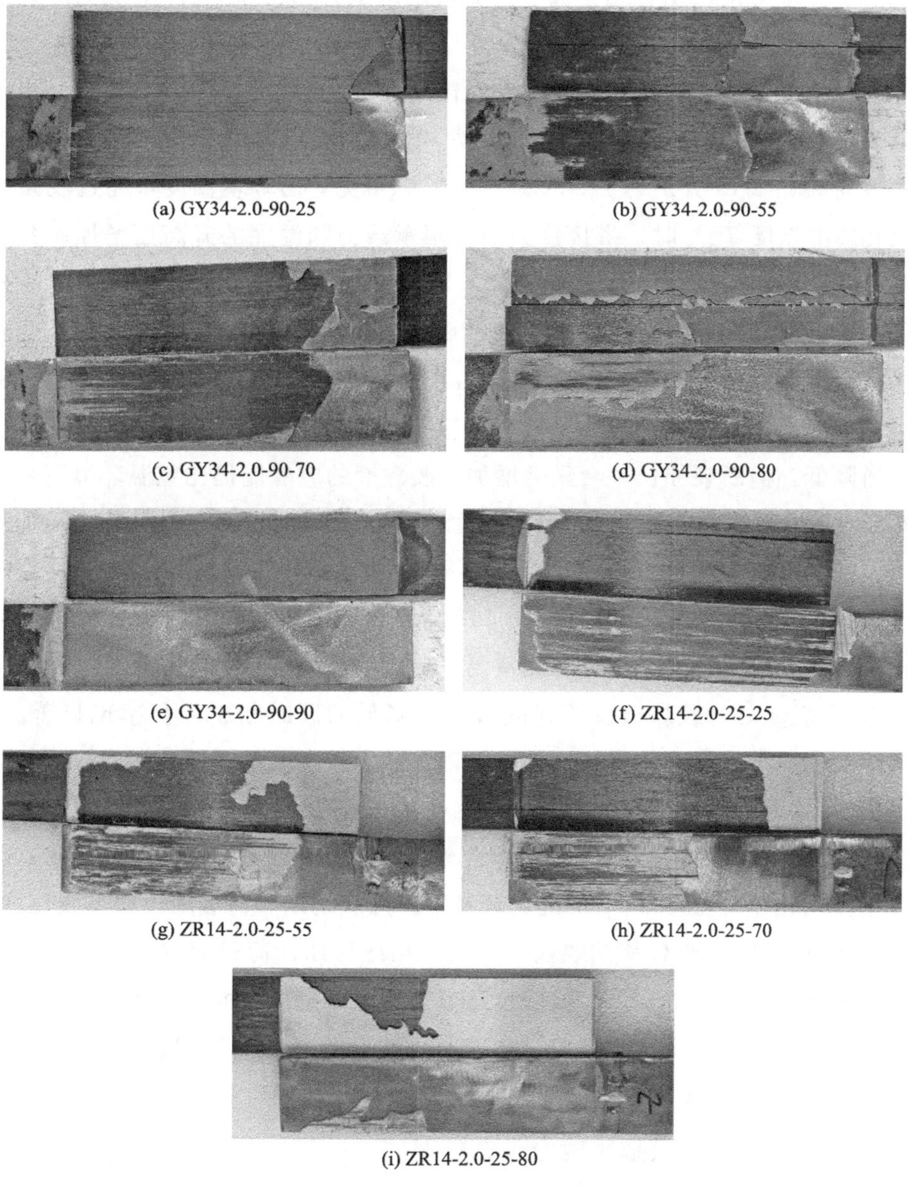

(a) GY34-2.0-90-25　(b) GY34-2.0-90-55

(c) GY34-2.0-90-70　(d) GY34-2.0-90-80

(e) GY34-2.0-90-90　(f) ZR14-2.0-25-25

(g) ZR14-2.0-25-55　(h) ZR14-2.0-25-70

(i) ZR14-2.0-25-80

图 6.9　CFRP 板/钢板界面破坏模式

表 6.2 表明，随环境温度的升高，CFRP 板/钢板搭接接头的极限承载力及最大位移先增大后减小。采用 GY34 胶黏剂的搭接接头在 70℃环境下具有最大极限承载力 229.15kN，比 25℃环境下提升了 11.73%；80℃环境下，极限承载力 199.14kN，与 25℃环境下相比仅降低了 2.91%；当环境温度达 90℃时，极限承载能力仅为 106.37kN，与 25℃环境下相比降低了 48.14%。采用 ZR14 胶黏剂的搭接接头在 55℃环境下具有最大极限承载力 229.26kN，比 25℃环境下提升了 11.13%；70℃环境下极限承载力与 55℃相比，稍有降低，但仍高于 25℃下的极限承载力；80℃环境下，极限承载力为 171.41kN，与 25℃环境下相比仅降低了 16.91%。由图 6.1 可知，采用切线法获得的 GY34 与 ZR14 胶黏剂的玻璃化转变温度 $T_{g,S}$ 分别为 71.0℃、66.5℃，可见，若环境温度不超过胶黏剂的玻璃化转变温度 $T_{g,S}$ 时，搭接接头的极限承载力随温度的升高而增加；若环境温度高于胶黏剂的玻璃化转变温度 $T_{g,S}$，搭接接头的极限承载力随温度的升高而降低。另外，采用损耗因子法获得的 GY34 与 ZR14 胶黏剂的玻璃化转变温度 $T_{g,T}$ 为 85.8℃、79.8℃，可见，环境温度一旦超过 $T_{g,T}$，搭接接头的极限承载力急剧下降。因为在小于玻璃化转变温度 $T_{g,S}$ 的高温环境下，胶黏剂拉伸强度虽有所降低，但断裂伸长率会显著增加，胶黏剂的应变能仍比室温环境下大，胶黏剂延性增大，使搭接试件的整个搭接面受力更加均匀，而不是仅集中在加载端附近。在 CFRP 板宽度、厚度、弹模不变的情况下，极限承载力仅与胶黏剂应变能有关，小于玻璃化转变温度 $T_{g,S}$ 的高温环境下胶黏剂具有比室温下更大的应变能，这导致了搭接试件具有比室温下更大的极限承载力。当温度高于玻璃化转变温度 $T_{g,S}$ 时，胶黏剂拉伸强度进一步降低的同时断裂伸长率也显著减小，导致应变能减小，从而使搭接试件的极限承载力较室温下降低。

图 6.10 为搭接试件在拉伸过程中的荷载-位移曲线，在 25℃环境下，随荷载增加，荷载与位移基本呈线性关系，具有较大极限荷载，但极限位移较小；小于胶黏剂玻璃化转变温度 $T_{g,S}$ 的高温环境下，加载初期，荷载随位移呈线性增长，与 25℃环境下的荷载-位移曲线基本相同，加载后期，荷载随位移的增长速率减慢，发生了明显的塑性变形，极限位移显著增大，搭接界面具有更好的延性；随环境温度的进一步升高（大于胶黏剂玻璃化转变温度 $T_{g,S}$），极限荷载与极限位移均减小，荷载-位移曲线不再具有明显的延性段。

6.3.2.2　不同温度下极限承载力预测模型

图 6.11 给出了采用纳米 SiO_2 胶黏剂的搭接接头与采用商品胶黏剂的搭接接

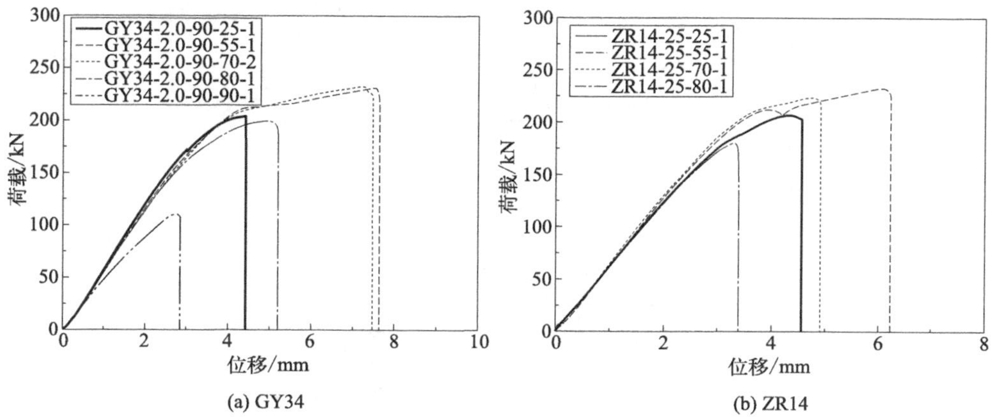

(a) GY34　　(b) ZR14

图 6.10　CFRP 板/钢板双搭接试件荷载-位移曲线

头的极限承载力随温度的变化趋势。图 6.11(a) 中横坐标为环境温度 T 与胶黏剂玻璃化转变温度 $T_{g,T}$ 的比值，纵坐标为某环境温度下搭接接头的极限承载力 $P_{max}(T)$ 与室温环境下的极限承载力 P_{max} 的比值。采用纳米 SiO_2 胶黏剂的搭接接头的试验数据见表 6.2，采用商品胶黏剂的 CFRP 板/钢板搭接接头的试验数据见表 6.3。对试验数据进行分段线性拟合，可知，随环境温度的升高，采用本书研制的纳米 SiO_2 胶黏剂的搭接接头的极限承载力先增大后减小，在 $T/T_{g,T}=0.84$ 时，具有最大极限承载力；在 $T/T_{g,T}=0.89$ 时，极限承载力与室温下相等；随环境温度的进一步提高，极限承载力则随温度的升高明显降低。采用商品胶黏剂的搭接接头的极限承载力逐渐减小，当 $T/T_{g,T}<0.84$ 时，降低速率较慢；当 $T/T_{g,T}>0.84$ 时，降低速率显著增加；在 $T/T_{g,T}=0.89$ 时，极限承载力仅为室温环境的 0.85 倍。可见，采用本书研制的纳米 SiO_2 胶黏剂时，环境温度的适当提高（不超过胶黏剂玻璃化转变温度 $T_{g,T}$ 的 0.89 倍）反而可提升搭接界面的承载能力，与采用商品胶黏剂的搭接试件相比具有更好的耐热性能。

公式(6.1) 为采用本书研制的纳米 SiO_2 改性胶黏剂的搭接接头的极限承载力随温度的变化趋势的拟合公式，公式(6.2) 为参考文献中采用商品胶黏剂的搭接接头的极限承载力随温度的变化趋势的拟合公式，根据公式计算的理论值与实验值的比较见图 6.11(b)，拟合精度较高，可用于不同环境温度下搭接接头的极限承载力预测。

$$\frac{P_{max}(T)}{P_{max}}=\begin{cases}0.264\dfrac{T}{T_{g,T}}+0.927 & 0.2\leqslant\dfrac{T}{T_{g,T}}\leqslant0.84\\ -2.503\dfrac{T}{T_{g,T}}+3.244 & 0.84<\dfrac{T}{T_{g,T}}\leqslant1.2\end{cases}\tag{6.1}$$

$$\frac{P_{max}(T)}{P_{max}}=\begin{cases}-0.112\dfrac{T}{T_{g,T}}+1.042 & 0.2\leqslant\dfrac{T}{T_{g,T}}\leqslant0.84\\-1.887\dfrac{T}{T_{g,T}}+2.547 & 0.84<\dfrac{T}{T_{g,T}}\leqslant1.2\end{cases}\tag{6.2}$$

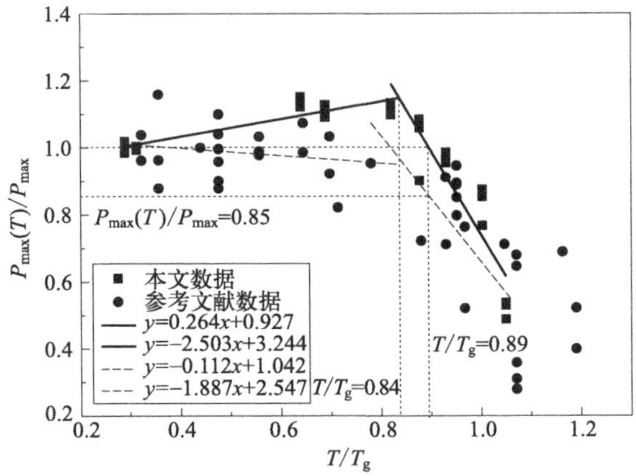

(a) 承载力随温度变化趋势

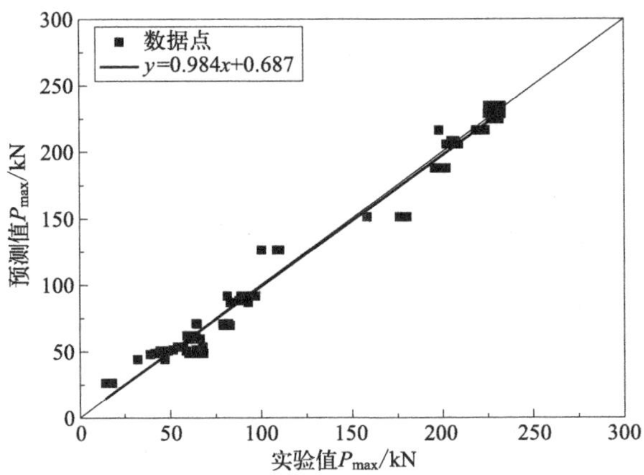

(b) 预测值与实验值比较

图 6.11 温度对搭接试件承载力影响

表 6.3 采用商品胶黏剂的搭接接头的试验结果

名称	胶黏剂	T_g /℃	T_a /mm	B_p /mm	L_b /mm	E_p /GPa	T_{test} /℃	极限荷载 F_{max}/kN	文献
CF3-BL100-T20-1	Araldite420	42	0.54	50	100	240	20	97.0	[142]
CF3-BL100-T20-2							20	92.5	
CF3-BL100-T20-3							20	89.0	

续表

名称	胶黏剂	T_g /℃	T_a /mm	B_p /mm	L_b /mm	E_p /GPa	T_{test} /℃	极限荷载 F_{max}/kN	文献
CF3-BL100-T20-4	Araldite420	42	0.54	50	100	240	20	81.5	[142]
CF3-BL100-T40-1							40	83.0	
CF3-BL100-T40-2							40	82.5	
CF3-BL100-T40-3							40	79.0	
CF3-BL100-T45-1							45	63.0	
CF3-BL100-T45-2							45	60.0	
CF3-BL100-T50-1							50	48.5	
CF3-BL100-T50-2							50	37.0	
CF3-BL100-T55-1							55	44.5	
CF3-BL100-T55-2							55	34.5	
CF3-BL100-T60-1							60	21.5	
CF3-BL100-T60-2							60	20.5	
CF3-BL100-T60-3							60	18.0	
CF3-BL100-T60-4							60	14.5	
HA+20,1	Araldite420	42	0.19	50	100	640.0	20	78.8	[144]
HA+20,2							20	64.5	
HA+40,1							40	57.1	
HA+40,2							40	67.8	
HA+60,1							60	24.2	
HA+60,2							60	29.6	
HMS+20,1	MbraceSaturant	56	—	—	—	—	20	44.4	—
HMS+20,2							20	58.6	
HMS+20,3							20	48.7	
HMS+40,1							40	68.2	
HMS+40,2							40	41.5	
HMS+60,1							60	18.1	
HMS+60,2							60	14.1	
HMS+60,3							60	15.7	
HSD+20,1	Sikadur-30	62	—	—	—	—	20	63.8	—
HSD+20,2							20	59.1	
HSD+40,1							40	60.6	
HSD+40,2							40	66	

续表

名称	胶黏剂	T_g /℃	T_a /mm	B_p /mm	L_b /mm	E_p /GPa	T_{test} /℃	极限荷载 F_{max}/kN	文献
HSD+60,1	Sikadur-30	62	—	—	—	—	60	46.9	—
HSD+60,2							60	32	
Test-1	SIKADUR-30	50	1.2	50	200	165.0	22	54.0	[147]
Test-2							39	51.5	
Test-3							44	39.0	
Test-4							79	16.8	
SS 1-24	SIKADUR-30	43	6.5	38	50	124.0	24	89.0	[182]
SS 2-24							24	88.0	
SS 3-24							24	93.0	
SS 4-30						107.0	30	83.0	
SS 5-30						—	30	93.0	
SS 6-40						114.0	40	64.0	
SS 7-40						—	40	82.0	
SS 8-45						117.0	45	64.0	
SS 9-50						116.0	50	62.0	
SS 10-60						121.0	60	41.0	

注：T_a 为胶黏剂厚度；B_p 为 CFRP 板宽度；L_b 为搭接长度；E_p 为 CFRP 板弹性模量；T_{test} 为试验环境温度。

6.3.2.3 CFRP 表面应变分布

图 6.12 为不同环境温度下代表试件在加载过程中 CFRP 表面的应变分布。以采用 GY34 胶黏剂的搭接接头为例，25℃环境下，最大应变在距钢板自由端 5mm 处，其值为 6431$\mu\varepsilon$，应变主要集中在距加载端 120mm 范围内；55℃环境下，最大应变在距钢板自由端 45mm 处，高达 8288$\mu\varepsilon$；70℃环境下，最大应变在距钢板自由端 15mm 处，其值为 7496$\mu\varepsilon$，且距钢板自由端 70mm 范围内应变基本不降低；90℃环境下，最大应变在距钢板自由端 45mm 处，仅为 3506$\mu\varepsilon$，与 55℃环境下相比，降低了 57.70%。ZR14 胶黏剂黏结的搭接接头也具有类似的变化规律，这表明随环境温度的升高，CFRP 板表面的最大应变先增大后减小。在荷载未达到极限荷载之前，随环境温度的升高，应变分布曲线的斜率变小，不再具有明显的水平段，应变的分布更加均匀，应变的传递长度逐渐增大，这是温度升高胶黏剂软化导致的，表明搭接接头的有效黏结长度随温度升高而变

长。因此，对处于高温环境下的钢结构进行加固时，应适当增加 CFRP 板的搭接长度，以提高构件的承载能力。

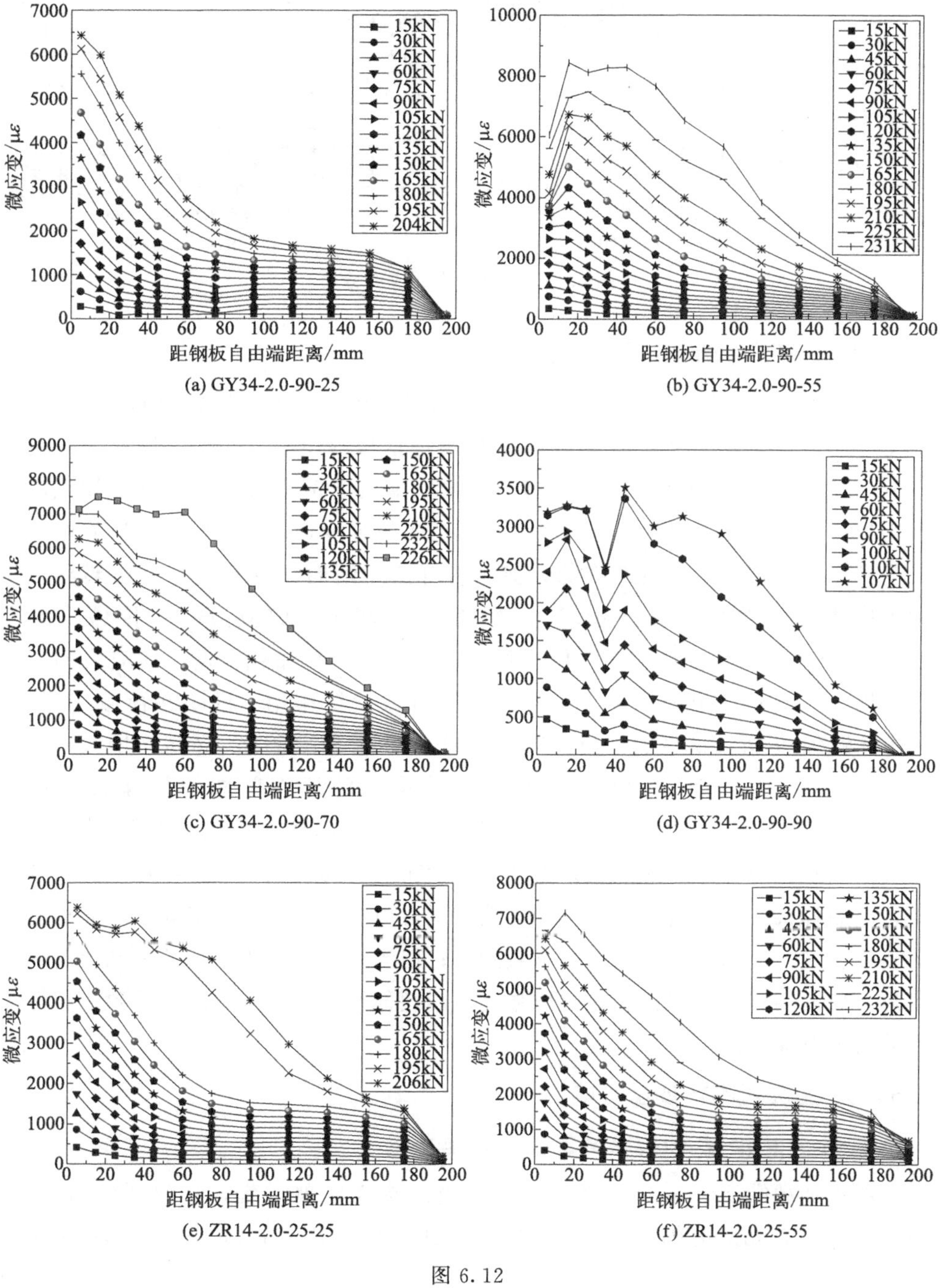

(a) GY34-2.0-90-25　(b) GY34-2.0-90-55

(c) GY34-2.0-90-70　(d) GY34-2.0-90-90

(e) ZR14-2.0-25-25　(f) ZR14-2.0-25-55

图 6.12

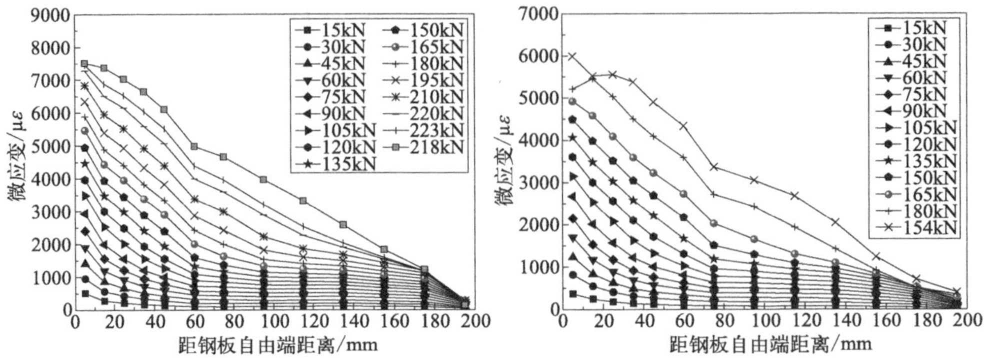

(g) ZR14-2.0-25-70　　(h) ZR14-2.0-25-80

图 6.12　CFRP 表面应变分布

6.3.2.4　CFRP 板/钢板界面剪应力分布

不同环境温度下，代表搭接试件在加载过程中的界面剪应力分布见图 6.13。由图可知，在加载初期，剪应力仅分布在距钢板自由端 120mm 范围内，超过 120mm 部分剪应力基本为零，且剪应力最大值位于钢板自由端；继续加载，由于钢板自由端附近的剪应力达到了胶黏剂的黏结强度，CFRP 板与钢板界面开始发生剥离，此处剪应力迅速降低，剪应力峰值逐渐向 CFRP 板自由端转移，承担剪应力的界面长度进一步增大。但室温环境下，剪应力有效传递长度在 120mm 以内，而高温环境下，传递长度明显增加，在加载末期，剪应力的峰值已接近 CFRP 板自由端，整个搭接面均能有效发挥作用。说明在荷载作用下，CFRP 板/钢板搭接试件的界面剪应力传递长度随环境温度的升高而增大，室温环境下基于 GY34 和 ZR14 胶黏剂的搭接接头的界面剪应力传递长度约为 120mm，而高温环境下，界面剪应力基本可沿整个搭接面传递，因高温环境下，胶黏剂变软。当温度未超过玻璃化转变温度时，胶黏剂在保持一定强度的条件下，断裂伸长率显著增加，使整个搭接面受力更加均匀，从而提高了界面剪应力的传递长度，提高了搭接界面的承载能力；但当温度超过胶黏剂的玻璃化转变温度后，胶黏剂转变为高弹态，拉伸强度及断裂伸长率均大幅下降，导致搭接界面承载力显著降低。

6.3.2.5　温度对本构模型影响

（1） CFRP 板/钢板界面黏结-滑移关系

距离加载端 20mm 处黏结层经历了整个损伤发展过程，且数据较为稳定，可选取距离 20mm 处的剪应力和对应滑移量数据绘于图 6.14，得到界面的黏结-滑移关系。

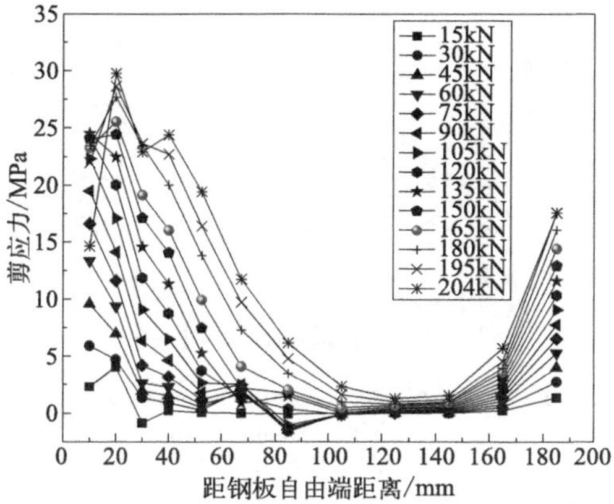

(a) GY34-2.0-90-25-1

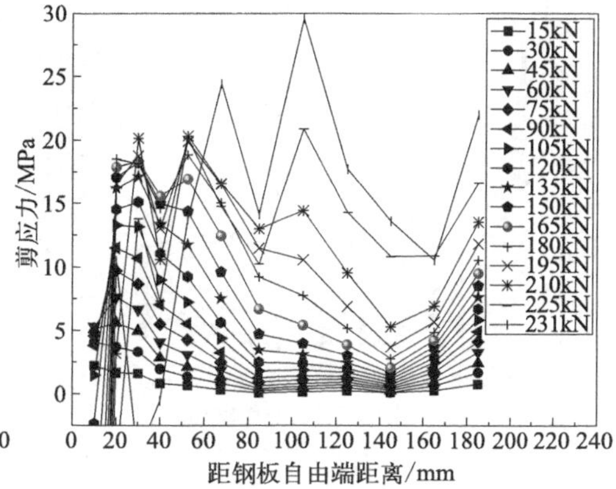

(b) GY34-2.0-90-55-1

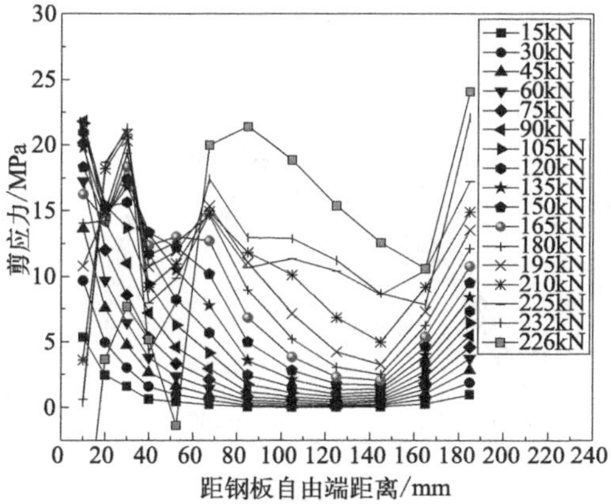

(c) GY34-2.0-90-70

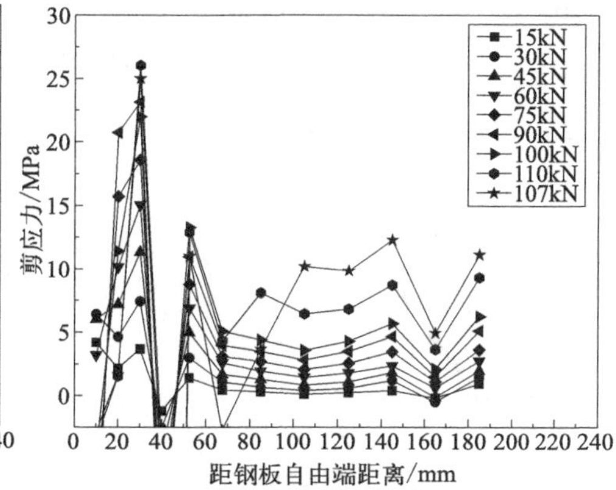

(d) GY34-2.0-90-90

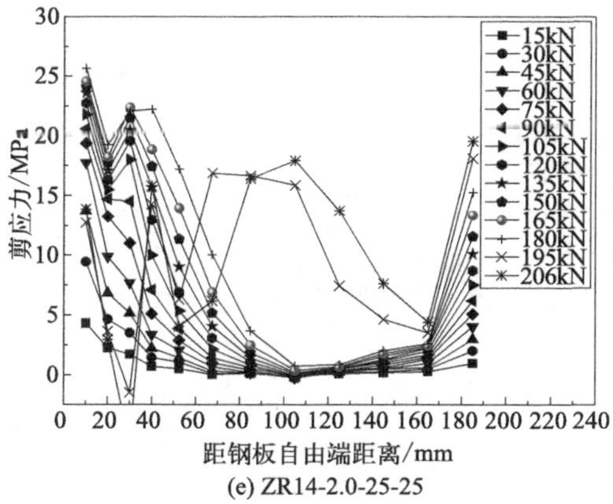

(e) ZR14-2.0-25-25

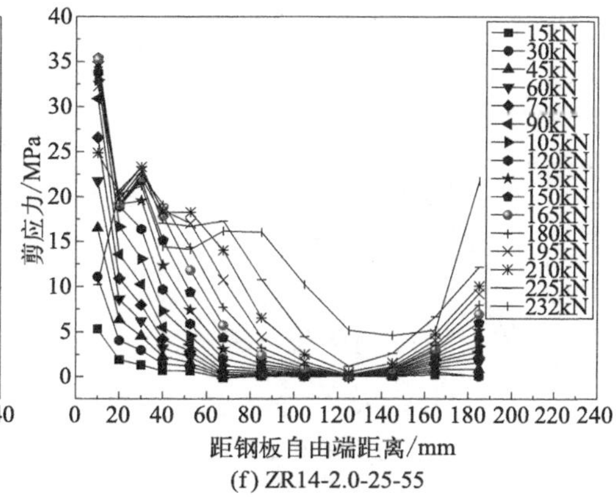

(f) ZR14-2.0-25-55

图 6.13

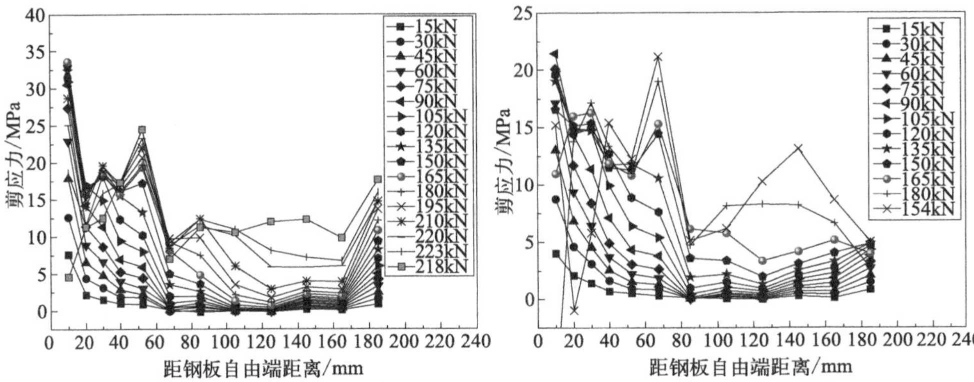

(g) ZR14-2.0-25-70　　(h) ZR14-2.0-25-80

图 6.13　CFRP 板/钢板界面剪应力分布

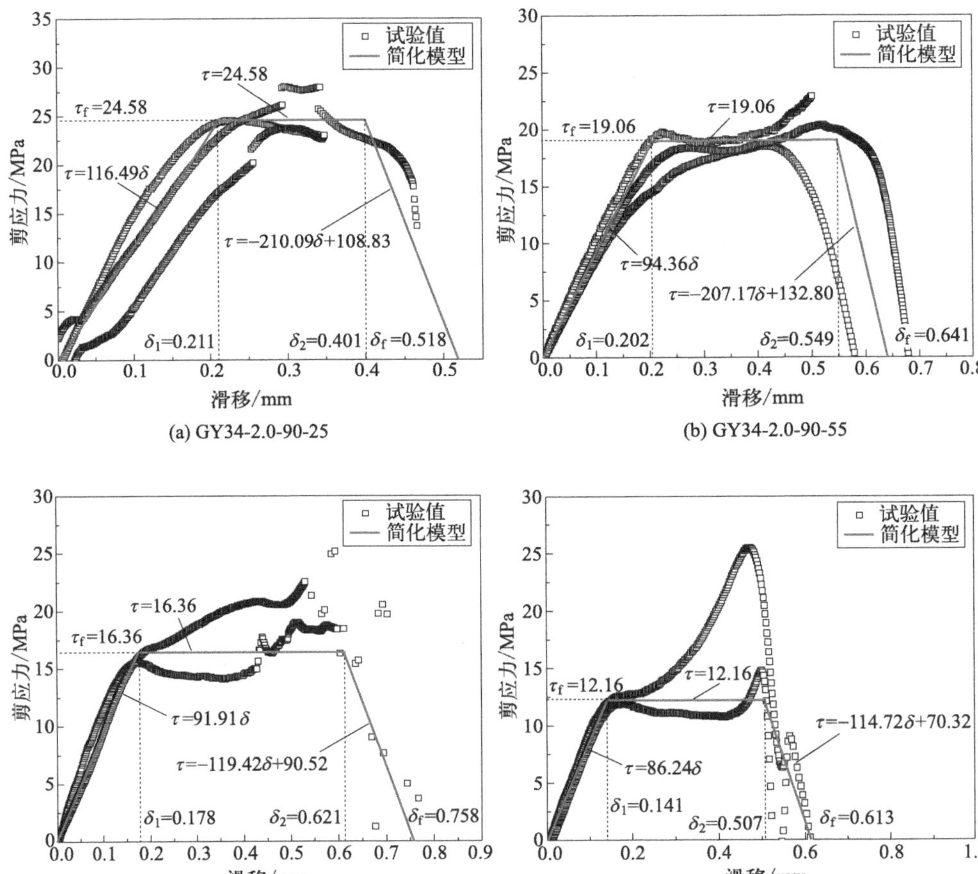

(a) GY34-2.0-90-25　　(b) GY34-2.0-90-55

(c) GY34-2.0-90-70　　(d) GY34-2.0-90-80

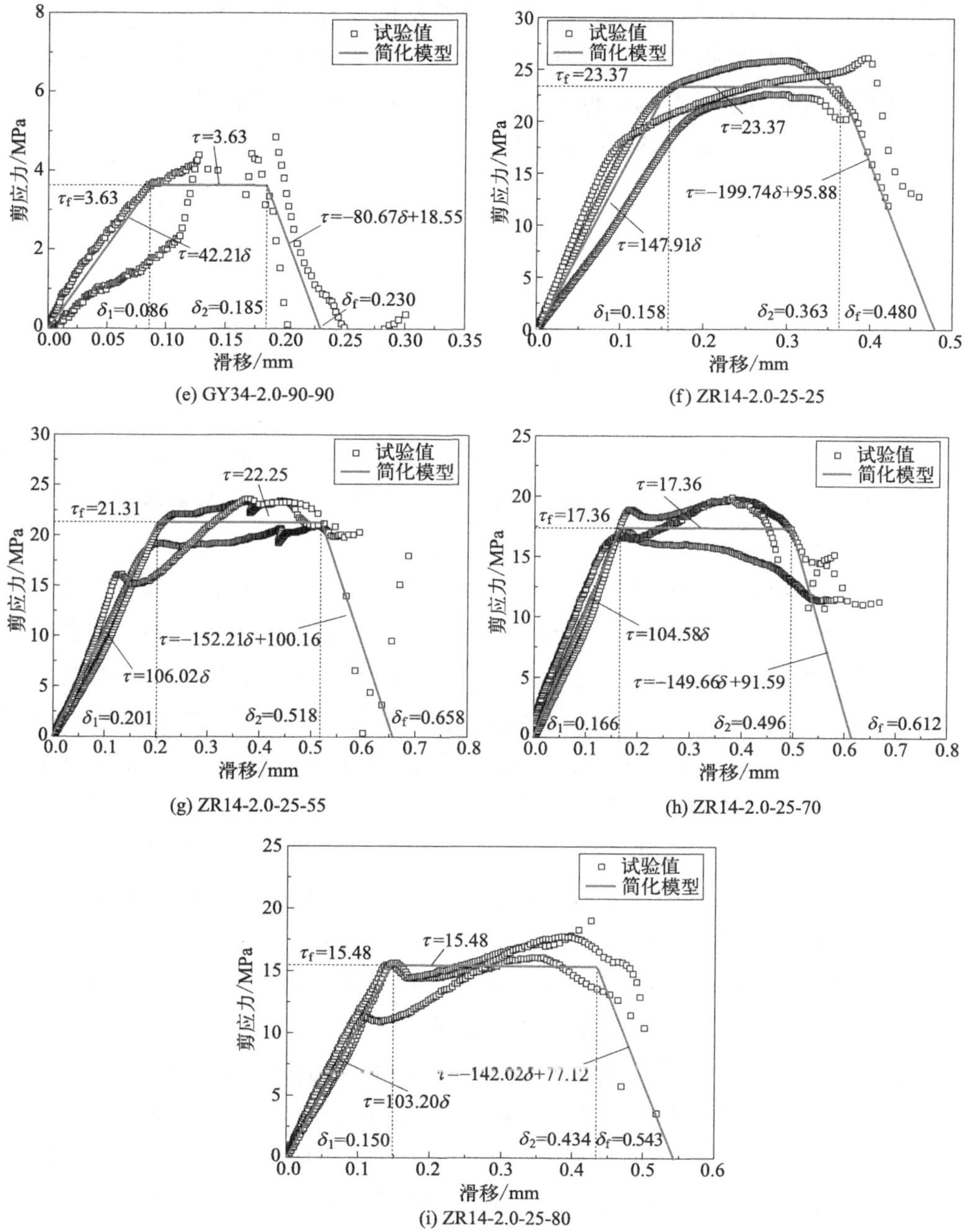

图 6.14　CFRP 板/钢板界面黏结滑移本构

由图 6.14 可知，不同环境温度下，搭接试件的黏结-滑移关系显示出相似的发展趋势，均为三线性梯形。首先，随着相对滑移的增加，界面剪切应力不断增加；然后，界面剪应力随着滑移的增加而变得基本稳定；最后，剪应力随着滑移的增加而减小，并最终接近零。黏结-滑移关系可分为“线性增长”“屈服平台”“下降段”三个发展阶段。高温环境下有的黏结-滑移曲线在第二阶段存在强化现象，为便于理论分析，在满足精度的情况下，可简化为水平屈服平台。

三线性梯形的黏结-滑移本构可用下式表达：

$$\begin{cases} \tau=\dfrac{\tau_f}{\delta_1}\delta & \delta\leqslant\delta_1 \\ \tau=\tau_f & \delta_1<\delta\leqslant\delta_2 \\ \tau=\dfrac{\tau_f}{\delta_f-\delta_2}(\delta_f-\delta) & \delta_2<\delta\leqslant\delta_f \\ \tau=0 & \delta_f<\delta \end{cases} \tag{6.3}$$

可以看出，梯形黏结-滑移关系由四个特征参数组成：最大界面剪应力 τ_f 和相对滑移参数 δ_1，δ_2 和 δ_f。通过线性拟合可得到简化的黏结-滑移本构模型，确定这四个参数的定量值。

将不同环境温度下的黏结-滑移本构模型绘于图 6.15。由图可知，环境温度的升高不会改变黏结-滑移曲线的形状，仅会改变关键参数值的大小，如界面剪应力峰值、界面断裂能和滑移值等。表 6.4 给出了不同环境温度下黏结-滑移参数的定量值。基于 GY34 胶黏剂的搭接接头在 25℃环境下的剪应力峰值为 24.58MPa，70℃环境下为 16.36MPa，降低了 33.44%；基于 ZR14 胶黏剂的搭接接头在 25℃环境下的剪应力峰值为 23.37MPa，70℃环境下为 17.36MPa，降低了 25.72%。可见环境温度的升高会导致搭接试件的剪应力峰值降低，这与高温环境下胶黏剂的拉伸强度变化趋势相同。而相对滑移则先增加后减小，当温度低于胶黏剂的玻璃化转变温度 $T_{g,S}$ 时，随温度的升高，相对滑移逐渐增大；温度一旦超过胶黏剂的玻璃化转变温度 $T_{g,T}$，相对滑移将大幅减小。这与胶黏剂胶体的断裂伸长率随温度的变化趋势相同。

表 6.4 给出了不同环境温度下，黏结-滑移本构的参数值。表中 K_E 为本构模型上升段斜率（可反映黏结界面的刚度），即 $K_E=\tau_f/\delta_1$。K_S 为本构模型下降段斜率，即 $K_S=\tau_f/(\delta_f-\delta_2)$。由表可知，随环境温度的升高，界面刚度 K_E、K_S 均逐渐降低，因为温度升高胶黏剂逐渐软化，从而导致界面刚度下降。表 6.4 列出了搭接接头的界面断裂能 G_f。基于 GY34 胶黏剂的搭接接头的界面断裂能在 25℃环境下为 8.701MPa·mm；在 70℃环境下具有最大值，为 9.824MPa·mm，与 25℃环境下相比提升了 12.91%；在 80℃环境下降为 5.952MPa·mm，与 70℃环境下相比降低了 39.41%。基于 ZR14 胶黏剂的搭接接头的界面断裂能在 25℃环境下为 8.004MPa·mm；在 55℃环境下具有最大

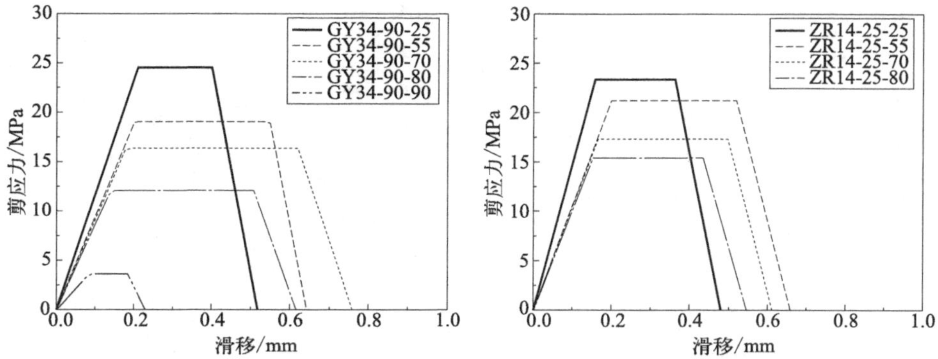

(a) GY34　　(b) ZR14

图 6.15　CFRP/钢界面的黏结-滑移本构

值，为 10.388MPa·mm，与 25℃环境下相比提升了 29.79%；在 80℃环境下降为 6.401MPa·mm，与 55℃环境下相比降低了 38.38%。界面断裂能 G_f 是研究 CFRP 板/钢板界面黏结-滑移行为的重要参数，它等于黏结-滑移曲线所包围的面积。可以看出，随着环境温度的升高，界面断裂能 G_f 也呈现先增加后降低的变化趋势。

表 6.4　CFRP 板/钢板界面黏结-滑移本构参数

名称	τ_f/MPa	δ_1/mm	δ_2/mm	δ_f/mm	K_E /(MPa/mm)	K_S /(MPa/mm)	G_f /(MPa·mm)
GY34-2.0-90-25	24.58	0.211	0.401	0.518	116.49	210.09	8.701
GY34-2.0-90-55	19.06	0.202	0.549	0.641	94.36	207.17	9.416
GY34-2.0-90-70	16.36	0.178	0.621	0.758	91.91	119.42	9.824
GY34-2.0-90-80	12.16	0.141	0.507	0.613	86.24	114.72	5.952
GY34-2.0-90-90	3.63	0.086	0.185	0.230	42.21	80.67	0.597
ZR14-2.0-25-25	23.37	0.158	0.363	0.480	147.91	199.74	8.004
ZR14-2.0-25-55	21.31	0.201	0.518	0.658	106.02	152.21	10.388
ZR14-2.0-25-70	17.36	0.166	0.496	0.612	104.58	140.66	8.177
ZR14-2.0-25-80	15.48	0.150	0.434	0.543	103.20	142.02	6.401

注：τ_f 为峰值剪应力；δ_f 为极限滑移；K 为界面刚度；G_f 为界面断裂能。

(2) 不同温度下黏结-滑移本构的预测模型

为了预测环境温度对 CFRP 板/钢板界面的黏结行为的影响，基于试验得到的黏结-滑移关系的关键参数，以所处环境温度 T 与胶黏剂的玻璃化转变温度 $T_{g,T}$ 的比值为自变量，高温 T 环境下的关键参数值与室温环境下的关键参数值的比值为因变量，对得到的数据点进行线性拟合，可建立不同环境温度下黏结-滑移本构的预测模型，如图 6.16 所示。

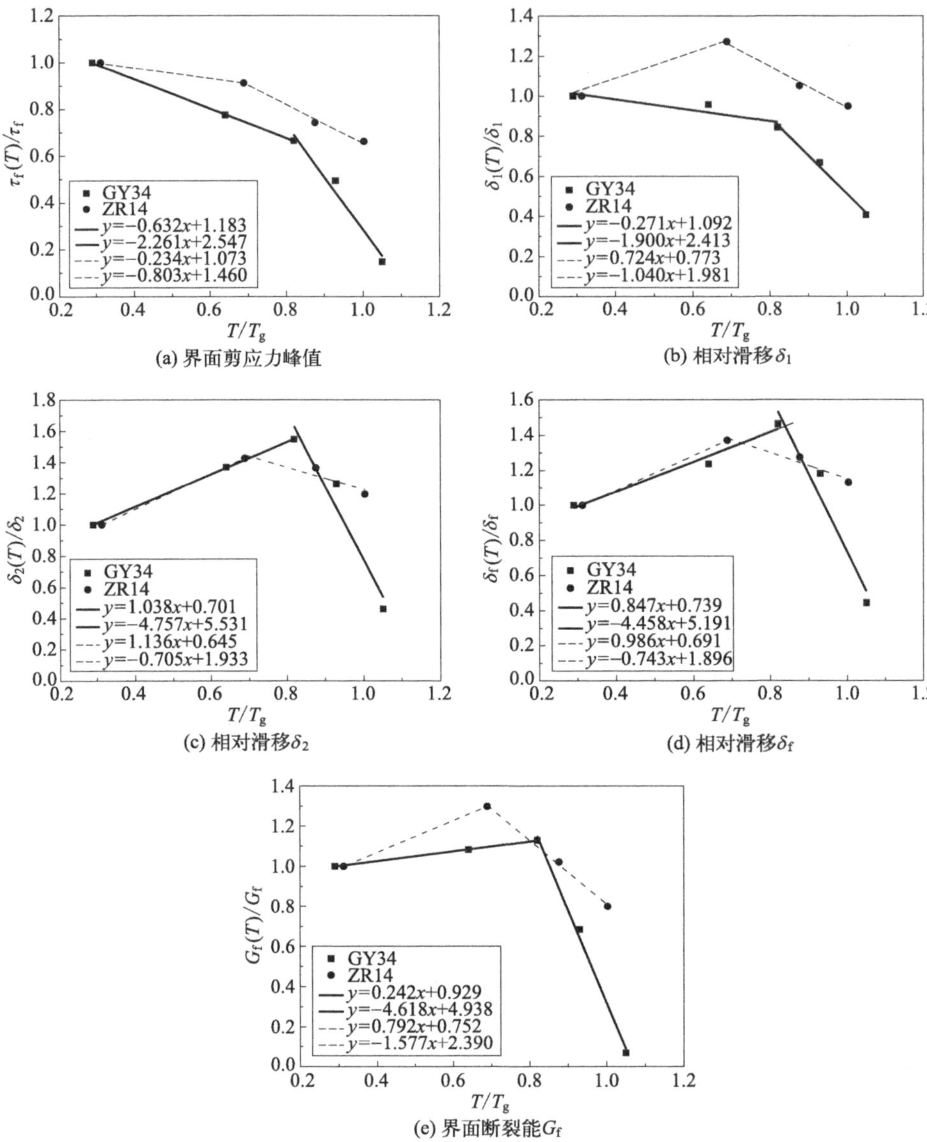

图 6.16 黏结-滑移本构关键参数随温度变化趋势

由图 6.16 可知，随环境温度的升高，黏结-滑移本构关键参数的变化趋势均可分为两阶段，界面剪应力峰值在第一阶段的降低速率较慢，第二阶段降低速率明显加快。采用 GY34 胶黏剂的搭接接头的界面相对滑移 δ_1 的变化趋势与界面剪应力的变化趋势相同，采用 ZR14 胶黏剂的搭接接头的界面相对滑移 δ_1 在第一阶段随温度的升高而增大，第二阶段随温度的升高而减小；采用两种不同胶黏剂的搭接接头的界面相对滑移 δ_2、界面极限相对滑移 δ_f 及界面断裂能 G_f 的变化趋势均在第一阶段随温度的升高而增大，第二阶段随温度的升高而减小。关键参数线性拟合的关系式为：

$$\frac{A(T)}{A}=\begin{cases} a\dfrac{T}{T_{g,T}}+b & 0.2\leqslant\dfrac{T}{T_{g,T}}\leqslant x \\ a\dfrac{T}{T_{g,T}}+b & x<\dfrac{T}{T_{g,T}}\leqslant 1.2 \end{cases} \tag{6.4}$$

$A(T)$ 为高温 T 下的某一关键参数；A 为室温下的某一关键参数；a、b、x 为常数，具体数值见表 6.5，采用 GY34 胶黏剂的 $x=0.88$，采用 ZR14 胶黏剂的 $x=0.67$。

表 6.5 黏结-滑移关系预测模型的常数 a、b 的取值

参数	GY34			ZR14		
	温度区间	a	b	温度区间	a	b
τ_f	$0.2\leqslant T/T_g\leqslant 0.88$	−0.632	1.183	$0.2\leqslant T/T_g\leqslant 0.67$	−0.234	−0.803
	$0.88<T/T_g\leqslant 1.2$	−2.261	2.547	$0.67<T/T_g\leqslant 1.2$	−0.803	1.46
δ_1	$0.2\leqslant T/T_g\leqslant 0.88$	−0.271	1.092	$0.2\leqslant T/T_g\leqslant 0.67$	0.724	0.773
	$0.88<T/T_g\leqslant 1.2$	−1.9	2.413	$0.67<T/T_g\leqslant 1.2$	−1.04	1.981
δ_2	$0.2\leqslant T/T_g\leqslant 0.88$	1.038	0.701	$0.2\leqslant T/T_g\leqslant 0.67$	1.136	0.645
	$0.88<T/T_g\leqslant 1.2$	−4.757	5.531	$0.67<T/T_g\leqslant 1.2$	−0.705	1.933
δ_f	$0.2\leqslant T/T_g\leqslant 0.88$	0.847	0.739	$0.2\leqslant T/T_g\leqslant 0.67$	0.986	0.691
	$0.88<T/T_g\leqslant 1.2$	−4.458	5.191	$0.67<T/T_g\leqslant 1.2$	−0.743	1.896
G_f	$0.2\leqslant T/T_g\leqslant 0.88$	0.242	−4.618	$0.2\leqslant T/T_g\leqslant 0.67$	0.792	−1.577
	$0.88<T/T_g\leqslant 1.2$	0.929	4.938	$0.67<T/T_g\leqslant 1.2$	0.752	2.39

联立公式(6.3) 和公式(6.4) 可得到不同温度环境下搭接界面的黏结-滑移本构预测模型。

$$\begin{cases} \tau(T)=\dfrac{\left(a\dfrac{T}{T_{g,T}}+b\right)\tau_{f,0}}{\left(a\dfrac{T}{T_{g,T}}+b\right)\delta_{1,0}}\delta & \delta\leqslant\delta_{1,0}\left(a\dfrac{T}{T_{g,T}}+b\right) \\ \tau(T)=\left(a\dfrac{T}{T_{g,T}}+b\right)\tau_{f,0} & \delta_{1,0}\left(a\dfrac{T}{T_{g,T}}+b\right)<\delta\leqslant\delta_{2,0}\left(a\dfrac{T}{T_{g,T}}+b\right) \\ \tau(T)=\dfrac{\left(a\dfrac{T}{T_{g,T}}+b\right)\tau_{f,0}}{\left(a\dfrac{T}{T_{g,T}}+b\right)\delta_{f,0}-\left(a\dfrac{T}{T_{g,T}}+b\right)\delta_{2,0}}\left[\left(a\dfrac{T}{T_{g,T}}+b\right)\delta_{f,0}-\delta\right] & \delta_{2,0}\left(a\dfrac{T}{T_{g,T}}+b\right)<\delta\leqslant\delta_{f,0}\left(a\dfrac{T}{T_{g,T}}+b\right) \\ \tau(T)=0 & \delta_{f,0}\left(a\dfrac{T}{T_{g,T}}+b\right)<\delta \end{cases}$$

(6.5)

式中，$\tau_{f,0}$，$\delta_{1,0}$，$\delta_{2,0}$，$\delta_{f,0}$ 分别为室温环境下黏结-滑移本构的参数。图 6.17 给出了黏结-滑移本构预测模型与试验模型的比较，可看出预测结果与试验结果吻合较好。

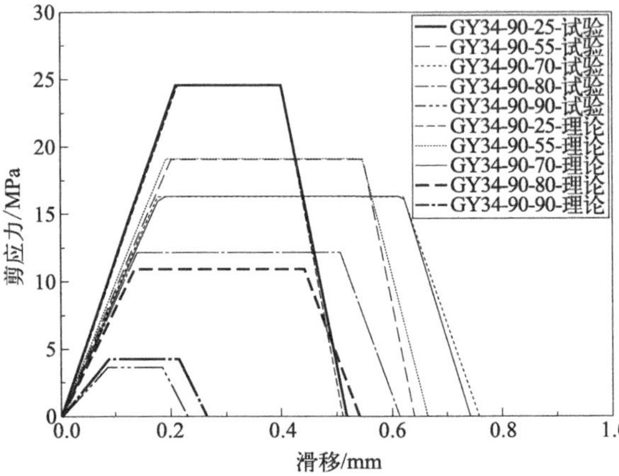

(a) 采用GY34胶黏剂的搭接接头

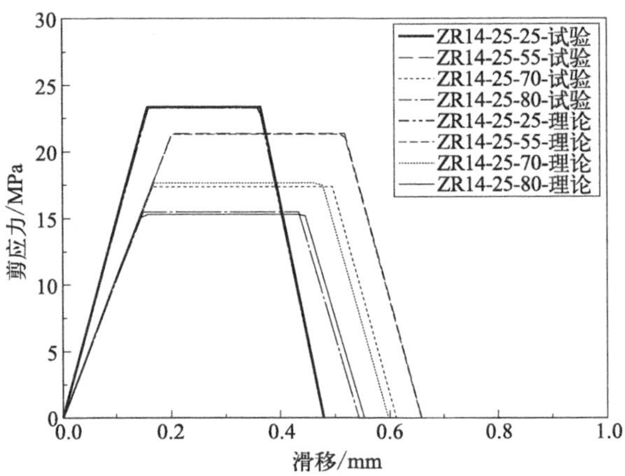

(b) 采用ZR14胶黏剂的搭接接头

图 6.17 黏结-滑移本构预测模型与试验模型比较

6.4 本章小结

第一，当环境温度低于胶黏剂的玻璃化转变温度 $T_{g,S}$ 时，随温度的升高，胶黏剂的断裂伸长率及应变能逐渐增大；温度超过胶黏剂的玻璃化转变温度

$T_{g,S}$ 时，断裂伸长率及应变能将大幅减小。两种推荐配比胶黏剂的玻璃化转变温度 $T_{g,S}$ 分别为 71.0℃、66.5℃，可满足土木工程钢桥加固耐热性能要求。

第二，在 25℃环境下，荷载-位移曲线呈线性关系，具有较大极限荷载，但极限位移较小。小于胶黏剂玻璃化转变温度 $T_{g,S}$ 的高温环境下，加载初期，荷载随位移呈线性增长，加载后期，荷载随位移的增长速率减慢，极限位移显著增大，具有明显的延性段。随环境温度的进一步升高（大于胶黏剂玻璃化转变温度 $T_{g,S}$），极限荷载与极限位移均减小，荷载-位移曲线不再有延性段。

第三，环境温度的升高，主要是导致了胶黏剂与基材界面的黏结强度的降低，特别是胶层与钢板的界面黏结性能被显著劣化，成为搭接接头界面的薄弱层，使破坏模式由 CFRP 板层离破坏转变为胶层与钢板的界面破坏。

第四，高温环境下，搭接试件的有效黏结长度会显著增加，应变分布更加均匀，剪应力传递范围显著增加。

第五，基于研制胶黏剂的搭接试件的黏结-滑移本构形状在不同环境温度下均为三线性梯形。高温环境不会改变黏结-滑移曲线的形状，会改变关键参数值的大小，导致剪应力峰值逐渐降低，相对滑移与界面断裂能先增加后减小；当温度低于胶黏剂的玻璃化转变温度 $T_{g,S}$ 时，随温度的升高，相对滑移与界面断裂能逐渐增大，温度一旦超过胶黏剂的玻璃化转变温度 $T_{g,T}$，相对滑移与界面断裂能均大幅减小，这与高温环境下胶黏剂胶体的断裂伸长率及应变能的变化趋势相同。

第7章 基于推荐配比胶黏剂的CFRP板/钢板界面湿热及疲劳耐久性

7.1 引言

环境参数会影响 CFRP 板/钢板黏结的长期特性，包括湿度、温度循环以及紫外线辐射等。相关研究表明[154,183]，温度和湿度的组合（可以采用湿度、液态水或盐溶液的形式）可能是影响 FRP 与金属胶接结构耐久性最严重的条件。水分通过在胶黏层的扩散或沿着胶黏剂和被黏物之间界面渗透到胶接构件中，而温度的提高会加速水分的扩散[184,185]。由于水分子的体积很小，一旦界面或者胶层存在空隙，水分子就会浸入进去，其主要通过两种方式影响耐久性，一种是通过界面渗透使钢与胶层及 CFRP 与胶层界面的黏结性能下降，另一种是通过胶层孔隙渗透到胶黏剂胶体内部，破坏胶黏剂分子之间的黏聚力，同时水解聚合物中的低分子化合物，使某些高分子链断裂导致力学性能下降。

另外，随着 CFRP 加固钢结构技术的推广，CFRP 已广泛应用于桥梁领域、海洋平台等长期承受疲劳荷载的钢结构中，疲劳荷载的反复作用会导致这些建筑物发生低于静力强度的疲劳破坏，而 FRP 具有优异的抗疲劳性能，按最大疲劳应力，钢疲劳强度一般是抗拉强度的 30%～50%，而 CFRP 的疲劳强度可达抗拉强度的 70%～80%。界面胶黏层的耐疲劳性能如何？其处于两种黏结材料之间，内部出现损伤难以察觉，因此，对界面黏结层的疲劳损伤发展过程进行研究显得尤为重要。

目前对 CFRP 加固钢构件的研究主要集中在构件整体性能的研究，对 CFRP 板/钢板界面的环境及疲劳耐久性研究开展较少。因此，本章研究了不同水浴温度（室温、55℃和 70℃）及水浴时间（30d、60d、90d、160d）对纳米 SiO_2 胶黏剂力学性能（主要为拉伸性能）的影响规律与机理，并与商品胶黏剂 Sika30 进行对比，探索了水浴温度（室温、55℃和 70℃）对胶黏 CFRP 板/钢板搭接界面耐久性能的影响。另外，得到了纳米 SiO_2 掺量及环境温度对纳米 SiO_2 胶黏剂胶体拉伸疲劳寿命的影响，采用不同疲劳荷载幅进行了 CFRP 板/钢板搭接界面的拉伸剪切疲劳试验，揭示了搭接界面的损伤演化规律。

7.2 试验概况

7.2.1 恒温水浴试验

针对前面研究得出的推荐配比胶黏剂 ZR14 进行了耐久性试验。采用恒温水浴箱对 72 个胶黏剂胶棒、12 个 CFRP 板/钢板双搭接试件进行了长期湿热老化处理，浸泡温度包括室温、55℃、70℃，胶黏剂胶棒的浸泡时间为 30d、60d、90d、160d，搭接试件的浸泡时间为 90d，到设置时间后从水浴箱中取出相应试样，测试其力学性能。试件的设计与制作方法与前文一致，拉伸试验方法也与前文相同。图 7.1 为恒温水浴箱，图 7.2 为水浴处理后的试件。

图 7.1　恒温水浴箱

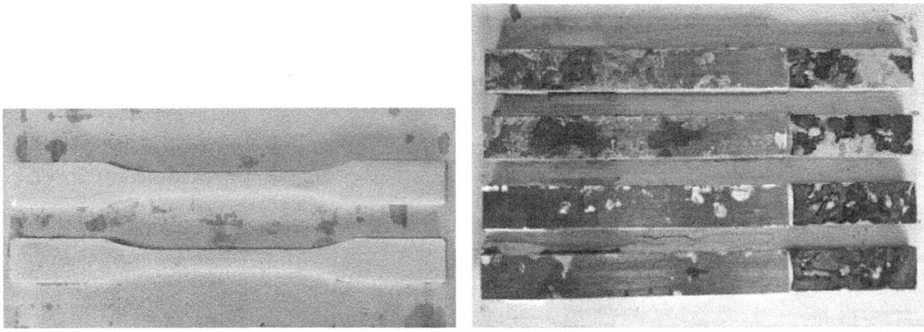

(a) 胶黏剂　　(b) 搭接试件

图 7.2　水浴后的照片

7.2.2 疲劳试验

采用液压伺服 MTS 测试台在实验室条件下进行了胶黏剂胶棒试件疲劳实验，加载照片见图 7.3。试件的设计与制作方法与前文一致。试验均根据标准《塑料单轴疲劳性能的标准试验方法》（ASTM D7791-12）进行，应力比 $R=P_{min}/P_{max}=0.1$，其中，P_{max}、P_{min} 分别为疲劳荷载的上限和下限，采用正弦波形。试件加载频率为 8Hz。使用红外热像仪（thermoIMAGER TIM）观察了试件在加载过程中的温度，以确认所使用的频率未引起温度升高。

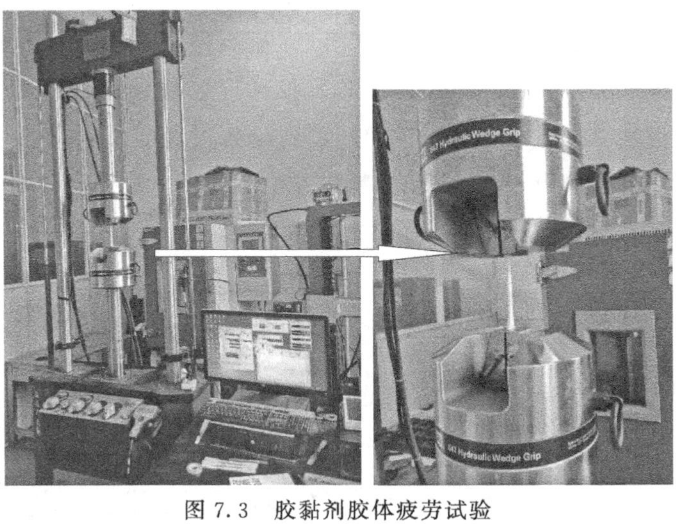

图 7.3　胶黏剂胶体疲劳试验

CFRP 板/钢板搭接试件疲劳试验加载频率取为 4Hz，采用力控制模式，荷载为正弦波形，加载照片见图 7.4。疲劳试验加载应力比为 $R=P_{min}/P_{max}=$

0.1。疲劳试验的荷载水平 P_{max} 分别取了 105kN、135kN 两种。CFRP 板表面的应变通过动态应变仪采集，采集频率为 40Hz。搭接试件的设计与制作方法与前文一致，CFRP 板及钢板的材料参数见表 7.1。

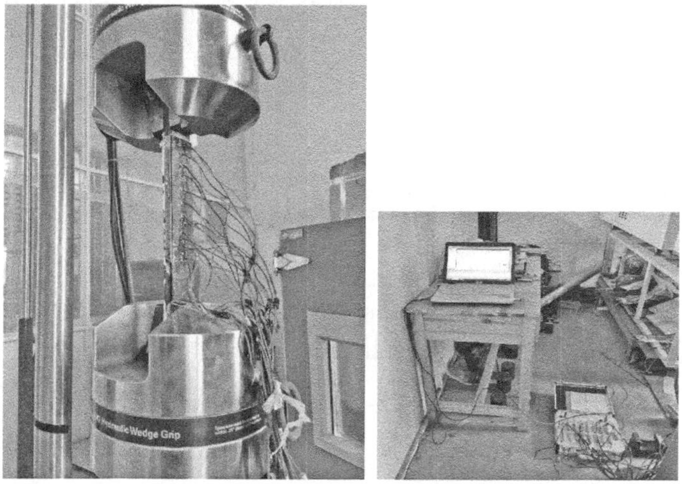

图 7.4　搭接试件疲劳试验

表 7.1　CFRP 板及钢板材料参数

材料参数	CFRP3.0 板	钢板
厚度/mm	3	12
宽度/mm	50	50
拉伸强度/MPa	2750	514
弹性模量/GPa	171	206
断裂伸长率/%	1.62	—

7.3　试验结果及分析

7.3.1　湿热耐久性

7.3.1.1　胶黏剂胶体湿热耐久性

（1）拉伸应力-应变曲线

如图 7.5 所示，胶黏剂的拉伸性能具有明显的屈服特征，25℃与 55℃水浴后胶黏剂的应力-应变曲线变化较小，而 70℃水浴后，应力-应变曲线具有较明显的变化，主要为强度下降，延性明显增加。胶黏剂的拉伸强度、弹性模量、断裂伸长率、应变能等为胶黏剂力学性能的关键指标，本节将从这四个指标对不同的水浴环境及水浴时间下胶黏剂拉伸性能的演变和机理方面进行研究。

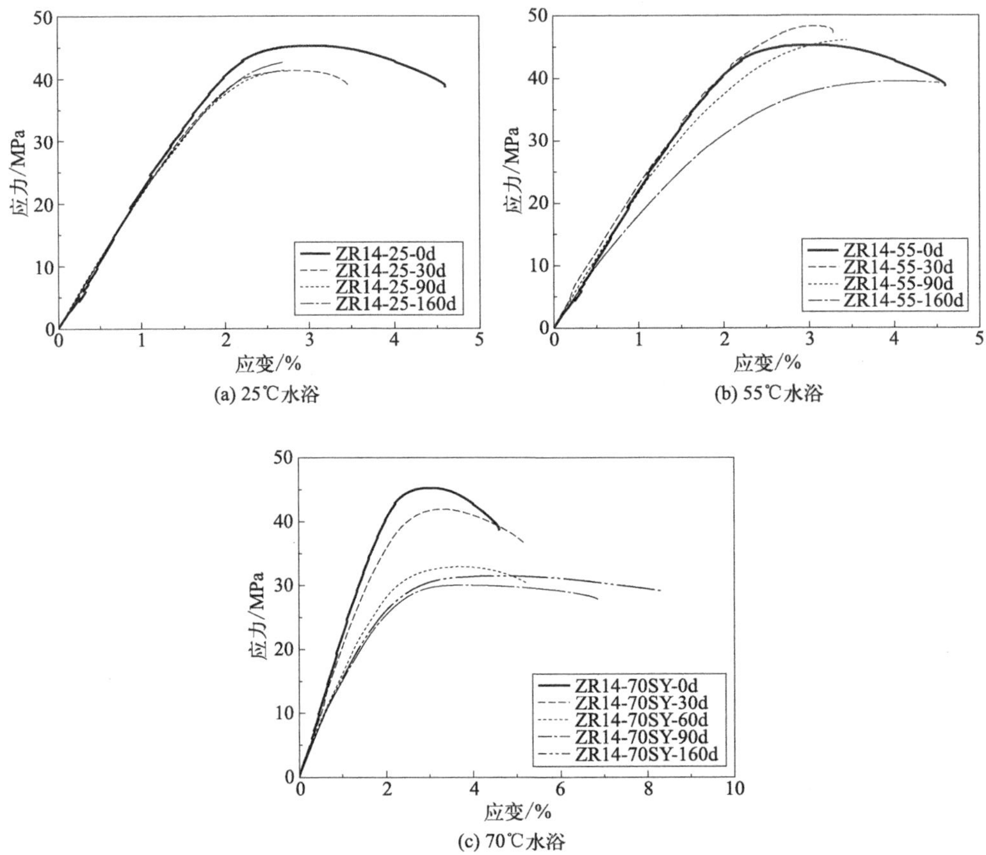

(a) 25℃水浴

(b) 55℃水浴

(c) 70℃水浴

图 7.5 应力-应变曲线

(2) 拉伸力学性能指标

三种不同温度的蒸馏水进行长期浸泡后，胶黏剂拉伸强度的演化规律见图 7.6。在水环境下浸泡初期（起初的 1～2 个月），胶黏剂胶体的拉伸强度存在一定程度退化，随浸泡时间的进一步增长，拉伸强度有所回升，并在后期基本不再下降。对于 ZR14 胶黏剂，在室温及 55℃水浴下，拉伸强度随浸泡时间的变化趋势基本相同，且基本不下降；在浸泡 60d 后，拉伸强度下降最多，室温水浴及 55℃水浴下分别下降了为 15.05%和 12.12%；70℃水浴下，拉伸强度在最初的

30d 与 60d 下降较为明显，随浸泡时间的进一步增加，后期拉伸强度基本不再下降，也在浸泡 60d 后，拉伸强度下降最多，为 32.46%。对于 Sika30 胶黏剂，室温水浴下，随浸泡时间的增加，拉伸强度基本不下降，在浸泡 60d 后，拉伸强度下降最多，为 20.72%；55℃及 70℃水浴下，拉伸强度在最初的 30d 与 60d 下降较为明显，后期基本不再下降；55℃水浴下，在浸泡 60d 后，拉伸强度下降最多，为 32.87%；70℃水浴下，在浸泡 160d 后，拉伸强度下降最多，为 36.87%。由第二章可知，ZR14 胶黏剂及 Sika30 胶黏剂的玻璃化转变温度 $T_{g,s}$ 分别为 66.1℃、32.8℃。综上分析，水浴温度对胶黏剂的湿热耐久性影响较为明显，当水浴温度低于胶黏剂的玻璃化转变温度 $T_{g,s}$ 时，水浴温度的升高会小幅度提升胶黏剂的湿热耐久性，一旦水浴温度超过胶黏剂的玻璃化转变温度 $T_{g,s}$，则会一定程度上降低胶黏剂的湿热耐久性。本书研制的纳米 SiO_2 胶黏剂及商品胶黏剂 Sika30 均表现出同样的现象，说明若处于湿热环境工程应用中，需控制湿热环境的温度不超过胶黏剂的玻璃化转变温度 $T_{g,s}$，以便提升胶黏剂的长期使用性能。

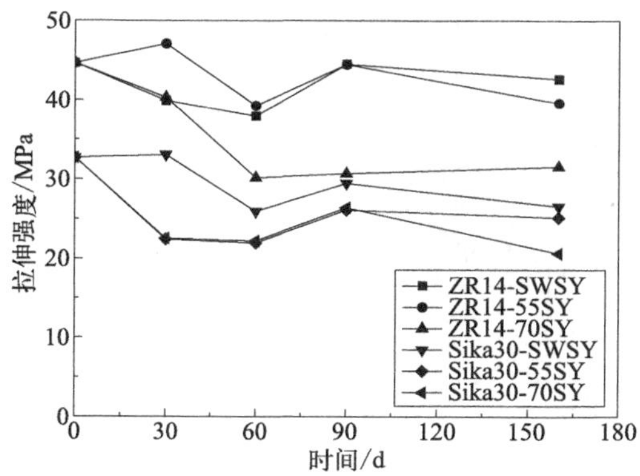

图 7.6　拉伸强度

在三种不同温度的蒸馏水中进行长期浸泡后，胶黏剂断裂伸长率的演化规律见图 7.7。对于 ZR14 胶黏剂，室温水浴下，断裂伸长率在浸泡初期逐渐降低，后期基本不变，浸泡 160d 后，下降了 41.65%；55℃水浴下，随浸泡时间的增加，断裂伸长率先降低后稍有回升，在浸泡 160d 后断裂伸长基本不下降；70℃水浴下，随浸泡时间的增加，断裂伸长率逐渐变大，在浸泡 160d 后，断裂伸长率提升了 83.08%。对于 Sika30 胶黏剂，随浸泡时间的增加，断裂伸长率逐渐降低，室温、55℃、70℃水浴 160d 后，分别下降了 29.93%、2.2%、51.80%。图 7.8 给出了在三种不同温度的蒸馏水中进行长期浸泡后，胶黏剂应变能的演化规律，由图可知，应变能的变化趋势与断裂伸长率的变化趋势相似。ZR14 胶黏剂的应变能在室温下水浴 160d 后，下降了 55.38%；在 55℃下水浴，在浸泡 160d 后断裂伸长下降仅 16.61%；在 70℃下水浴，随浸泡时间的增加，断裂伸长率逐渐变大，在浸泡 160d 后，断裂伸长率提升了 44.77%。对于 Sika30 胶黏剂，随浸泡时间的增加，断裂伸长率逐渐降低，在室温、55℃、70℃下水浴 160d 后，分别下降了 49.11%、33.99%、72.35%。

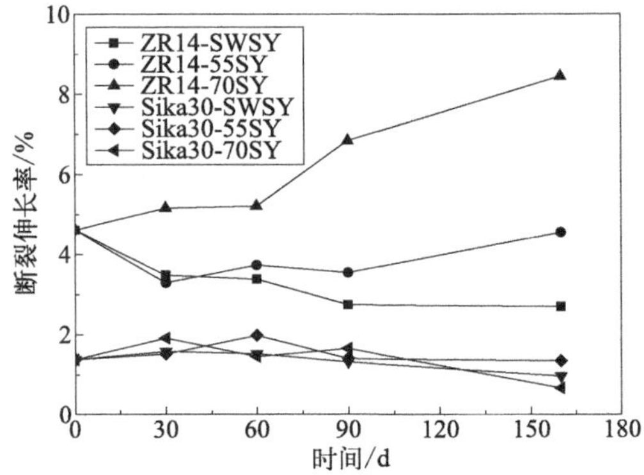

图 7.7 拉伸断裂伸长率

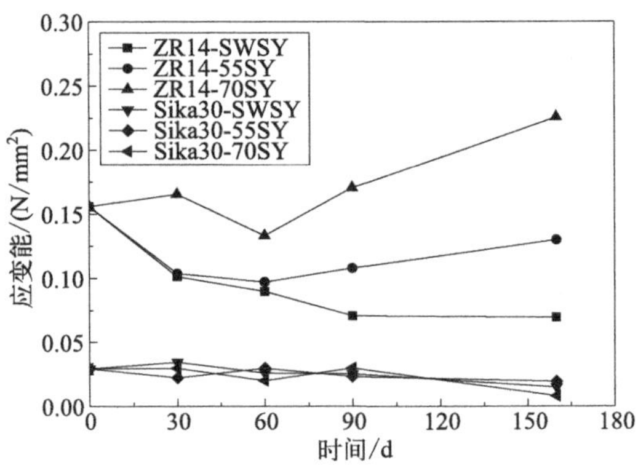

图 7.8 拉伸应变能

由于后固化作用，胶黏剂的交联度在浸泡初期会有所提升，即分子间的作用力增大，胶黏剂的拉伸断裂伸长率有所下降；水分子的入侵将打断胶黏剂分子之间的作用力（例如氢键与范德华力），从而降低胶黏剂的交联度，会使胶黏剂的拉伸断裂伸长率及应变能逐渐提升；在浸泡后期，胶黏剂的交联度变化较小，而水分子仍在继续打断较弱的分子间的作用力，导致了胶黏剂的拉伸断裂伸长率缓慢提升。而对于 70℃浸泡环境中的胶黏剂，温度已超过玻璃化转变温度 $T_{g,S}$，胶黏剂在短时间即可完成后固化，浸泡过程中主要为水分子打断了较弱的分子作用力，导致胶黏剂的断裂伸长率与应变能增大。

（3）微观结构分析

图 7.9 给出了胶黏剂试件未经过水浴浸泡及经过水浴浸泡后的扫描电镜照片。由照片可知，未经过水浴浸泡的照片中，胶黏剂试件断面由于纳米 SiO_2 拔出后留下的孔洞周围没有白色的光环，而经过水浴浸泡后，纳米 SiO_2 拔出后留下的孔洞周围具有明显的塑化现象。可见，水浴主要导致了纳米粒子周围树脂基体的塑化。

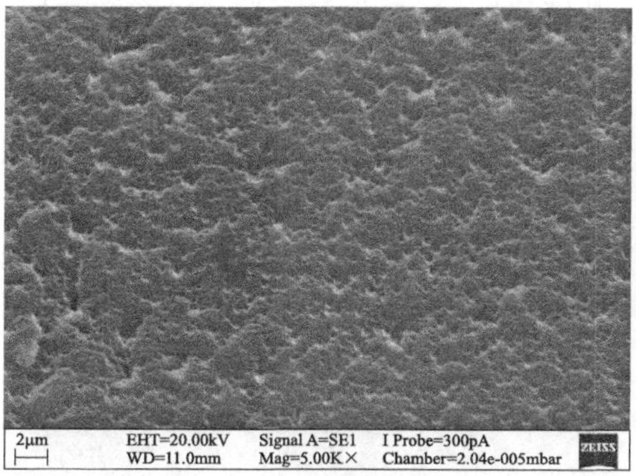

(a) 对照组

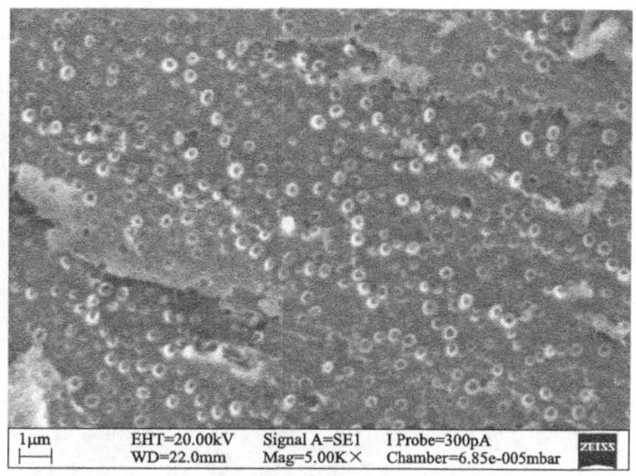

(b) 70℃水浴60d

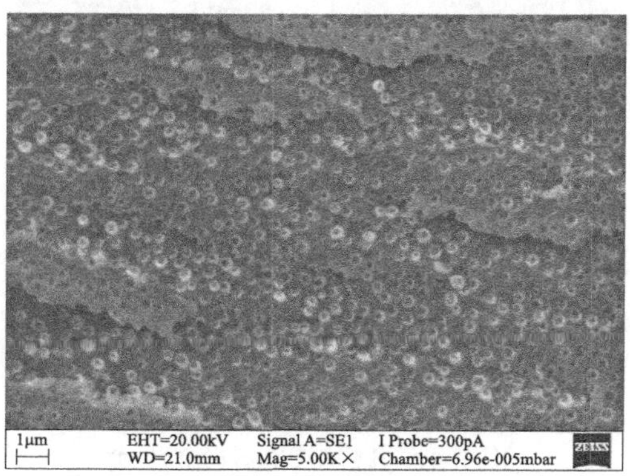

(c) 70℃水浴90d

图 7.9　微观结构表征图

7.3.1.2　CFRP 板/钢板搭接试件界面湿热耐久性

（1）破坏模式与荷载-位移关系

各试件的胶层厚度、破坏时夹持端与加载端之间的最大位移、峰值荷载及破坏模式见表 7.2，典型破坏模式的照片见图 7.10。

表 7.2　CFRP 板/钢板双搭接试件湿热耐久性试验结果

试件编号	胶层厚度 T_a/mm	极限位移/mm		极限荷载/kN		平均剪切强度/MPa		破坏模式
		D_{max}	平均	P_{max}	平均	$\overline{p}_{max}$	平均	
ZR14-对照组-1	1.04	4.55	4.45	206.85	205.88	10.34	10.30	d
ZR14-对照组-2	1.08	4.31		204.90		10.25		d
ZR14-25SY-90d-1	1.09	3.16	3.12	193.03	191.89	9.65	9.60	b
ZR14-25SY-90d-2	1.06	3.08		190.75		9.54		b
ZR14-55SY-90d-1	1.12	2.91	2.96	189.32	189.37	9.47	9.47	d/b
ZR14-55SY-90d-2	1.02	3.00		189.41		9.47		d/b
ZR14-70SY-90d-1	1.07	2.85	2.81	171.99	170.29	8.60	8.53	a/b
ZR14-70SY-90d-2	1.02	2.77		168.59		8.43		a/b

注：试件名称 ZR**-**-**-** 中，第一个"-"前面的数字为胶黏剂名称（如 ZR14）；第一个"-"后面的数字为水浴温度（如 70SY）；第二个"-"后面的数字为水浴天数（如 90d）；第三个"-"后面的数字为同一组试件的编号（如 1）；破坏模式中，a 为 CFRP 板与胶层界面破坏；b 为钢板与胶层界面破坏；d 为 CFRP 板层离破坏。

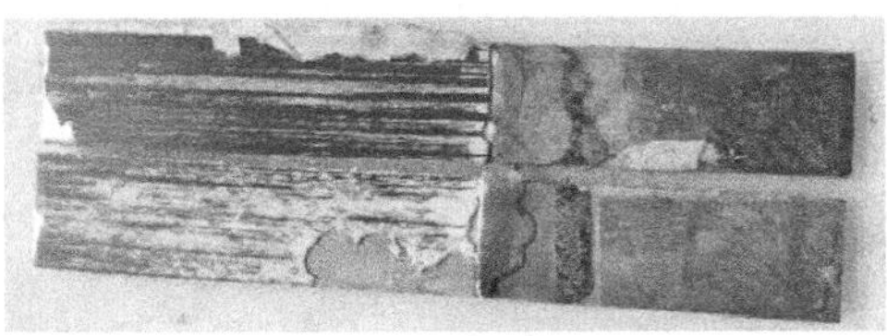

(a) 25℃水浴照片

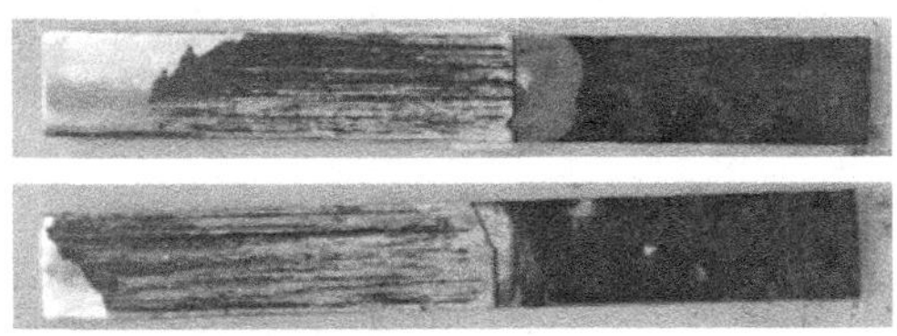

(b) 55℃水浴照片

(c) 70℃水浴照片

图 7.10　试件水浴后破坏模式

由图 7.10 可知，水浴温度对搭接试件的破坏模式有一定影响。室温水浴 90d 后的搭接试件的破坏模式仍为 CFRP 板层离破坏；55℃水浴 90d 后的搭接试件的破坏模式为 CFRP 板层离及钢板与胶层界面破坏的混合形式；70℃水浴 90d 后的搭接试件的破坏模式为界面破坏（包括 CFRP 板与胶层界面及钢板与胶层界面）。说明水浴浸泡主要影响了钢板与胶层及 CFRP 板与胶层的界面性能，由于两表面为 CFRP 板与钢板，水分只能通过侧面渗透，对胶黏剂本身的影响较小。

由表 7.2 可知，随水浴温度的升高，CFRP 板/钢板搭接试件的极限承载力及最大位移均逐渐减小，25℃浸泡 90d 后搭接试件极限承载力比对照组降低了 6.80%，55℃浸泡 90d 后搭接试件极限承载力比对照组降低了 8.02%，与 25℃浸泡 90d 相比，差异很小。但是，70℃浸泡 90d 后搭接试件极限承载力比对照组降低了 17.29%，与 25℃及 55℃浸泡 90d 相比，下降幅度较大。由前文可知，ZR14 胶黏剂的玻璃化转变温度 $T_{g,S}$ 为 66.5℃，可见水浴温度超过胶黏剂玻璃化转变温度后，搭接试件的极限承载力下降较大，工程应用中，需根据胶黏剂的玻璃化转变温度合理确定使用环境。

图 7.11 为不同温度水浴浸泡后的搭接试件在拉伸过程中的荷载-位移曲线。与对照组相比，经过水浴浸泡后，搭接试件的荷载-位移曲线由非线性变为线性，承载能力及延性均下降。

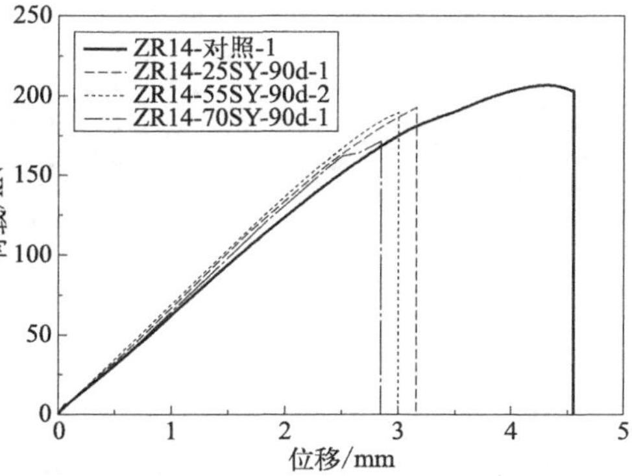

图 7.11　试件水浴后荷载-位移曲线

（2） CFRP 板表面应变分布

图 7.12 给出了经不同温度水浴浸泡后的搭接试件在拉伸荷载下的 CFRP 板表面的应变分布。由图可知，浸泡温度对搭接试件的 CFRP 板表面的应变分布影响较小，应变基本大致呈指数型分布，峰值出现在钢板自由端。经水浴浸泡后的 CFRP 板表面的应变峰值基本在 5000～6000$\mu\varepsilon$ 之间，未经水浴浸泡的对照组的 CFRP 板表面的应变峰值为 6500$\mu\varepsilon$。随拉伸荷载增大，应变逐渐向 CFRP 板自由端传递，且不同温度浸泡后 CFRP 板表面的应力传递长度基本相同，大致在 80～100mm 范围内。

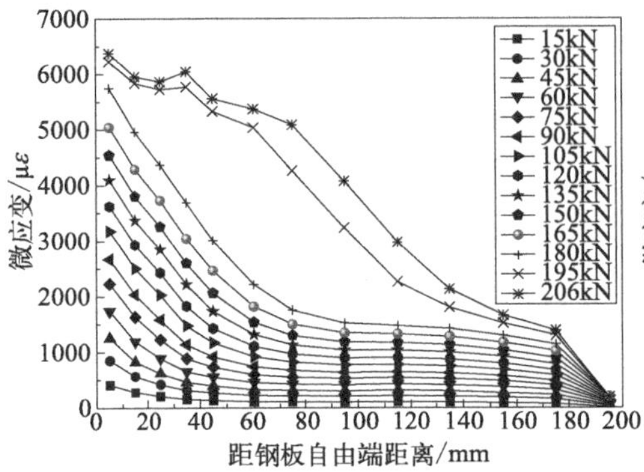

(a) ZR14-对照组-1

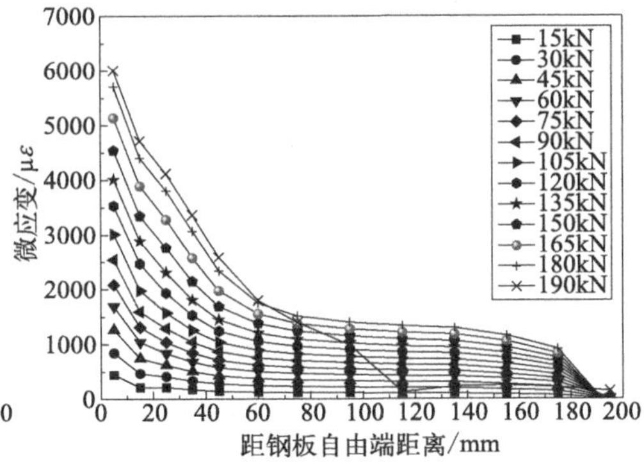

(b) ZR14-25SY-90d-1

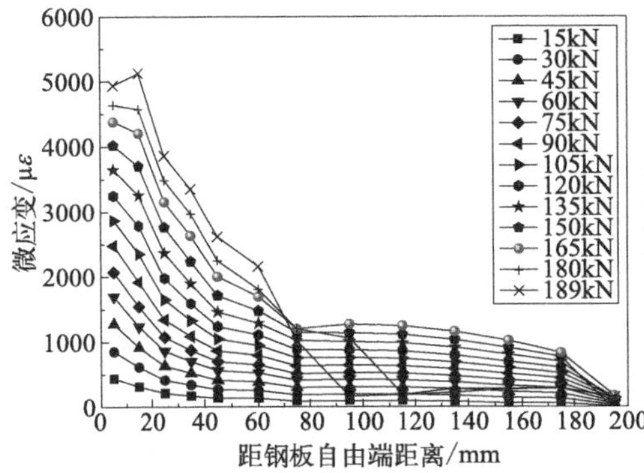

(c) ZR14-55SY-90d-2

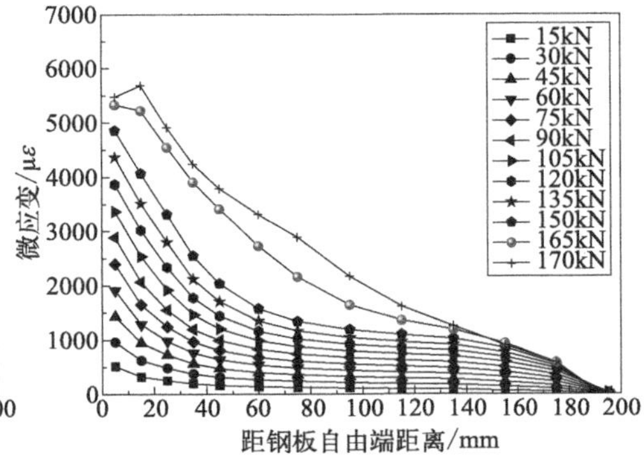

(d) ZR14-70SY-90d-1

图 7.12 CFRP 板表面应变分布

(3) 界面剪应力分布

图 7.13 给出了经不同温度水浴浸泡后的搭接试件在拉伸荷载下的界面剪应力分布。由图可知，在加载前期，剪应力最大值始终位于钢板自由端；加载后期，剪应力逐渐向 CFRP 板自由端传递。经过水浴浸泡后的搭接试件界面剪应力分布更加集中，可能水浴后，胶黏剂被塑化，界面韧性有所降低，导致剪应力传递范围变小。但经过不同温度的水浴浸泡后的搭接界面剪应力分布规律基本一致，受水浴温度影响较小。

7.3.2 疲劳耐久性

7.3.2.1 胶黏剂胶体疲劳耐久性

图 7.14 给出了不同纳米 SiO_2 掺量的胶黏剂的疲劳寿命及拟合曲线。由图可

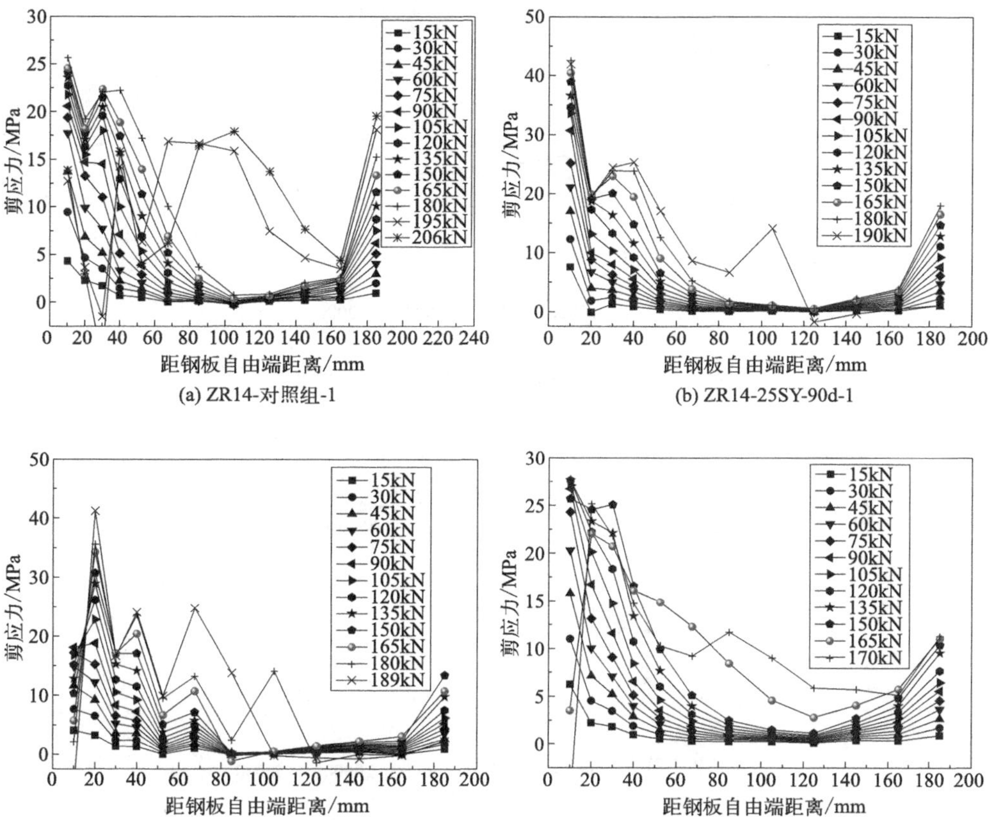

(a) ZR14-对照组-1　(b) ZR14-25SY-90d-1

(c) ZR14-55SY-90d-2　(b) ZR14-70SY-90d-1

图 7.13　CFRP 表面应变分布

知，胶黏剂的疲劳寿命曲线存在应力门槛值，当最大应力小于 20MPa 时，胶黏剂具有较好的疲劳寿命；当最大应力大于 20MPa 时，随最大应力的增大，疲劳寿命呈指数型降低。纳米 SiO_2 掺量的增加可以提升胶黏剂在低应力作用下的疲劳寿命，对高应力下的疲劳寿命影响较小，疲劳寿命拟合公式如下：

$$\text{ZR14 胶黏剂：}\quad y=84.47x^{-0.14} \tag{7.1}$$

$$\text{ZR12 胶黏剂：}\quad y=94.41x^{-0.15} \tag{7.2}$$

由图 7.15 可知，环境温度对胶黏剂胶体的耐疲劳性能影响非常显著。在相同的循环荷载作用下，随环境温度升高，疲劳寿命下降较明显，在室温、55℃、70℃环境下的胶黏剂荷载循环次数与最大应力的拟合公式分别为：

$$\text{室温下：}y=84.47x^{-0.14} \tag{7.3}$$

$$55℃\text{：}y=88.78x^{-0.17} \tag{7.4}$$

$$70℃\text{：}y=716.31x^{-0.47} \tag{7.5}$$

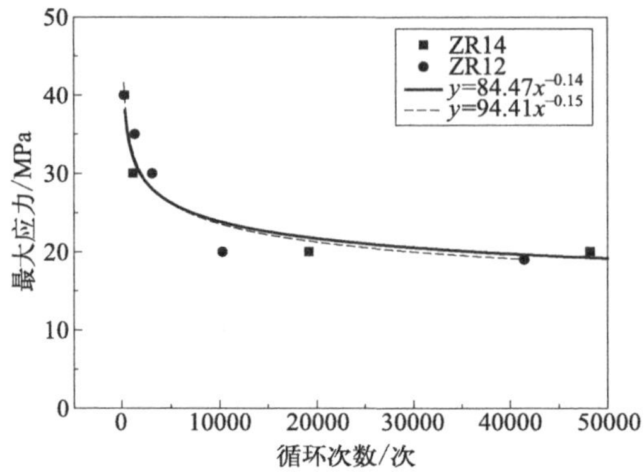

图 7.14　不同掺量增韧剂的胶黏剂的疲劳寿命

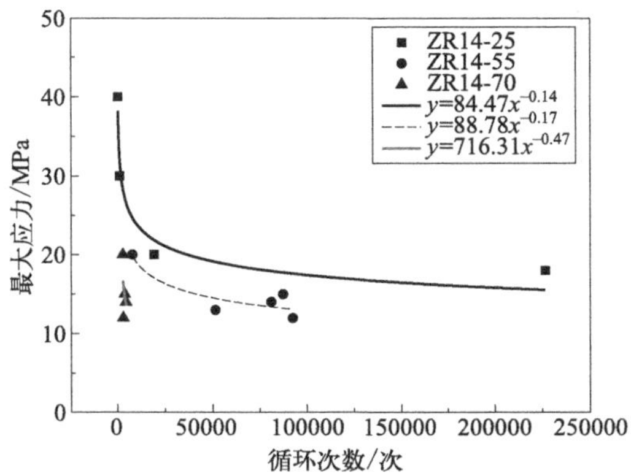

图 7.15　不同环境温度下胶黏剂的疲劳寿命

7.3.2.2　CFRP 板/钢板搭接试件界面疲劳耐久性

(1) 疲劳寿命

表 7.3 为搭接试件的静力强度及疲劳寿命。采用了 P_{max}=135kN 与 P_{max}=105kN 两种疲劳荷载，分别为静力强度的 71.36%与 55.50%，试件的疲劳寿命均大于 200 万次，但 P_{max}=135kN 对应的试件加载到 200 万次时，界面有可见的疲劳损伤微裂纹，而 P_{max}=105kN 对应的试件加载两百万次后，界面黏结完好，无可见损伤。

表 7.3　试件静力强度及疲劳寿命

试件编号	最大荷载/kN	最小荷载/kN	荷载幅/kN	静力强度/kN		疲劳寿命/万次	
				P	$\overline{P}$	N	$\overline{N}$
ZR14-3.0-25-J1	—	—	—	192.52	189.19	—	—
ZR14-3.0-25-J2	—	—	—	185.86		—	—

续表

试件编号	最大荷载/kN	最小荷载/kN	荷载幅/kN	静力强度/kN		疲劳寿命/万次	
				P	$\overline{P}$	N	$\overline{N}$
ZR14-3.0-25-F1	135	13.5	121.5	—	—	221.9	217.75
ZR14-3.0-25-F2	135	13.5	121.5	—	—	213.6	
ZR14-3.0-25-F3	105	10.5	94.5	—	—	200 未坏停止	>200
ZR14-3.0-25-F4	105	10.5	94.5	—	—	200 未坏停止	

注：试件名称 ZR**-**-**-** 中，第一个"-"前面的数字为胶黏剂名称（如 ZR14）；第一个"-"后面的数字为 CFRP 板厚度（如 3.0）；第二个"-"后面的数字为环境温度（如 25）；第三个"-"后面的数字为同一组试件的编号（如 F1）。

（2） CFRP 板表面的应变分布

图 7.16 所示为经历不同疲劳次数后 CFRP 板表面的应变演化规律，包括 P_{max}=105kN 与 P_{max}=135kN 两种疲劳荷载峰值对应的应变演变规律。由图可知疲劳峰值荷载的大小对应变演变规律有较大影响，当 P_{max}=105kN 时，经历不同疲劳循环次数后，CFRP 板表面的应变分布基本没变化，说明搭接界面处于弹性状态，仍可有效传递荷载；当 P_{max}=135kN 时，经历不同疲劳循环次数后，CFRP 板表面的应变分布发生明显变化，疲劳荷载作用初期，应变主要集中在钢板自由端附近，随着疲劳次数的增加，钢板自由端附近的界面逐渐发生损伤，应变逐渐向 CFRP 板自由端传递。由图可知，在该疲劳荷载作用下，CFRP 板表面上的应变演化主要由加载初期快速传力阶段、界面的稳定传力阶段、界面的失稳传力阶段三个阶段构成。

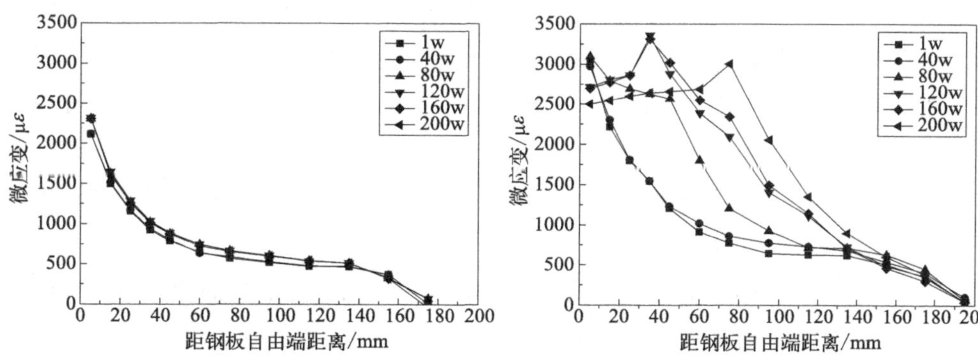

(a) P_{max}=105kN　(b) P_{max}=135kN

图 7.16　经历不同疲劳次数后 CFRP 板表面应变分布

（3）界面剪应力分布

图 7.17 所示为经历不同疲劳次数后界面剪应力演化规律，包括 P_{max}=

105kN 与 P_{max}=135kN 两种疲劳荷载峰值对应的剪应力演变规律。由图可知疲劳峰值荷载的大小对剪应力演变规律也有较大影响，当 P_{max}=105kN 时，经历不同疲劳循环次数后，界面剪应力始终集中在钢板自由端附近，搭接界面处于弹性状态；当 P_{max}=135kN 时，随疲劳循环次数的增加，钢板自由端附近的界面逐渐发生损伤剥离，界面剪应力分布逐渐由钢板自由端向 CFRP 板自由端传递，达到一定循环次数后，界面即发生疲劳破坏。不同峰值荷载下，经历同样的循环次数后，界面损伤发展明显不同，说明存在疲劳荷载门槛值，如果循环荷载小于门槛值，搭接界面处于弹性状态，基本不发生疲劳损伤。

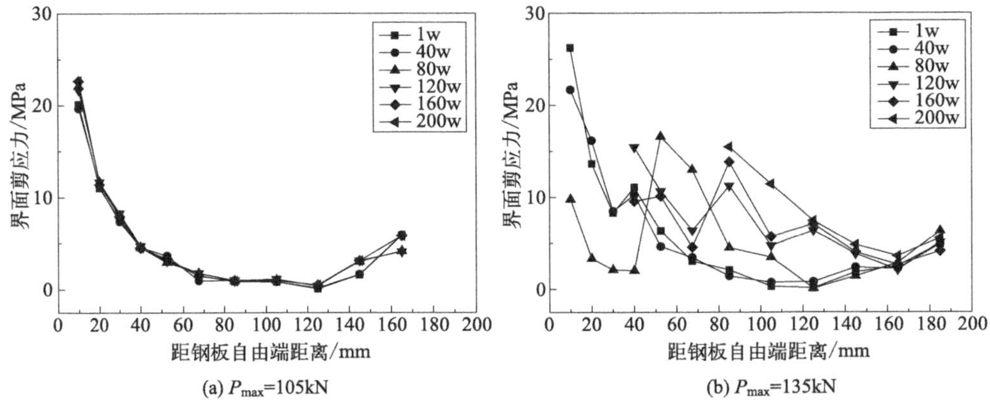

图 7.17 经历不同疲劳次数后界面剪应力分布

（4）界面相对滑移的演化规律

图 7.18 为 P_{max}=135kN 的疲劳荷载作用下荷载-滑移的滞回曲线。由图可知，随疲劳次数的增加，滞回曲线包围的面积经历了从小到大的变化过程，说明 CFRP 板/钢板界面裂纹经历了从开始萌生到逐步扩展的过程。另外，随着疲劳荷载作用次数的增加，搭接界面的滑移也逐渐增大；当疲劳荷载循环到一定次数时，滞回曲线的面积与搭接界面的相对滑移会突然增大，表明界面层的裂纹发展到了失稳扩展阶段。

在疲劳载荷的作用下，因为反复的加卸载导致黏结界面处的微孔或微裂纹将逐渐产生并扩展；随着界面损伤的累积，当微孔或微裂纹在疲劳荷载的作用下失稳扩展时，会相互贯通，这将导致黏结应力及黏结刚度下降，相对滑移增加；当界面滑移达到极限值时，黏结力消失，界面发生剥离破坏。

（5）界面黏结刚度损伤模型

文献［186］根据试验研究指出，FRP 筋与混凝土的黏结界面在疲劳荷载作

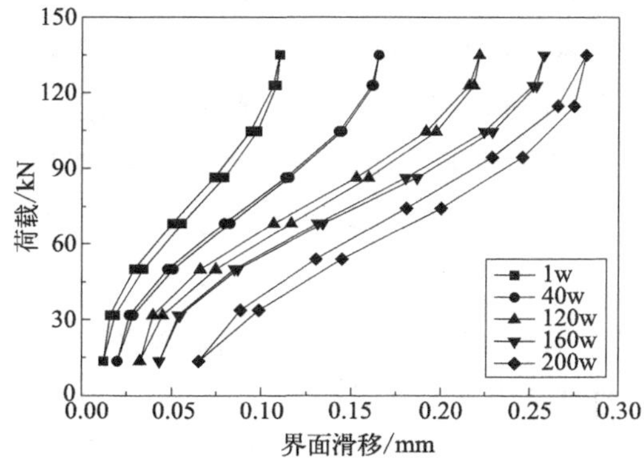

图 7.18　疲劳荷载作用下荷载-滑移的滞回曲线

用下黏结-滑移曲线的外部包络线可以近似地看成单调加载时的黏结-滑移曲线，CFRP 板/钢板界面黏结-滑移也具有类似的特征。因此，CFRP 板/钢板界面也可以采用单调加载时界面的黏结-滑移曲线代替反复加载时黏结-滑移曲线的外部包络线。

图 7.19 为疲劳荷载下理想化的 CFRP-钢界面黏结-滑移模型，滞回情况为：①疲劳峰值荷载 P_{max} 小于界面的弹性极限荷载 P_s 时，界面的滑移小于极限弹性滑移 δ_1，此时加卸载刚度为界面刚度 K_0，加卸载将按照黏结-滑移曲线的上升段进行。②疲劳峰值荷载 P_{max} 大于界面的弹性极限荷载 P_s 时，界面的滑移大于 δ_1，加载途径将按照 oa 段，卸载途径将按照 ab 段，当荷载卸载到 0 时，界面因为损伤导致的摩阻力会在很小的滑移下（bc 段）全部释放，但是界面依旧存在不可全部恢复的残余滑移 $\Delta\delta$（oc 段）。③继续加载时，加载路径将按照 ca′d 进行，卸载路径将按照 de 段，界面的残余应力会在 ef 段释放，cf 段是此次循环

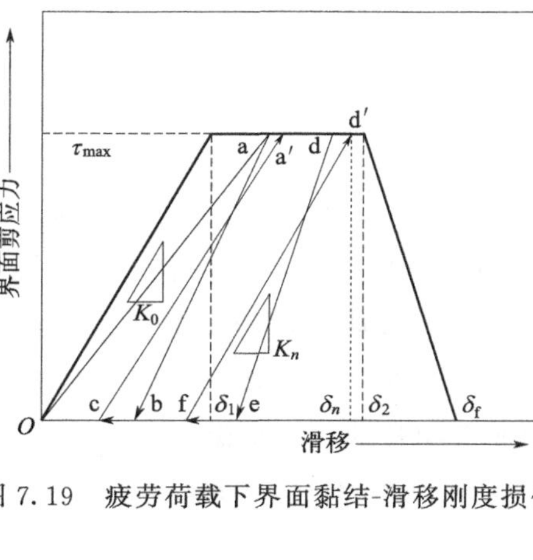

图 7.19　疲劳荷载下界面黏结-滑移刚度损伤模型

后增加的残余滑移，of 段为此次循环后界面的累积残余滑移。④随疲劳次数的增加，界面的黏结强度减小，残余滑移 $\Delta\delta$ 持续增大；界面滑移量大于界面的极限滑移值 δ_f 时，界面黏结强度降至 0，发生剥离破坏。

假设在某一疲劳荷载作用下，经历一次循环后界面的残余滑移值 $\Delta\delta$ 是常数，则 n 次循环作用后搭接界面的残余滑移值 $\Delta\delta_n$ 可写为：

$$\Delta\delta_n = n \cdot \Delta\delta \tag{7.6}$$

式中，$\Delta\delta$ 为试验中界面发生失稳剥离前残余滑移与循环次数的比值。

n 次循环后界面的黏结刚度 K_n 可写为：

$$K_n = \frac{\tau_n}{\delta_n - \Delta\delta_n} \tag{7.7}$$

式中，τ_n、δ_n 为循环 n 次后对应的黏结强度和滑移量。

n 次循环后界面的黏结刚度 K_n 可表示为：

$$K_n = \frac{\tau_{\max} \cdot a_d}{[\delta_f - a_d \cdot (\delta_f - \delta_1)] - n \cdot \Delta\delta} \tag{7.8}$$

式中，a_d 为黏结退化系数，可通过疲劳试验数据拟合得到。

若将疲劳荷载作用下界面黏结刚度的损伤变量 D_K 表示为：

$$D_K = \frac{K_0 - K_n}{K_0} \tag{7.9}$$

则疲劳荷载下界面黏结刚度的损伤模型可写为：

$$D_K = \begin{cases} 0 & 0 < \delta \leqslant \delta_1 \\ 1 - \dfrac{\delta_1 \cdot a_d}{[\delta_f - a_d \cdot (\delta_f - \delta_1)] - n \cdot \Delta\delta} & \delta > \delta_1 \end{cases} \tag{7.10}$$

7.4 本章小结

第一，水浴温度对胶黏剂的湿热耐久性影响较为明显。当水浴温度低于胶黏剂的玻璃化转变温度 $T_{g,S}$ 时，水浴温度的升高会小幅度提升胶黏剂的湿热耐久性；一旦水浴温度超过胶黏剂的玻璃化转变温度 $T_{g,S}$，则会在一定程度上降低胶黏剂的湿热耐久性。水浴主要导致了纳米粒子周围树脂基体的塑化。

第二，水浴温度超过胶黏剂玻璃化转变温度 $T_{g,S}$ 后，搭接试件的极限承载力下降较大。在工程应用中，需根据胶黏剂的玻璃化转变温度合理确定使用环境。

第三，在大于门槛值的疲劳荷载作用下，CFRP 板表面上的应变演化主要由加载初期快速传力阶段、界面的稳定传力阶段、界面的失稳传力阶段三个阶段构成。当循环荷载小于门槛值时，黏结界面处于弹性状态，基本不发生疲劳损伤。

第四，在疲劳载荷的作用下，因为反复的加卸载导致黏结界面处的微孔或微裂纹将逐渐产生并扩展；随着界面损伤的累积，当微孔或微裂纹在疲劳荷载的作用下失稳扩展时，会相互贯通，这将导致黏结应力及黏结刚度的下降，相对滑移会增加；当界面滑移达到极限值时，黏结力消失，界面剥离破坏。

参考文献

[1] 李传习，李游，陈卓异，等．钢箱梁横隔板疲劳开裂原因及补强细节研究 [J]. 中国公路学报，2017，30 (3)：122-131.

[2] 卜一之，金通，李俊，等．纵肋与横隔板交叉构造细节穿透型疲劳裂纹扩展特性及其加固方法研究 [J]. 工程力学，2019，36 (6)：211-218.

[3] Agarwal A，Foster S J，Hamed E，et al. Influence of Freeze-Thaw Cycling on the Bond Strength of Steel-FRP Lap Joints [J]. Composites Part B：Engineering，2014，60：178-185.

[4] Zhao X L，Zhang L. State-of-the-Art Review on FRP Strengthened Steel Structures [J]. Engineering Structures，2007，29 (8)：1808-1823.

[5] Miller T C，Chajes M J，Mertz D R，et al. Strengthening of a Steel Bridge Girder Using CFRP Plates [J]. Journal of Bridge Engineering，2001，6 (6)：514-522.

[6] Colombi P，Poggi C. Strengthening of Tensile Steel Members and Bolted Joints Using Adhesively Bonded CFRP Plates [J]. Construction & Building Materials，2006，20 (1)：22-33.

[7] Fawzia S，Zhao X-L，Al-Mahaidi R，et al. Bond Characteristics between CFRP and Steel Plates in Double Strap Joints [J]. The International Journal of Advanced Steel Construction，2005，1 (2)：17-27.

[8] Wu C，Zhao X，Duan W H，et al. Bond Characteristics between Ultra High Modulus CFRP Laminates and Steel [J]. Thin-Walled Structures，2012，51 (2)：147-157.

[9] Aygul M，Al-Emrani M，Urushadze S. Modelling and Fatigue Life Assessment of Orthotropic Bridge Deck Details Using FEM [J]. International Journal of Fatigue，2012，40：129-142.

[10] Liu R，Liu Y，Ji B，et al. Hot Spot Stress Analysis on Rib-Deck Welded Joint in Orthotropic Steel Decks [J]. Journal of Constructional Steel Research，2014，97：1-9.

[11] 张玉玲，辛学忠，刘晓光．对正交异性钢桥面板构造抗疲劳设计方法的分析 [J]. 钢结构，2009 (05)：33-37.

[12] 张清华，崔闯，卜一之，等．港珠澳大桥正交异性钢桥面板疲劳特性研究 [J]. 土木工程学报，2014 (09)：110-119.

[13] Nguyen H，Chu Q，Kim S. Fatigue Analysis of a Pre-Fabricated Orthotropic Steel Deck for Light-Weight Vehicles [J]. Journal of Constructional Steel Research，2011，67 (4)：647-655.

[14] 朱劲松，郭耀华．正交异性钢桥面板疲劳裂纹扩展机理及数值模拟研究 [J]. 振动与冲击，2014 (14)：40-47.

[15] Tsakopoulos P A，Fisher J W. Full-Scale Fatigue Tests of Steel Orthotropic Decks for the Williamsburg Bridge [J]. Journal of Bridge Engineering，2003，8 (5)：323-333.

[16] Tsakopoulos P A，Fisher J W. Full-Scale Fatigue Tests of Steel Orthotropic Deck Panel for the Bronx Whitestone Bridge Rehabilitation [J]. Bridge Structures，2005，1 (1)：55-66.

[17] Connor R J，Fisher J W. Consistent Approach to Calculating Stresses for Fatigue Design of Welded Rib-to-Web Connections in Steel Orthotropic Bridge Decks [J]. Journal of Bridge Engineering，2006，11 (5)：517-525.

[18] Connor R J，Fisher J W. Consistent Approach to Calculating Stresses for Fatigue Design of Welded Rib-to-Web Connections in Steel Orthotropic Bridge Decks [J]. Journal of Bridge Engineering，2006，11 (5)：517-525.

[19] 唐亮，黄李骥，刘高，等．正交异性钢桥面板足尺模型疲劳试验 [J]. 土木工程学报，2014 (03)：112-122.

[20] Wolchuk R. Lessons from Weld Cracks in Orthotropic Decks on Three European Bridges [J]. Journal of Structural Engineering，1990，116 (1)：75-84.

[21] 钱冬生．关于正交异性钢桥面板的疲劳 [J]. 桥梁建设，1996 (02)：8-13.

[22] Xiao Z G，Yamada K，Inoue J，et al. Fatigue Cracks in Longitudinal Ribs of Steel Orthotropic Deck [J]. International Journal of Fatigue，2006，28 (4)：409-416.

[23] 荣振环，张玉玲，刘晓光．天兴州桥正交异性板焊接部位疲劳性能研究 [J]. 中国铁道科学，2008 (02)：48-52.

[24] Xiao Z，Yamada K，Ya S，et al. Stress Analyses and Fatigue Evaluation of Rib-to-Deck Joints in Steel Orthotropic Decks [J]. International Journal of Fatigue，2008，30 (8)：1387-1397.

[25] Sim H，Uang C，Sikorsky C. Effects of Fabrication Procedures on Fatigue Resistance of Welded Joints in Steel Orthotropic Decks [J]. Journal of Bridge Engineering，2009，14 (5)：366-373.

[26] Sim H，Uang C. Stress Analyses and Parametric Study on Full-Scale Fatigue Tests of Rib-to-Deck Welded Joints in Steel Orthotropic Decks [J]. Journal of Bridge Engineering，2012，17 (5)：765-773.

[27] Ya S，Yamada K，Ishikawa T. Fatigue Evaluation of Rib-to-Deck Welded Joints of Orthotropic Steel Bridge Deck [J]. Journal of Bridge Engineering，2011，16 (4)：492-499.

[28] 荣振环，张玉玲，刘晓光，等．大跨度斜拉桥正交异性板疲劳试验研究 [J]. 钢结构，2009 (05)：13-16.

[29] 张允士，李法雄，熊锋，等．正交异性钢桥面板疲劳裂纹成因分析与控制 [J]. 公路交通科技，2013，8 (30)：75-80

[30] 冯亚成，王春生．正交异性钢桥面板纵肋与桥面板连接细节的疲劳评估及修复措施 [J]. 钢结构，2011 (02)：27-30.

[31] 唐亮，黄李骥，刘高，等．正交异性钢桥面板顶板贯穿型疲劳裂纹研究 [J]. 公路交通科技，2012 (02)：59-66.

[32] 赵欣欣，刘晓光，潘永杰，等．正交异性钢桥面板纵肋腹板与面板连接构造的疲劳试验研究 [J]. 中国铁道科学，2013 (02)：41-45.

[33] 吕彭民，李大涛．正交异性钢桥面板顶板疲劳性能研究 [J]. 中国公路学报，2014 (02)：84-89.

[34] 叶华文，徐勋，强士中，等．开口肋正交异性钢桥面板双轴疲劳试验及开孔形式研究 [J]. 中国公路学报，2013 (01)：87-92.

[35] Choi J，Kim D. Stress Characteristics and Fatigue Crack Behaviour of the Longitudinal Rib-to-Cross Beam Joints in an Orthotropic Steel Deck [J]. Advances in Structural Engineering，2008，11 (2)：189-198.

[36] Erdogan Fs Arin K. A Sandwich Plate with a Part-Through and a Debonding Crack [J]. Engineering Fracture Mechanics，1976，43 (4)：652-656.

[37] Tran J Q，Shek K L. Analysis of Cracked Plates with a Bonded Patch [J]. Engineering Fracture Mechanics，1991，40 (06)：1055-1065.

[38] A. A. Baker. Repair Efficiency in Fatigue Cracked Aluminum Components Reinforced withBoron/Epoxy Patches [J]. Fatigue & Fracture of Engineering Materials & Structures. 1993，16 (7)：753-765.

[39] Bassetti A，Liechti P. Nussbaumer A. Fatigue Resistance and Repairs of Riveted BridgeMem-Ber [D]. Fatigue Design'98. Espoo. Finland：1998.

[40] A. M. Albat，D. P. Romilly. A Direct Linear-Elastic Analysis of Double Symmetric Bonded Joints and Reinforcements [J]. Composites Science and Technology，1999，59：1127-1137.

[41] Trent C. Miller，Mlichael J. Chajes，Member. Strengthening of a Steel Bridge Girder Using CFRP Plates [J]. Bridge Engineering，2001，6 (6)：514-522.

[42] 蒋金龙，赵名泮．含裂纹板的复合材料胶贴修补分析 [J]. 航空学报，1991，12 (2)：61-67.

[43] 伍希志．CFRP 修复裂纹钢板的粘接和疲劳性能研究 [D]. 长沙：湖南大学，2016.

[44] 王海涛．CFRP 板加固钢结构疲劳性能及其设计方法研究 [D]. 南京：东南大学，2016.

[45] Yu Q Q ，Zhao X L ，Al-Mahaidi R ，et al. Tests on Cracked Steel Plates with Different Damage Levels Strengthened by CFRP Laminates [J]. International Journal of Structural Stability & Dynamics，2014，14 (06)：1450018.

[46] Sean C Jones，Scott A Civjan P E. Application of Fiber Reinforced Polymer Overlays to Extend Steel Fatigue Life [J]. Journal of Composites for Construction，2003，7 (4)：331～338.

[47] Jiao H，Mashiri F，Zhao X. A Comparative Study on Fatigue Behavior of Steel Beams Retrofitted with Welding，Pultruded CFRP Plates and Wet Layup CFRP Sheets [J]. Thin-Walled Structures，2012，59：144-152.

[48] 李游，李传习，陈卓异，等．基于监测数据的钢箱梁 U 肋细节疲劳可靠性分析 [J]. 工程力学，2020，37 (02)：111-123.

[49] 李传习，李游，陈卓异，等．基于实测车流的钢箱梁横隔板疲劳特性 [J]. 长安大学学报（自然科学版），2019，39 (05)：48-58.

[50] 李传习，陈卓异，周爱国，等．钢箱梁横隔板疲劳裂纹特征与实桥试验的轮载应力 [J]. 土木工程学报，2017，50 (08)：59-67.

[51] 陈卓异，李传习，柯璐，等．某悬索桥钢箱梁疲劳病害及处治方法研究 [J]. 土木工程学报，2017，50 (03)：91-100.

[52] JTG/T J22-2008. 公路桥梁加固设计规范 [S]. 北京：人民交通出版社，2008.

[53] JTG/T J23-2008. 公路桥梁加固施工技术规范 [S]. 北京：人民交通出版社，2008.

[54] Zhao X L , Zhang L . State-of-the-Art Review on FRP Strengthened Steel Structures [J]. steel construction，2007，29 (8)：1808-1823.

[55] 李桂林．环氧树脂与环氧涂料 [M]. 北京：化学工业出版社，2003.

[56] 孙曼灵，吴良义．环氧树脂应用原理与技术 [M]. 北京：机械工业出版社，2002.

[57] 蔡永源．我国双酚 A 型环氧树脂发展概况 [J]. 化工新型材料，1996，(8)：1-5.

[58] 刘凯，罗仁安，陈有亮．建筑结构胶高温黏结性能试验研究 [J]. 建筑结构，40 (6)：106-109.

[59] 赵升龙，刘清方，梁滨．一种室温固化耐热环氧胶粘剂的研究 [J]. 航空材料学报，2003，23 (增刊)：156-158.

[60] 刘明哲，冯望成，敬波，等．一种室温快速固化超强环氧树脂胶黏剂的制备及性能 [J]. 化学与粘合，2017，39 (6)：435-444.

[61] 陈平，刘胜平．环氧树脂 [M]. 北京：化学工业出版社，1999.

[62] 卫保娟，肖潭，李雄俊，等．石墨烯与多壁碳纳米管增强环氧树脂复合材料的制备与性能 [J]. 复合材料学报，2012，29 (5)：53-60.

[63] 马传国，于英俊．碳纳米管的偶联剂修饰及其在环氧树脂复合材料中的应用 [J]. 复合材料学报，2010，27 (3)：22-28.

[64] 黄凯兵，任丹凤，王建，等．增强材料的微观结构对环氧胶粘剂性能的影响 [J]. 湖南大学学报 (自然科学版)，2010，37 (12)：61-65.

[65] 张春燕，罗建新，吴昊，等．温度及偶联剂用量对纳米 TiO_2 表面改性的影响 [J]. 化工新型材料，2016，44 (2)：232-236.

[66] 李孟宇，马雅婷，赵蕾，等．纳米 SiO_2 改性环氧树脂复合材料的热稳定性及使用寿命 [J]. 复合材料学报，2017，34 (11)：2421-2427.

[67] ZHOU H Zhou，LIU H Y，ZHOU H M，et al. On Adhesive Properties of Nano-Silica/Epoxy Bonded Single-Lap Joints [J]. Materials and Design，2016 (95)：212-218.

[68] 刘聪．纳米纤维素增强木材胶黏剂的微观性能研究 [D]. 南京：南京林业大学，2015.

[69] 陈宇飞，张旭，孙佳林，等．二氧化钛改性环氧树脂胶黏剂的性能 [J]. 江苏大学学报 (自然科学版)，2013，34 (03)：335-339.

[70] 白孟瑶．聚醚砜/纳米二氧化硅改性环氧树脂胶黏剂的制备及性能研究 [D]. 哈尔滨：哈尔滨理工大学，2011.

[71] C. S，M. G. P，A. T，et al. Mechanical Properties and Adhesive Behavior of Epoxy-Graphene Nanocomposites [J]. International Journal of Adhesion and Adhesives. 2017. 12. 004.

[72] STEPHAN S. Epoxy Resins Modified with Elastomers and Surface-Modified Silica Manoparticles [J].

Polymer，2013 (54)：4790-4797.

[73] Ferreira F V，Brito F S，Franceschi W，et al. Functionalized Graphene Oxide as Reinforcement in Epoxy Based Nanocomposites [J]. Surfaces and Interfaces，2018，10：100-109.

[74] SOUMYA V，CHANDRA S T，ATANU S，et al. Graphene Oxide Epoxy (GO-xy)：GO as Epoxy Adhesive by Interfacial Reaction of Functionalities [J]. Advanced Materials，2017：1-7.

[75] 黄传军，张以河，付绍云，等 . SiO_2/环氧树脂基纳米复合材料的室温和低温力学性能 [J]. 复合材料学报，2004，21 (4)：77-81.

[76] BAO C L，GUO Y Q，SONG L，et al. In Situ Preparation of Functionalized Graphene Oxide /Epoxy Nanocomposites with Effective Reinforcements [J] . J Mater Chem，2011，21 (35) ：13290-13298.

[77] Li-Jun Cui ，Yi-Bin Wang，Wen-Jun Xiu，et al. Effect of Functionalization of Multi-Walled Carbon Nanotube on the Curing Behavior and Mechanical Property of Multi-Walled Carbon Nanotube/Epoxy Composites [J]. Materials and Design，2013，49，279-284.

[78] Yang S Y，Lin W N，Huang Y L，et al. Synergetic Effects of Graphene Platelets and Carbon Nanotubes on the Mechanical and Thermal Properties of Epoxy Composites [J] . Carbon，2011，49，793-803.

[79] 张竞，王洪亮，叶瑞 . 水热法氧化石墨烯改性环氧树脂的制备与性能 [J]. 高分子材料科学与工程，2015，31 (06)：167-171.

[80] FU S Y，CHEN Z K，HONG S，et al. The Reduction of Carbon Nanotube (CNT) Length During the Manufacture of CNT/Polymer Composites and a Method to Simultaneously Determine the Resulting CNT and Interfacial Strengths [J]. Carbon，2009，47：3192-3200.

[81] 易春龙 . 钢桥梁高效电弧喷涂系统及纳米改性封闭涂层研究 [D]. 徐州：中国矿业大学，2009.

[82] ZHOU H，LIU H Y，ZHOU H M，et al. On Adhesive Properties of Nano-Silica/Epoxy Bonded Single-Lap joints [J]. Materials and Design，2016 (95)：212-218.

[83] T. H. Hsieh，A. J. Kinloch，K. Masania，et al. The Mechanisms and Mechanics of the Toughening of Epoxy Polymers Modified with Silica Nanoparticles [J]. Polymer，2010，51：6284-6294.

[84] S. M. J. Razavia，M. R. Ayatollahia，A. Nemati Giva，et al. Single Lap Joints Bonded with Structural Adhesives Reinforced with a Mixture of Silica Nanoparticles and Multi Walled Carbon Nanotubes [J]. International Journal of Adhesion and Adhesives，2018，80：76-86.

[85] Iclal Avinc Akpinar，Kürsat Gültekin，Salih Akpinar，et al. Research on Strength of Nanocomposite Adhesively Bonded Composite Joints [J]. Composites Part B，2017，126：143-152.

[86] İsmail Saraça，Hamit Adina，Şemsettin Temizb. Experimental Determination of the Static and Fatigue Strength of the Adhesive Joints Bonded by Epoxy Adhesive Including Different Particles [J]. Composites Part B，2018，155：92-103.

[87] Zhao S，Schadler L S，Duncan R，et al. Mechanisms Leading to Improved Mechanical Performance in Nanoscale Alumina Filled Epoxy [J]. Composites Science and Technology，2008，68 (14)：

2965-2975.

[88] Zunjarrao S C，Singh R P. Characterization of the Fracture Behavior of Epoxy Reinforced with Nanometer and Micrometer Sized Aluminum Particles [J]. Composites Science and Technology，2006，66 (13)：2296-2305.

[89] Battistella M，Cascione M，Fiedler B，et al. Fracture Behaviour of Fumed Silica/Epoxy Nanocomposites [J]. Composites Part A：Applied Science and Manufacturing，2008，39 (12)：1851-1858.

[90] Ji Q L，Zhang M Q，Rong M Z，et al. Tribological Properties of Surface Modified Nano-Alumina/Epoxy Composites [J]. Journal of Materials Science，2004，39 (21)：6487-6493.

[91] Chang K C，Lin C Y，Lin H F，et al. Thermally and Mechanically Enhanced Epoxy Resin-Silica Hybrid Materials Containing Primary Amine-Modified Silica Nanoparticles [J]. Journal of Applied Polymer Science，2008，108 (3)：1629-1635.

[92] Zheng Y，Zheng Y，Ning R. Effects of Nanoparticles SiO_2 on the Performance of Nanocomposites [J]. Materials Letters，2003，57 (19)：2940-2944.

[93] Xiong L，Liang H B，Wang R M，et al. The Effect of Surface Modification of TiO_2 with Diblock Copolymers on the Properties of Epoxy Nanocomposites [J]. Polymer-Plastics Technology and Engineering，2010，49 (14)：1483-1488.

[94] Guo Z，Pereira T，Choi O，et al. Surface Functionalized Alumina Nanoparticle Filled Polymeric Nanocomposites with Enhanced Mechanical Properties [J]. Journal of Materials Chemistry，2006，16 (27)：2800-2808.

[95] Jun Hyuk Heoa，Jin Woong Leea，Byoungsang Lee，et al. Chemical Effects of Organo-Silanized SiO_2 Nanofillers on Epoxy Adhesives [J]. Journal of Industrial and Engineering Chemistry，2017，54：184-189.

[96] 倪晓雪，李晓刚，张三平，等．环氧-聚酰胺胶粘剂的热老化行为研究 [J]. 粘接，2009，30 (04)：31-33.

[97] Anderson B J. Thermal Stability of High Temperature Epoxy Adhesives by Thermogravimetric and Adhesive Strength Measurements [J]. Polymer Degradation and Stability，2011，96 (10) .

[98] 张欢，许文，邹士文，等．环氧胶粘剂及其胶接界面热氧老化机理研究 [J]. 材料导报，2017，31 (12)：104-108.

[99] Marques E a S，Silva L F M D，Banea M D，et al. Adhesive Joints for Low-and High-Temperature Use：An Overview [J]. The Journal of Adhesion，2014，91 (7)：556-585.

[100] Aglan H，Calhoun M，Allie L. Effect of UV and Hygrothermal Aging on the Mechanical Performance of Polyurethane Elastomers [J]. Journal of Applied Polymer Science，108 (1)：558-564.

[101] Viana G，Costa M，Banea M，et al. A Review on the Temperature and Moisture Degradation of Adhesive Joints [J]. Proceedings of the Institution of Mechanical Engineers，Part L：Journal of Materials：Design and Applications，2017，231 (5)：488-501.

[102] Popineau S, Rondeau-Mouro C, Sulpice-Gaillet C, et al. Free/Bound Water Absorption in an Epoxy Adhesive [J]. Polymer, 2005, 46 (24) .

[103] Sugiman S, Crocombe A D, Aschroft I A. Experimental and Numerical Investigation of the Static Response of Environmentally Aged Adhesively Bonded Joints [J]. International Journal of Adhesion and Adhesives, 2013, 40.

[104] 洪斌．聚氨酯基 CFRP 拉挤板材的耐水碱盐性能研究 [D]. 哈尔滨：哈尔滨工业大学，2018.

[105] 胡海涛，杨勇新，郭春红，等．海水对树脂耐久性影响的分析 [J]. 工业建筑，2006 (08)：13-15.

[106] 高岩磊，周二鹏，郧海丽，等．环氧/铝胶接接头在氯化钠水溶液中的老化行为 [J]. 热固性树脂，2011，26 (03)：18-20.

[107] 蔡光汀，陈君球，邹越，等．混凝土粘钢补强用结构胶的耐久性研究 [J]. 混凝土，2000 (08)：37-40.

[108] Yang Q, Xian G, Karbhari V M. Hygrothermal Ageing of an Epoxy Adhesive Used in FRP Strengthening of Concrete [J]. Journal of Applied Polymer Science, 2008, 107 (4): 2607-2617.

[109] 李晓艳．FRP 拉挤制品用环氧树脂基体的湿热耐久性能研究 [D]. 哈尔滨：哈尔滨工业大学，2012.

[110] 吴健，张彤彤，李泓运，等．胶粘剂性能对复合材料加固损伤钢板性能影响研究 [J]. 玻璃钢/复合材料，2017 (08)：69-75.

[111] 李传习，柯璐，陈卓异，等．CFRP-钢界面粘结性能试验与数值模拟 [J]. 复合材料学报，2018，35 (12)：3534-3546.

[112] ALAA A M, RIADH A M. Performance of CFRP-Steel Joints Enhanced with Bi-Directional CFRP Fabric [J]. Construction and Building Materials, 2019 (197): 72-82.

[113] 李传习，罗南海，柯璐，等．胶膜连接碳纤维增强树脂复合材料板-钢搭接接头室温条件的力学性能试验 [J]. 复合材料学报，2020，37 (02)：318-327.

[114] Yu T, Fernando D, Teng J G, et al. Experimental Study on CFRP-to-Steel Bonded Interfaces [J]. Composite Part B: Engineering, 2012, 43 (5): 2279-2289.

[115] 王海涛，吴刚，庞育阳．结构胶类型对 CFRP 板-钢界面粘结性能的影响 [J]. 苏州科技大学学报（工程技术版），2017，30 (04)：45-48.

[116] Korayem A H, Li C Y, Zhang Q H, et al. Effect of Carbon Nanotube Modified Epoxy Adhesive on CFRP-to-Steel Interface [J]. Composites Part B: Engineering, 2015, 79: 95-104.

[117] HE Jun, XIAN Guijun. Debonding of CFRP-to-Steel Joints with CFRP Delamination [J]. Composite Structures, 2016: 12-20.

[118] YU Qia Qian, GAO Rui Xin, GU Xiang-Lin, et al. Bond Behavior of CFRP-Steel Double-Lap Joints Exposed to Marine Atmosphere and Fatigue Loading [J]. Engineering Structures, 2018, 175: 76-85.

[119] PANG Yuyang, WU Gang, WANG Haitao, et al. Experimental Study on the Bond Behavior of CFRP-Steel Interfaces under Quasi-Static Cyclic Loading [J]. Thin-Walled Structures, 2019: 426-437.

[120] 谭伟，那景新，慕文龙，等．服役温度对 BFRP/铝合金粘接接头静态失效的影响 [J]. 交通运输工程学报，2020，20 (01)：171-180.

[121] 李传习，曹先慧，柯璐，等．高温对结构加固用环氧黏结剂力学性能的影响 [J]. 建筑材料学报，2019-03-30.

[122] TANG Hongyuan, DENG Xuezhi, LIN Zhinbin, et al. Analytical and Experimental Investigation on Bond Behavior of CFRP-to-Stainless Steel Interface [J]. Composite Structures, 2019 (212): 94-105.

[123] YANG Yongming, HUGO Biscaia, CARLOS Chastre, et al. Bond Characteristics of CFRP-to-Steel Joints [J]. Journal of Constructional Steel Research, 2017 (138): 401-419.

[124] WANG Hai-Tao, WU Gang. Bond-Slip Models for CFRP Plates Externally Bonded to Steel Substrates [J]. Composite Structures, 2018 (184): 1204-1214.

[125] ALAA Al-Mosawe, RIADH Al-Mahaidi. Performance of CFRP-Steel Joints Enhanced with Bi-Directional CFRP Fabric [J]. Construction and Building Materials, 2019 (197): 72-82.

[126] ZHOU Helezi, LIU Hong-Yuan, ZHOU Huamin, et al. On Adhesive Properties of Nano-Silica/Epoxy Bonded Single-Lap Joints [J]. Materials and Design, 2016 (95): 212-218.

[127] E. R. K. Chandrathilaka, J. C. P. H. Gamagea, S. Fawziab. Mechanical Characterization of CFRP/Steel Bond Cured and Tested at Elevated Temperature [J]. Composite Structures, 2019, 407: 471-477.

[128] E. R. K. Chandrathilaka, J. C. P. H. Gamage, S. Fawzia. Numerical Modelling of Bond Shear Stress Slip Behavior of CFRP/Steel Composites Cured and Tested at Elevated Temperature [J]. Composite Structures, 212 (2019) 1-10.

[129] BREWIS DM, COMYN J, SHALASH RJA. The Effect of Moisture and Temperature on the Properties of an Epoxide-Polyamide Adhesive in Relation to its Performance in Single Lap Joints [J]. Int J Adhes Adhes, 1982, 2: 215-22.

[130] NGUYEN TC, BAI Y, ZHAO XL, et al. Mechanical Characterization of Steel/CFRP Double Strap Joints at Elevated Temperatures [J]. Compos Struct, 2011, 93: 1604-12.

[131] YAO M, ZHU D, YAO Y, et al. Experimental Study on Basalt FRP/Steel Single-Lap Joints under Different Loading Rates and Temperatures [J]. Compos Struct, 2016, 145: 68-79.

[132] SAHIN MU, DAWOOD M. Experimental Investigation of Bond between High-Modulus CFRP and Steel at Moderately Elevated Temperatures [J]. J Compos Constr, 2016, 20.

[133] S. Chataigner, K. Benzarti, G. Foret, et al. Design and Testing of an Adhesively Bonded CFRP Strengthening System for Steel Structures [J]. Engineering Structures, 2018, 177: 556-565.

[134] S. Li, T. Zhu, Y. Lu, et al. Effect of Temperature Variation on Bond Characteristics between CFRP and Steel Plate [J]. International Journal of Polymer Science 2016 (2016).

[135] J. G. Dai, W. Gao, J. Teng. Bond-Slip Model for FRP Laminates Externally Bonded to Concrete at Elevated Temperature [J]. Journal of Composites for Construction, 2012, 17 (2): 217-228.

[136] H. C. Biscaia, C. Chastre, I. S. Borba, et al. Experimental Evaluation of Bonding between CFRP Laminates and Different Structural Materials [J]. Journal of Composites for Construction, 2015, 20 (3): 04015070.

[137] S. Xia, J. Teng, Behaviour of FRP-to-Steel Bonded Joints [D]. Proceedings of the International Symposium on Bond Behaviour of FRP in Structures (BBFS 2005), 2005, pp. 419-426.

[138] H. T. Wang, G. Wu. Bond-Slip Models for CFRP Plates Externally Bonded to Steel Substrates [J]. Composite Structures, 2018, 184: 1204-1214.

[139] D. Fernando, T. Yu, J. -G. Teng. Behavior of CFRP Laminates Bonded to a Steel Substrate Using a Ductile Adhesive [J]. Journal of Composites for Construction, 2013, 18 (2): 04013040.

[140] Y. Yang, H. Biscaia, C. Chastre, et al. Bond Characteristics of CFRP-to-Steel Joints [J]. Journal of Constructional Steel Research, 2017, 138: 401-419.

[141] E. Dehghani, F. Daneshjoo, A. Aghakouchak, et al. A New Bond-Slip Model for Adhesive in CFRP-Steel Composite Systems [J]. Engineering Structures, 2012, 34: 447-454.

[142] T. C. Nguyen, Y. Bai, X. L. Zhao, et al. Mechanical Characterization of Steel/CFRP Double Strap Joints at Elevated Temperatures [J]. Composite Structures, 2011, 93 (6): 1604-1612.

[143] M. Yao, D. Zhu, Y. Yao, et al. Experimental Study on Basalt FRP/Steel Single-Lap Joints under Different Loading Rates and Temperatures [J]. Composite Structures, 2016, 145: 68-79.

[144] A. Al-Shawaf, R. Al-Mahaidi, X. -L. Zhao. Effect of Elevated Temperature on Bond Behaviour of High Modulus CFRP/Steel Double-Strap Joints [J]. Australian Journal of Structural Engineering, 2019, 10 (1): 63-74.

[145] H. Liu, X. L. Zhao, Y. Bai, et al. The Effect of Elevated Temperature on the Bond between High Modulus Carbon Fibre-Reinforced Polymer Sheet and Steel [J]. Australian Journal of Structural Engineering, 2014, 15 (4): 355-366.

[146] A. H. Korayem, S. J. Chen, Q. H. Zhang, et al. Failure of CFRP-to-Steel Double Strap Joint Bonded Using Carbon Nanotubes Modified Epoxy Adhesive at Moderately Elevated Temperatures [J]. Composites Part B: Engineering, 2016, 94: 95-101.

[147] H. Zhou, J. M. Urgel, R. Emberley, et al. Behaviour of the FRP-to-Steel Bonded Joints under Elevated Temperature [C]. APFIS2017 - 6th Asia-Pacific Conference on FRP in Structures.

[148] 朱德举，姚明侠，张怀安，等．动态拉伸荷载下温度对 CFRP/钢板单搭接剪切接头力学性能的影响 [J]. 土木工程学报，2016，49 (08)：28-35.

[149] Agarwal A, Foster S J, Hamed E, et al. Influence of Freeze-Thaw Cycling on the Bond Strength of

Steel-FRP Lap Joints [J]. Composites Part B: Engineering, 2014, 60: 178-185.

[150] Zhang Y, Vassilopoulos A P, Keller T. Effects of Low and High Temperatures on Tensile Behavior of Adhesively-Bonded GFRP Joints [J]. Composite Structures, 2010, 92 (7): 1631-1639.

[151] Liu H, Zhao X L, Bai Y, et al. The Effect of Elevated Temperature on the Bond between High Modulus Carbon Fibre-Reinforced Polymer Sheet and Steel [J]. Australian Journal of Structural Engineering, 2014, 15 (4): 355-366.

[152] 李江林，谢建和，陆中宇，等．氯盐环境下碳纤维布加固受损钢筋混凝土构件界面耐久性研究 [J]. 工业建筑，2019，49 (09)：124-129.

[153] Karbhari V M. Introduction: the use of Composites in Civil Structural Applications [D]. Durability of Composites for Civil Structural Applications: Elsevier, 2007: 1-10.

[154] Heshmati M, Haghani R, Al-Emrani M. Environmental Durability of Adhesively Bonded FRP/Steel Joints in Civil Engineering Applications: State of the Art [J]. Composites Part B: Engineering, 81: S1359836815004242.

[155] 胡安妮．荷载和恶劣环境下 FRP 增强结构耐久性研究 [D]. 大连：大连理工大学，2007.

[156] Korta J, Mlyniec A, Uhl T. Experimental and Numerical Study on the Effect of Humidity-Temperature Cycling on Structural Multi-Material Adhesive Joints [J]. Composites Part B: Engineering, 2015, 79: 621-630.

[157] Agarwal A, Foster S J, Hamed E. Wet Thermo-Mechanical Behavior of Steel-CFRP Joints-an Experimental Study [J]. Composites Part B: Engineering, 2015, 83: 284-296.

[158] 姚力，夏勇，周青．车用胶粘接头机械性能的湿热老化与恢复 [J]. 汽车安全与节能学报，2017，8 (01)：46-52.

[159] Dawood M, Rizkalla S. Environmental Durability of a CFRP System for Strengthening Steel Structures [J]. Construction and Building Materials, 2010, 24 (9): 1682-1689.

[160] Heshmati M, Haghani R, Al-Emrani M. Durability of Bonded FRP-to-Steel Joints: Effects of Moisture, De-Icing Salt Solution, Temperature and FRP Type [J]. Composites Part B: Engineering, 2017, 119: 153-167.

[161] Yang Y, Biscaia H, Silva M A, et al. Monotonic and Quasi-static Cyclic Bond Response of CFRP-to-Steel Joints after Salt Fog Exposure [J]. Composites Part B: Engineering, 2019, 168: 532-549.

[162] Wu C, Zhao X, Hui Duan, et al. Bond Characteristics between Ultra High Modulus CFRP Laminatea and Steel [J]. Thin-Walled Structures, 2012, 51: 147-157.

[163] 郑云．CFRP 加固钢结构疲劳性能试验与理论研究 [D]. 北京：清华大学，2007.

[164] Liu HB, AL-Mahaidi R, Zhao XL. Experiment Study of Fatigue Crack Growth Behavior in Adhesively Reinforced Steel Structures [J]. Composite Structures, 2009, 90 (1): 12-20.

[165] Colombi P, Bassetti A, Nussbaumer A. Analysis of Cracked Steel Members Reinforced by Pre-

Stress Composite Patch [J]. Fatigue & Fracture of Engineering Materials & Structures, 2010, 26 (1): 59-66.

[166] 侯雪光，王卫华．环氧固化剂的研究现状与未来 [J]. 粘接，2008，29 (01)：49-51+57.

[167] MAEDA S, URAKAMI T, KAWABATA T, et al. Curing Agent Composition for Epoxy Resins, Epoxy Resin Composition and Use Thereof: U. S. Patent 6, 911, 503 [P]. 2005-6-28.

[168] STARK W, JAUNICH M, MCHUGH J. Dynamic Mechanical Analysis (DMA) of Epoxy Carbon-Fibre Prepregs Partially Cured in a Discontinued Autoclave Analogue Process [J]. Polymer Testing, 2015, 41: 140-148.

[169] WAN J, LI C, BU Z Y, et al. A Comparative Study of Epoxy Resin Cured with a Linear Diamine and a Branched Polyamine [J]. Chemical Engineering Journal, 2012, 188: 160-172.

[170] 高潮，邱少君，甘孝贤，等．氨酯基改性的端胺基聚醚型柔性固化剂的合成及性能研究 [J]. 西安交通大学学报，2003，37 (4)：424-427.

[171] 李卉．室温固化环氧结构胶黏剂研制及流变性能加速表征 [D]. 长沙：中南林业科技大学，2019.

[172] 刘纪艳，刘晓龙，段绪胜．纳米碳酸钙和硅微粉改性环氧树脂结构胶的力学性能研究 [J]. 山东农业大学学报（自然科学版），2018，49 (05)：805-808.

[173] 薛书凯，张炜，侯卫国．环氧树脂增韧新途径及增韧机理的研究 [J]. 热固性树脂，2005，20 (5)：36-40.

[174] GARIMA T. Effect of Carboxyl-Terminated Poly (Butadiene-Co-Acrylonitrile) (CTBN) Concentration on Thermal and Mechanical Properties of Binary Blends of Diglycidyl ether of Bisphenol-A (DGEBA) Epoxy Resin [J]. Materials Science and Engineering A, 2007, (443): 262-269.

[175] 黄月文，刘伟区，罗广建．聚氨酯改性环氧胶粘剂的研究 [J]. 北学与粘合，2004，30 (2)：76-78.

[176] 刘思琴，李传习，李涛，等．基于概率分析的钢箱梁竖向温度梯度模式 [J]. 交通科学与工程 2018，34 (02)：45-51.

[177] J. P. Firmo, M. G. Roquette, J. R. Correia, et al. Influence of Elevated Temperatures on Epoxy Adhesive Used in CFRP Strengthening Systems for Civil Engineering Applications [J]. International Journal of Adhesion and Adhesives, 2019, 93: 8-18.

[178] Ahmed Al-Shawaf. Modelling Wet Lay-up CFRP-Steel Bond Failures at Extreme Temperatures Using Stress-Based Approach [J]. International Journal of Adhesion&Adhesives, 2011, 31: 416-428.

[179] Hugo C. Biscaia, Pedro Ribeiro. A Temperature-Dependent Bond-Slip Model for CFRP-to-Steel Joints [J]. Composite Structures, 2019, 217: 186-205.

[180] Hao Zhou, Juan P. Torres, Dilum Fernando, et al. The Bond Behaviour of CFRP-to-Steel Bonded Joints with Varying Bond Properties at Elevated Temperatures [J]. Engineering Structures, 2019, 183: 1121-1133.

[181] 何俊. 胶粘剂性能对 CFRP-钢界面粘结破坏行为的影响研究 [D]. 哈尔滨：哈尔滨工业大学，2017.

[182] G. Hassein Abed. Effects of Temperature on the Adhesive Bonding in Steel Beams Reinforced with CFRP Composites [D]. Southampton：University of Southampton，2012.

[183] Agarwal A，Foster S J，Hamed E. Testing of New Adhesive and CFRP Laminate for Steel-CFRP Joints under Sustained Loading and Temperature Cycles [J]. Composites Part B，2016，99.

[184] Heshmati M，Haghani R，Al-Emrani M. Effects of Moisture on the Long-Term Performance of Adhesively Bonded FRP/Steel Joints Used in Bridges [J]. Composites Part B，2016，92.

[185] Sousa J O M，Correia J O R，Cabral-Fonseca S. Some Permanent Effects of Hygrothermal and Outdoor Ageing on a Structural Polyurethane Adhesive Used in Civil Engineering Applications [J]. International Journal of Adhesion and Adhesives：S0143749618301027.

[186] Harajli M H. Effect of Confinement Using Steel，FRC，or FRP on the Bond Stress-Slip Response of Steel Bars under Cyclic Loading [J]. Mater. Struct. 2006，39：621-634.